环境经济地理研究

贺灿飞　周　沂　著

科学出版社
北　京

内 容 简 介

本着深入理解转型期中国城市区域经济发展与环境污染的关系，本书在总结全球和中国环境问题基础上，从经济地理视角系统梳理了环境经济地理的研究视角与研究框架。在此基础上，本书构建了不同地理尺度上经济活动的环境效应，以及环境规制、环境污染对经济活动空间组织影响的理论框架，强调经济转型制度对城市区域经济发展环境效应的影响。结合演绎方法和逻辑实证主义思路，本书从全国、城市、产业和企业的多尺度多视角出发，深入探究了转型经济制度、环境规制等对环境污染排放效应，通过建立污染型企业区位的理论模型，研究了“环境”对企业区位、环境行为、企业空间动态及其地理格局演变的影响。本书研究表明，转型经济制度是解读中国环境污染的重要视角；而“环境”也开始超越区位中的资源禀赋等属性，展示其中所隐含的成本、权力、福利等系列属性，成为重塑经济活动空间组织的重要力量。经济活动的环境效应成为重新认识“经济地理”的重要切入点。

本书立足于城市与区域环境问题，借鉴了经济地理学、区域科学、国际贸易等领域的概念和思想，适用于人文地理、城市与区域规划、环境经济学、人口资源与环境经济学等专业的学生，以及城市规划、区域规划等领域的工作者。

图书在版编目（CIP）数据

环境经济地理研究/贺灿飞，周沂著. —北京：科学出版社，2016.11

ISBN 978-7-03-049242-5

I. ①环… II. ①贺…②周… III. ①环境经济–经济地理–研究–中国 IV. ①F129.9

中国版本图书馆 CIP 数据核字（2016）第 147842 号

责任编辑：杨帅英 李 静/责任校对：何艳萍

责任印制：张 伟/封面设计：图阅社

科 学 出 版 社 出版

北京东黄城根北街 16 号

邮政编码：100717

http://www.sciencep.com

北京凌奇印刷有限责任公司 印刷

科学出版社发行 各地新华书店经销

*

2016 年 11 月第 一 版 开本：787 × 1092 1/16

2016 年 11 月第一次印刷 印张：15 1/2

字数：368 000

POD定价： 98.00元

（如有印装质量问题，我社负责调换）

前　言

随着工业化、城市化和经济全球化进程加速，环境问题越来越突出，并开始影响全球和区域的经济发展。工业化通过工业活动的规模、结构和技术效应对城市和区域环境施加压力（Grossman and Krueger, 1995; Levinson, 2007）。城市化通过城镇人口增长导致污染，排放量增加，以及水资源、土地资源等的利用量的增长。全球化改变了城市化与工业化的环境影响尺度。国际贸易使得生产与消费在地理空间上实现分离，人口增长和城市化带来的环境压力，可以通过生产部门的转移和贸易得以减轻。经济全球化，尤其是交通与通信技术的发展，极大地拓展了经济活动的空间范围，重塑了世界经济地理格局，也因此改变了经济活动和环境问题交互的空间尺度。然而，世界经济活动依然被粘附在少数的区域（Porter，2011），区域工业化和城市化进程并没有改变。经济活动通过区位的竞争形成相应的经济活动组织空间（Karlson，1985；Porter，1994；Smithies，1941），也随着全球化而逐渐扩大，伴随其中的资源要素与环境污染也开始在全球范围内流动。

在经济活动产生环境影响的同时，环境要素和环境问题也开始成为重塑经济活动空间组织的重要力量。在国家-全球尺度，随着全球化力量的深入，由于环境规制标准的差异，污染型产业由发达国家向发展中国家转移，最终造成发展中国家成为污染产业的聚集地，成为“污染避难所”（Walter and Ugelow，1979）。在承接地的地方力量作用下，地方政府需要在全球竞争中争取一席，以降低环境标准为代价的比较优势开始成为地方政府竞争的重要筹码，“逐底竞争”（race to the bottom）开始成为全球力量地方化的重要体现（Cox and Mair，1988）。环境污染的影响不仅仅局限于污染源所在地（Hatzipanayotou，2002），尤其是环境污染物的扩散范围与行政区划并不一致。在“逐底竞争”背景下，将污染产业布置在边界地区，获得搭便车效应，达到地方政府的经济绩效-污染量的最优均衡。在微观尺度上，环境规制政策逐渐普遍化和规范化，环境成本逐渐成为企业考虑的因素，影响企业区位选择及其空间动态。在城市-产业层面，环境规制影响产业地理格局尤其是污染产业的地理空间格局的形成，成为经济地理学中区位研究的重要组成部分。

近年来，环境问题受到经济学和地理学的共同关注，环境经济学和经济地理学分别发展形成了空间环境经济学和环境经济地理学。前者从地理空间的角度审视环境经济学，将空间作为经济和环境相互作用的载体，研究经济活动在空间中对环境影响的作用机理（Siebert，1985；Deacon et al.，1998）。后者主要采用经济地理学中的理论、方法与模型，强调环境要素，包括资源环境要素、环境管制，以及环境污染等对经济活动的共同作用。经济学家试图将环境污染引入 Krugman（1991）的核心边缘模型中，讨论在考虑当地环境污染时克鲁格曼模型中聚集的稳定均衡，通过模型定量分析环境污染和环境政策对经济活动空间区位的影响（Quaas and Lange，2004；Van Marrewijk，2005；Lange and

Quaas，2007；Rauscher，2009），认为环境污染会引起离心力，减缓聚集趋势；当环境污染的危害较大时，经济空间会形成追逐-逃离的模式。由此可见，引入环境污染将打破新经济地理模型中的均衡状态，形成新的稳定的均衡空间结构。而经济地理学者尝试从文化、制度出发，将演化制度主义（Hayter，2008）、生态现代化和管制理论（Gibbs，2006）、地理信息系统（Brereton et al., 2008）、创新地理学（Costantini et al., 2011）等研究理论应用于环境问题的研究。

随着人们对环境问题的重视，应运而生的经济活动的环境效应成为不同利益主体关注的热点。政府开始通过环境规制调整区域污染企业的进入门槛，公众开始抵制污染企业的进入。消费者也开始"用脚投票"来保护环境，弃购污染产品，选择环境友好的产品。在面对来自政府、公众、市场等多方面的压力下，企业需要将这些压力转变为环境成本信息，并做出相应的环境行为响应，通过清洁生产、绿色产品研发、推行ISO14000、环境审核、主动参与社区活动等增加污染治理设施投入以及减少污染物排放，生产对环境友好、高品质、低成本的产品，以期达到提高市场的竞争力，促使企业走可持续发展的道路。

经济地理学的综合思维为理解环境问题提供了很好的切入点和思维方式。但环境经济地理并非现有经济地理学领域的重要研究议题。直到2004年，在科隆大学会议上才明确提出环境经济地理学的概念；随后，2006年于康涅狄格大学举行科隆会议后续系列会议，以及2007年美国地理学学会年会上的一系列文章不断完善环境经济地理的理论体系（Affolderbach et al.，2007；Hanink et al.，2006）。虽然经历了两次学术会议的集中讨论，环境经济地理仍然没有得到其应有的关注。目前，环境问题被作为经济地理学领域边缘性研究主题之一，环境经济地理从兴起到发展并没有受到应有的关注。经济地理学家对环境问题的忽视，本身也源于人文地理和自然地理两个学科之间的相互割裂分离（Bridge，2008；Soyez and Schulz，2008）。经济地理以研究人地关系为主，很大程度上忽略了环境作为资源要素投入或者区位要素的重要条件，但这可以作为经济地理学者参与环境问题研究的重要突破口。

环境经济地理学研究中，经济地理学的文化、制度转向、演化经济地理等方向与环境问题的结合仍然有限。由于环境问题的特殊性，经济地理学者更容易从制度角度入手进行分析。改革开放以来，中国逐渐从计划经济向社会主义市场经济转型，将权力下放给地方和企业，同时积极参与经济全球化。而中国企业竞争力源于低成本，对于污染企业，充分利用各类宽松的环境政策能够显著降低成本，提升竞争力。对于各级政府，在财政和环境的双分权的背景下，中国各区域的环境规制及其执行还存在严重的制度性障碍。一些区域，尤其是中西部地区，经济发展还处于较低阶段，环境部门执行规制政策的市场经济体制以及激励都很不足，遭到各级政府来自发展经济的压力，甚至出现以降低环境标准吸引投资，限制了环境政策对环境保护的作用。总而言之，一方面，经济改革为环境改善创造了条件；另一方面，制度性障碍不利于环境政策发挥作用。转型制度环境下，产业发展的环境效应以及环境对产业发展的影响显然是个重要的实证问题，需要系统而深入的实证研究才能厘清两者之间的相互联系及其影响机制。

在国家自然科学基金杰出青年基金项目"中国制造业企业动态及其效应研究"（编号41425001）和国家自然科学基金面上项目"中国工业地理格局变化及其环境效应"

（编号 41271130）的支持下，本着深入理解转型期间中国城市、区域经济发展与环境污染关系的目标，本书系统地研究了在经济转型的背景下，企业空间动态及产业演化的环境效应，以及环境规制对产业演化过程的影响。在理论上，本书建立了经济转型制度、环境规制与环境污染的关系；建立了污染型企业区位的理论模型，对比集聚效应与边界效应的重要性；研究了环境规制对企业环境行为，企业空间动态及其地理格局的演变的影响。本书实证研究的理论依据还包括环境库兹列茨曲线、生态倾销假说、“污染避难所”假说、环境规制的波特假说和成本假说及环境外部性等。本书研究发现，转型经济制度是解读中国环境污染的重要视角，区域分权不利于环境保护，而参与全球化则改善环境质量。在经济转型背景下，地方环境规制的执行能力和阻力显然构成了环境污染的深层次制度性因素。然而制度背景的影响是复杂的，一方面，经济转型为环境质量的改善创造了制度环境，加上环境规制等制度的差异，其显著的影响污染产业污染排放与治理行为，从而影响区域环境质量；另一方面，经济转型为产业的演化发展提供了动力，其本身将会影响污染企业的地理空间分布，从而改变区域产业演化的环境效应。同时，其影响也取决于企业特性、产业和区域特征等。近年来经济地理学开始关注产业演化等课题，研究对象和尺度也更加微观，本书也实证验证了在转型背景下，污染型企业区位、动态及影响机制，以及污染型产业的地理格局演化，为经济地理学企业和产业动态研究提供实证解释，也为研究环境问题提供新的视角。

本书共分三篇。第一篇为环境经济地理之理论基础，从全国、城市、产业和企业的多尺度、多视角，检验经济转型、环境规制和集聚效应等对城市环境质量、污染产业演化与污染企业动态等影响。第二篇为经济活动之环境效应，基于经济转型与环境规制等的理论分析，实证研究经济活动对环境污染排放的影响。第三篇为经济活动之环境干预。基于经济转型背景，实证研究环境规制等对污染型产业、污染型企业的地理区位、企业动态和生产效率的影响。

全书由十三章构成。第一章在经济地理的视角下，提出全球和中国环境问题的分析框架。在全球化背景下，环境问题的开放性、公共性和空间性使得环境问题显得更为复杂，而经济地理综合思维的视角就显得格外的重要。工业化和城市化是环境问题的两大重要驱动力，而全球化改变了经济活动和环境问题交互的空间尺度。面对环境问题时，经济活动做出空间结构调整以及通过区域环境政策做出响应。而在中国的经济分权和环境管理分权的双重分权体制下，跨界污染、转移环境外部性的产业组织行为，也是经济活动面临环境规制的响应。

第二章综述了环境经济地理的研究进展。本章首先回顾了环境经济地理兴起的历程、意义以及面临的挑战，然后从经济活动的环境效应和环境问题的经济活动的响应两大研究主题出发，选择环境经济地理领域研究的热点问题，综合其他领域对相关热点问题的研究概括，并利用经济地理学的方法和视角，论述经济地理学在该研究问题上的研究进展。目前环境经济地理研究具有碎片化和多视角的特点（Bridge，2008），还没有完整的理论体系和明确的研究范式，也没有明确聚焦的研究对象。但经济地理的综合思维在环境研究中具有重要的作用，环境经济地理研究的理论意义和现实意义都不容置疑，值得经济地理学者更加深入和持续的关注。

第三章建立本书的研究理论框架，强调经济转型造成了环境政策制度的差异和不稳定性，显著影响中国城市与区域环境。从不同尺度、不同研究对象出发，构建了转型期我国产业发展的环境效应，以及环境问题对产业、区域经济发展干预的研究框架。

第四章利用城市层面工业 SO_2 和烟尘排放数据，探究市场化、全球化以及分权化三种力量对中国城市工业污染排放格局及排放强度的影响。研究发现，工业大气污染集中于长三角、山东半岛、京津冀、中北部地区、东北部地区、四川盆地，以及珠三角的部分城市中；市场化、全球化，以及区域分权对城市大气环境产生了不同的影响。市场化与区域分权恶化了城市大气环境，参与经济全球化则有助于改善城市环境质量。

第五章基于 2001~2011 年每日 API 数据，探讨环境规制的执行能力、执行压力，以及执行阻力对城市空气质量的影响。研究发现，环境规制执行能力较强的城市，可通过促进环境规制的执行，改善城市空气质量；环境规制执行阻力较强的城市，国有企业的“议价能力”及其与政府间“关系”对污染减排的阻力，不利于城市空气质量的提升；而来自上级政府与社会各界的压力，并没有显著改善我国城市空气质量。

第六章研究产业转移及其环境效应。研究发现，中国各省份正在经历较为剧烈的产业空间结构调整，产业转移的梯度特征明显。产业转移主要从最发达地区转出，向周边沿海以及中部地区转移。产业增长带来的环境效应多集中在沿海产业总量较大的发达地区，而各省份产业结构变化对污染增长的贡献各不相同。产业在不同地区的转移促使污染生产在不同地区之间的重新分配。与产业转移特征相同，污染转移也呈现出梯度转移特征，不同产业污染转移的模式不同。

第七章探讨污染密集型产业的地理分布及其影响因素。研究发现，中国污染密集型产业正在进行着剧烈的空间结构调整，上海、广东、浙江和北京污染密集产业不断转出，山东及中部地区开始成为污染密集型产业新的集聚地。不同污染产业的转移的模式不同，造纸等较为轻型的产业主要向内陆地区转移，而基础化学原料等则主要在沿海地带重新分布。技术以及劳动力成本是企业区位选择的重要影响因素。相较于资源要素的可得性，受全球化的影响，国际市场潜力对污染企业区位选择的影响更大。而环境规制与污染企业的区位具有倒“U”形关系。

第八章研究在财政和环境管理双重分权的背景下污染型企业的区位选择。本章构建了一个污染型企业区位选择的理论模型，对比集聚效应和边界效应的影响。实证研究发现，污染型企业选择区位时，更加重视集聚经济，而远离边界地区，说明在现有制度环境下，发展经济依然是地方政府的首要目标，对环境议题的重视程度仍不足。相比环境污染，集聚效应对污染型企业的区位选择仍有很强的解释力。

第九章利用深圳市污染源普查数据，以污染源企业为研究对象，分别探讨废水、废气和固体废弃物污染企业的地理分布特征，试图探究企业是否存在以邻为壑的空间选址行为。研究发现，为避免对中心城区的污染，深圳废水与固体废弃物污染企业具有明显靠近城市外围边界但远离香港的布局特点；同时，污染排放较大的企业也有远离特区分布的特点。废水污染企业更多的选择靠近城市主要外流河（跨界界河）分布，使得跨界流域的公共资源面临“公地悲剧”的威胁。企业属性对于其区位选择也具有一定的影响，并且不同排污类型的污染企业所受到的影响不同。

第十章基于访谈调研资料，研究污染型企业的迁移意愿。研究发现污染企业迁移受到环境规制、产业联系和政府博弈三个外部和企业内部多重因素共同影响。环境规制会增加企业环境成本，导致企业迁移意愿增大。但企业还可能由于产业联系、政策环境等外部因素以及企业内部因素的影响而不迁移。污染企业迁移意愿与企业规模呈倒“U”形关系。大企业迁移的动力小，倾向于就地改造升级；小企业迁移的阻力大，多消极应对或等待关闭；而中等规模企业的迁移意愿更强烈，更倾向于迁移到欠发达地区，以规避环境规制、争取更多的博弈收益。

第十一章分析了环境规制对污染型企业空间动态的影响。研究发现，环境规制强度与污染企业动态均存在显著的空间差异性。环境规制显著抑制了企业的进入和增长，但对企业退出影响并不显著。区域的转型背景对污染企业动态的影响也具有显著的空间差异。全球化和分权化不利于污染企业的进入和增长，而市场化将促进污染企业进入。全球力量和地方力量将通过环境规制抑制污染企业的进入，地方力量也将通过环境规制抑制企业增长。全球化和分权化制度环境越好的地区，污染企业退出反而较少，但这两股力量将通过环境规制促使大量污染企业退出；市场化越好的地区通过市场竞争将迫使大量污染企业退出。环境规制在东中西部的影响差异较大，主要体现在市场化力量作用上。

第十二章利用2007年深圳市污染源普查数据，探讨废水和废气污染企业的环境污染与治理行为。研究发现，企业规模、所有制结构、经营时间，以及行业类别对于企业的污染排放与治理行为具有重要影响。废水污染企业规模越大，污染排放越小，污染治理费和达标率较高，环境行为更为友好。废气污染企业规模越大，污染排放量和排放率均越大。外资企业污染排放量和排放率都相对较低，污染设施运行费用和污染排放达标率也相对较高，其企业环境行为更为友好。企业在城市经营时间越长，更容易得到地方政府的污染排放权，污染排放量和排放率越大。

第十三章研究了环境规制空间差异及其空间相关性对企业生产率的影响。研究表明，环境规制强度与企业生产率存在显著的空间差异性，环境规制显著促进企业生产率的提升，环境规制空间差异与企业生产率之间的关系存在显著的倒“U”形关系，表明过高的环境规制水平并不利于企业生产率增长；邻近城市环境规制也能显著促进企业生产率的增长；环境规制对效率高的企业更具有促进作用，而对效率低的企业影响不显著；不同地理区位下，环境规制对企业生产率的影响也不同，相对于中西部地区来说，东部地区环境规制促进企业生产率提升的作用更强。

本书由作者及其研究生团队共同完成。博士研究生周沂参与了第一章、第二章、第三章、第六章、第七章、第九章、第十一章及第十二章的编写；博士研究生黄志基参与了第十三章的编写；硕士研究生杨昕、刘颖和杨帆分别参与了第八章、第十章和第十二章的编写。

限于作者的学识和能力水平，本书研究深度和广度有待进一步深化。对书中各章不妥之处，还望广大读者和学界同仁批评指正。

贺灿飞

2016年3月

目　录

第三篇 经济活动之环境干预

第一篇

环境经济地理之理论基础

第一章　全球与中国的环境问题：经济地理视角

第一节　引　　言

环境问题一直伴随着人类历史，但环境问题的全球严重爆发始于20世纪，彼时正当人类开启了全球大范围工业化的进程。环境问题并非是发展中国家的专利，发达国家也都经历过环境污染带来的巨大生命与社会危害，每一个经历快速工业化发展的国家或地区都面临着严峻的环境问题。从最早进入工业化进程的欧洲大陆开始，最先进入人类视野的是大气污染，如1930年马斯河谷烟雾事件、1943年洛杉矶光化学烟雾事件、1948年多诺拉烟雾事件，以及1952年伦敦光化学烟雾事件等。随后，水污染、土地污染以及核污染也陆续出现，如1953年日本的“水俣病”事件、墨西哥湾井喷事件、莱茵河污染事件等。正值全球大范围的环境污染爆发之时，《寂静的春天》应运而生，此书所描述环境危机震撼人心，召唤全球人类关注环境问题。而随着全球人口的增加和城市化的加速，尤其是城市地区，其所需要的物质会影响大气环境、水资源、土地利用，以及生物多样性等方面。近年来，伴随着全球化的加速，消费与生产的分离使得城市化带来的环境影响在本地和全球范围内拓展。尽管科技的进步可以降低个人对环境的影响，但许多环境压力仍和依赖于自然资源的人口数量成正比。近年来，伴随着全球化、工业化以及城市化的加速，中国的环境问题也日益严峻，环境问题的影响因素也更加复杂，对环境问题的关注和研究也不断深化。

环境问题分为原生环境问题和次生环境问题（宗良刚，2005）。原生环境问题通常是指自然灾害；次生环境问题通常是指在人类的生活和生产活动中，不恰当地开发利用环境资源所造成的环境污染和环境破坏。次生环境问题又可以分为由不合理开发引起的生态环境破坏以及在生产与生活过程中任意排放的污染物，超过了环境自净能力所引起的环境污染问题。在次生环境问题的研究中，环境资源的开放性和公共性使得环境问题研究更为复杂。开放性是指资源环境的使用已超越传统意义上领土国界，尤其是在全球化大背景下，环境问题突破了国家和行政边界，区域之间的差异和联系在理解和解决环境问题上显得尤为重要。公共性是环境资源公共使用时的保护困境，容易陷于“公有地悲剧”的困境（王婷和吕昭河，2012）。环境资源的开放性和公共性对区域最直接的影响即是影响区域参与全球生产网络的比较优势以及区域转嫁环境负外部性。环境问题的研究，也已由单纯的自然灾害演变为人地关系共同作用下的复杂问题，而本书所述的环境问题也更多地集中在次生环境问题上。

环境资源的公共开放性使得环境问题越趋复杂，正因如此，环境问题吸引了不同学科的关注，由此发展成为了一个跨学科的研究领域。自然科学家关注物质循环与气候变化所带来的环境问题，一般从污染源、预防、治理的视角来开展研究；而社会科学则将环境污染视为一个“社会事实”，从社会结构分析环境污染发生的经济、社会、政治根源及其社会后果。社会科学关注环境问题作为经济活动的负外部性，随后环境评估、成本收益分析等开始成为环境经济学家的主流研究问题。然而，无论在经济学还是环境经济学的研究中，都很少关注空间要素的影响（Brainard，1999），尤其缺少由要素、政策制度等区域差异引起环境问题的分析。而污染物质在空气、河流、土地等介质中流动、扩散和传播使得在对环境问题的认识上需要有更加丰富的地理空间视角。另外，环境问题受到社会结构、经济发展、人口增长、城市化等多种因素的影响，其综合性也需要更加综合的视角来对其进行解读。

在全球化背景下，环境问题的分析需要更加开放、动态、综合的视角。经济地理学的综合性和空间视角使得其在对环境问题的研究上优势尤为突出。尤其是当经济全球化成为影响各国经济发展的重要部分时，经济地理在贸易、外商直接投资、企业区位、动态，以及产业空间演化等研究主题的讨论，为环境问题的研究提供了独特的视角。本章将从经济地理学的视角，分析全球和中国的环境问题，以期为环境问题的认识和治理提供更加有益的参考。

第二节　环境问题分析框架

环境问题发生在人类生活的方方面面，包括全球气候变化、臭氧层的破坏、空气污染、酸雨、水资源短缺、水污染、森林破坏、土地污染、荒漠化和物种减少等。面对这些问题，学者们从不同学科、不同视角对其进行了研究和讨论。20 世纪 80 年代末，经济合作与发展组织（Organization for Economic Cooperation and Development, OECD）与联合国环境规划署（UNEP）共同提出了“压力-状态-响应”（PSR）框架来分析环境问题，该框架从环境问题发生过程等方面评价世界和区域环境状况，具有较强的系统性（OECD, 1991, 1993）。其中，压力（pressure）是指人类活动或自然干扰给自然环境生态系统造成的负荷，即环境胁迫；状态（state）是指生态系统当前的状态，环境质量和资源数量状态；响应（response）是指面临环境问题时各利益主体做出行为响应（response），主要是社会经济活动和政府的政策和管理措施等方面做出的调整。响应主要作为一个整体系统来考虑，探讨影响人地系统协调稳定的因素。在 PSR 模型的基础上，联合国可持续发展委员会又提出了 DSR 框架，将压力变为驱动力，讨论社会、经济制度类的指标对环境的影响。随后，UNEP（2007）又提出 “驱动力-压力-状态-影响-响应”（DPSIR）框架来分析环境问题，将环境问题发生分解为驱动力、压力、状态、影响和响应五个部分（图 1-1）。PSR 及其扩展模型被广泛应用到有关生态安全评价和资源可持续利用等研究领域中。事实上，DPSIR 框架中的五大要素也正是经济地理分析环境问题所关注的重要因素。

DPSIR 模型中的五大要素概括了环境问题发生的整个过程，其中，最重要的政策杠杆是驱动力而不是压力本身（UNEP，2012）。在改变驱动力以减轻环境承受的压力时，可能伴随着显著的共同利益改变，甚至需要做出较大的妥协。而环境变化发生的原因，更本质地讲，则是压力产生的原因，即驱动力。在不同的区域，每种驱动力的特征和重要性各不相同，但导致环境变化通常是多种力量共同作用的结果。例如，气候变化是温

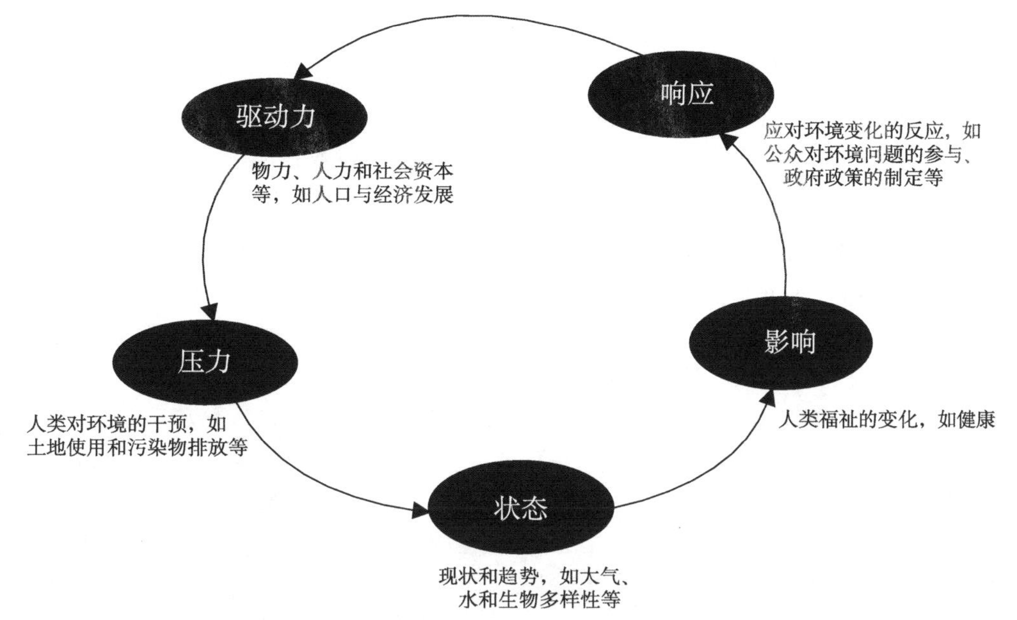

图 1-1　DPSIR 环境问题分析框架（UNEP，2007）

室气体排放、森林砍伐和土地利用变化等压力共同作用的结果，但归根到底却是人口增长过程中城市化进程加速带来的城市污染物排放及对生活必需品需求的增加等，以及经济发展过程中工业化对资源的需求和工业废弃物的超量排放等。相应的，不同区域消除环境压力以响应环境问题的能力是不一样的。在全球化的影响下，生产与消费在空间上的分离，使得受压力区域开始转移环境压力到其他区域，但这种能力也存在区域差异。发达地区可以通过发挥技术优势，获取发展中国家的资源优势，进而将环境压力转移到发展中国家。经济地理分析环境问题最重要的视角即是对区域差异的分析。区域环境压力以及面对环境压力时做出响应的差异，是经济地理分析环境问题最重要的方面。本节基于 DPSIR 框架，从经济地理视角分析当前全球与中国的环境问题发生的原因（驱动力）、发生了什么改变（状态），以及面对环境问题利益主体和经济活动所做出的调整（响应），以期更加全面综合的理解全球和中国的环境问题。本节将重点论述环境问题发生的驱动力，以及面对环境问题的区域响应，为下节分析全球和中国环境问题提出研究框架。

一、环境问题的驱动力

环境问题的驱动力是指对环境施加压力的多重社会经济活动。经济发展过程中两个主要的驱动力是经济发展和人口增长。经济增长与环境的关系主要表现为工业发展过程中污染的排放等。人口增长需要资源的支撑，尤其表现为城市化过程中资源的利用和土地利用方式的转变。例如，城镇化过程中粮食、饲料和纺织品供应给环境带来的压力。我们选取这两类活动来分析环境问题的两大重要驱动力。

（一）经济发展与工业化

经济增长与环境关系的讨论始于环境库兹涅茨曲线（EKC）。EKC 主要是描述环境污染与收入水平之间的关系，即经济增长和环境质量之间存在倒“U”形曲线关系，污染排放随经济增长而增加，在达到某点后又随经济增长而下降。近年来，许多文献基于各种污染物（一氧化碳、二氧化硫、氮氧化物、硫化物）验证环境库兹涅茨曲线的存在性（Grossman and Krueger，1991; Dasgupta et al., 2002; Dinda, 2004）。一些学者采用工业化水平代替 EKC 中的收入水平，专门研究了工业化与环境污染之间的关系，认为工业化水平与环境质量之间的关系符合 EKC 曲线特征（Ryan, 2012）。

工业化对环境的影响主要体现在工业化过程中消耗大量能源，释放出二氧化硫、烟粉尘和废水等各种污染物（杜雯翠等，2014），但与此同时，工业化还为环境污染治理提供了资金来源。这就使得环境污染源自工业化的同时，其污染治理在某种程度上又依赖于工业化。换句话说，环境能够在工业化进程中实现自我调节。Grossman 和 Krueger（1995）指出经济增长通过 3 种途径影响环境质量，即规模效应、结构效应和技术效应。随后学者们分别对三个要素进行了大量的实证研究。而工业化也将通过改变区域污染工业产业的规模、结构和技术来影响环境质量（Li and Pan, 2012）。资源要素空间分布的不均衡使得工业化的规模、结构和技术效应对区域环境质量影响也存在空间差异。

全球化改变了区域经济活动和环境问题交互的空间尺度。环境介质由空间界定使得环境问题也有了空间维度。特定地方的环境资源以及环境质量通过特定区域的经济机制产生相互依赖的关系。经济活动通过区位的竞争形成相应的经济活动的空间组织（Karlson，1985；Porter，1994；Smithies，1941），而这种区位竞争的空间尺度也随着全球化而逐渐扩大。经济全球化，尤其是伴随其中的交通与通信技术的发展，极大地扩大了经济活动的空间范围，重塑了世界经济地理格局。然而世界财富和资源依然被黏附在少数的区域（Porter，2011），区域工业化进程的有限性并没有改变，改变的也仅仅是生产空间互动的尺度。工业化是环境问题的一项重要驱动力，伴随其中的经济活动区位竞争和资源要素流动，加速了环境污染物在不同尺度单元的流动，增加了资源分布的区域差异。伴随着经济全球化，经济活动的全球交互使得要素与环境污染开始在全球范围内流动。

（二）人口增长与城市化

人口增长和城市化对环境的影响主要表现在人类的衣、食、住、行对资源及其环境的影响。所有人类活动的发生和延续都需要不同的环境要素作为支撑——空气、水和土地等。人口增长与环境污染的关系主要存在“悲观派”和“乐观派”两种观点（顾杨妹，2005）。以罗马俱乐部的《增长的极限》为代表，“悲观派”认为人口增长必然带来资源消耗、拥挤及污染问题。“乐观派”以《没有极限的增长》为代表，认为人口的增长会带来生存压力，并促使增强研发和创新，利用新资源从技术角度来解决环境与资源压力。但从当前全球城市环境现状来说，人口的增长将增加水资源、土地资源等的利用量，以及废气、废水和固体废弃物等的排放量。城市当中的这种关系表现得尤为剧烈，而城市化是加强这种紧张关系最为显著的驱动力。

首先，城市化过程中所产生的大量二氧化硫、二氧化氮，以及各种其他以气态形式存在的污染物，会造成大气污染和空气质量下降。相对于农村或者自然保护区等非城市地区的生态环境来说，城市的生态环境对上述污染的净化能力较弱，对人体所产生的危害也较大；加之，城市地区的人口密度较高，污染造成的影响也更广。其次，作为支持城市活动重要的基本要素之一，水资源紧缺和污染同样也对城市人居环境产生了重要影响。随着城市规模的扩大，人类活动变得越来越密集，所排放出的废水规模也越来越大，不但会扰乱城市内部正常的水循环，还会导致水质污染等一系列问题的发生。再有，随着经济的发展和城市地区对农产品需求的上升，越来越多的土地尤其是林业用地被开垦为农田，而农用化学品的使用量也越来越大，土地利用方式等的变化将会造成水土流失和土地污染等（覃子建，2000；方铭，2009）。

随着全球化的加速，国际贸易使得生产与消费在地理空间上实现分离，人口增长和城市化带来的区域环境问题压力，可以通过生产部门的转移和贸易得以减轻。贸易使得生产带来的环境影响可以从消费地点完全移除，本地环境可以不受生产活动带来的污染影响。全球生产网络和国际贸易让生产与消费完全脱节。这种脱节意味着发达国家或地区的城市消费品可以在其他地区生产，而这将增加生产地的资源环境压力，尤其是发展中国家或者经济欠发达地区。Peters 和 Hertwich（2006）追踪挪威消费的影响时，发现家庭对进口国的环境影响占据了家庭间接排放的二氧化碳的 61%，二氧化硫的 87%，以及氮氧化物的 34%，尽管进口产品只占家庭支出的 22%。

全球自然资源分布极度不平衡，而伴随商品贸易发生的资源要素流动，可能更加剧了可用资源分布的不平衡。对于水资源，全球范围内大约 1/5 的水足迹与出口生产有关（Mekonnen and Hoekstra，2011）。在贸易过程中，一些国家或地区为了弥补技术等优势的缺陷，通过发挥其水资源优势来提高区域的经济发展水平和竞争优势，如出口农产品等耗水型产品。对于土地资源，在过去的十年间，热带和亚热带国家 50%以上的森林转化为耕地，而其中重要的原因即是获取贸易的比较优势。水资源稀缺、热带雨林破坏等属于自然生态环境问题，但虚拟水贸易导致的区域水资源稀缺，种植用于出口的农产品或者养殖用于出口的畜牧产品等导致的土地环境问题则属于经济地理研究的环境问题。

二、环境问题的区域响应

环境问题的区域响应可以（有意地或无意地）影响已有的环境状况及其与之相关的压力与驱动力。区域响应可分为两大类：一是面对环境的压力，经济活动随之发生的改变，如环境问题影响下的全球贸易动机和格局的变化、产业转移等；二是不同利益主体对环境问题的响应,包括政府执行环境规制、公众利用群体事件干预污染项目等。

（一）环境问题的经济活动响应——全球贸易、产业转移与跨界污染

环境问题最直接的影响是全球生产网络的形成与重构。在全球化的过程中，经济活动的空间单元已不再局限于本国或者本城市内。全球化作用下形成的全球生产网络使得区域之间的联系越加紧密。全球化最直接的空间影响是要素流动的空间范围得到了极大

地延展，而这种延展首先突破的是传统的国家边界。因此，要素在不同国家之间流动成为全球生产网络空间的主要特征。工业化带来环境资源的消耗和污染物的排放，全球贸易使得污染物和环境要素在全球范围流动。在考虑环境问题的产业转移以及产业动态研究中，环境成本开始成为影响全球生产网络重构的一项重要影响因素。在贸易领域，经济学中的绝对优势理论、比较优势理论、要素禀赋理论和新贸易理论，均致力于为国际贸易的发生提供一般化解释，而经济地理学则更强调国家和地方的差异性对贸易格局的影响。环境规制标准和执行的区域差异成为经济地理研究环境问题的切入点。

区域资源环境体量、环境污染容量，以及对环境重视程度的差异，使得环境规制引致的环境成本成为产业（尤其是污染产业）全球区位选择的重要因素，而这种区位选择的结果即产业转移。为提高区域的竞争优势，放松规制降低环境成本成为吸引经济活动的一项重要比较优势，形成“污染避难所”（pollution haven hypothesis，PHH）假说。这个假说认为，发达国家对环境的关切和越来越严格的环境法规，导致了发达国家专业化生产技术密集型产业，而发展中国家将专业化生产污染密集型产品。Copeland 和 Taylor（1994）发现低收入国家相比较于工业化国家有着较低的环境标准，从而在污染密集型产业上具有明显的比较优势，因此，可以看到发达国家的污染产业生产被发展中国家所取代（Grossman and Krueger，1995）。环境要素也可能影响国家间的专业化分工、产业结构和国际贸易的流向。虽然，目前并没有在“污染避难所”假说的存在性上形成统一的认识，但越来越多的污染中心开始在发展中国家涌现，也暗示着贸易会在欠发达的国家增加环境污染，而在发达国家减少相应类型的环境污染（Cole，2003，2004）。Peter 等（2012）追踪了 1990~2010 年发达国家和发展中国家的经济活动和二氧化碳排放量，发现近 20 年来，在总体排放量中，排放量从发达国家到发展中国家的净转移变化达到了 300%。全球贸易以及产业转移使得污染排放与环境容量极度不匹配。

污染产业除了在国家或者区域间的大尺度空间变化外，在同一行政区域内，为了消除环境负外部性，也在进行着产业空间结构的调整。由于环境污染物会在一定范围内扩散，因此，环境污染的影响也不仅仅局限于污染源所在地（Hatzipanayotou et al.，2002）。环境污染的扩散范围与行政区划是不一致的，因此，通过将污染型企业放置在行政边界地区，既能使污染物扩散至相邻国家或者行政区，减少留在本区的污染物，又能保住税收和 GDP，最终达到地方政府的“最优污染量”均衡（Yang et al., 2015; 周沂等，2014）。然而，以转移环境负外部性的污染转移以及跨界污染使得污染以更加隐蔽的形式存在着，其排放方式粗放，治理动力不足，治理技术落后，削减了产业发展给区域带来应有的福利。对于边界污染问题，环境工程对污染的治理可以达到减少污染的效果，但利用经济地理的研究方法，分析污染主体的环境行为，减少污染排放，加强污染的治理动机，才能更加全面有效地从源头上减少区域尤其是边界区域的环境污染问题。概括来说，在当今形成的全球生产网络当中，伴随贸易流的污染转移将经济活动与环境连接起来。其中，地理或者区位成为重要载体，这些都使得从经济地理的视角研究环境问题更加有意义。

（二）环境规制

为了解决环境污染的市场失灵问题，环境规制成为政府应对环境问题的重要手段。从现有研究来看，环境规制已经成为学者们研究环境问题与经济发展关系的重要出发点。一些环境学者已经研究了推行环境可持续发展对于经济及产业发展的影响（Ekins, 1986; Jacobs, 1991, 1994; Jenkins and McLaren, 1994）。环境规制理论从三个层面研究规制与经济活动之间的关系：环境规制与生产模式、积累制度，以及社会规制模式。从规制视角看来，规制对生产模式的影响主要关注规制对于生产活动污染排放与治理的环境行为的影响。社会规制关注制度结构、政治行为、规制机制、社会网络和常态等模式理念，探讨规制及其执行差异对经济活动的影响及其机制。

随着经济的发展，对于区域环境质量的日益重视，经济地理学者开始从不同利益主体的环境行为来研究环境问题的规制响应，目前也存在大量实证研究。首先，政府组织对环境规制执行的差异影响经济活动及其环境效应。在中国的环境制度背景下，财政分权使得中央权力下放而地方权力扩大，地方政府为了发展经济，不断放松对环境的管理。区域环境规制强度的差异显著地影响了污染型产业等经济活动的区位。其次，环境成本是企业尤其是污染型企业生产的一项重要成本。环境规制的影响使得企业生产过程本身也开始发生变化，加之社会对企业要求日益严格，环境规制对于企业区位、动态和环境行为开始产生越来越重要的影响；再有，随着消费者对于自身生活环境的重视，消费者开始对环境不友好的产品弃购，并于 NGO 组织表达诉求，消费者也开始成为环境规制的重要力量。最后，伴随着经济全球化，跨国组织开始成为环境保护的重要推动力量，其对于各国环境标准的制定也具有重要的影响。其中，ENGO 组织日益强大，组织形式日渐成熟、丰富，也开始成为影响经济-地理-环境的新力量（Raustiala，1997; Rohrschneider and Dalton，2002）。

第三节　全球与中国环境问题——经济地理学视角

本节将基于上述框架，选取全球和中国环境问题中最突出的三大环境问题——空气、水和土地，从经济地理的视角论述环境问题的驱动力、状态以及面对环境问题的响应。

一、全球与中国大气环境问题

（一）全球与中国大气环境问题状态

全球大气环境问题无论对发达国家还是发展中国家而言都是一个极大的挑战，其中，全球气候变化成为备受瞩目的重要议题之一。2014 年，联合国环境规划署和世界气象组织发布的气候变化评估指出， 1901~2012 年，地表平均气温提高了 0.89°C，并预测在 2016~2035 年，全球平均气温将上升 0.3~0.7°C（IPCC, 2013）。南极、北极地区所受到的影响尤为重大，那里的气候变暖程度可能最大，海冰覆盖也将急剧减少，与 1890~1910

年相比，北极大部分地区的气温升高了 2℃以上（图 1-2）。除此以外，一些岛屿的冰川也开始出现融化的趋势，Rignot 等（2011）发现格陵兰岛和南极的冰川融化速度都在增加，格陵兰岛的冰川融化面积显著增加。全球气候变暖将带来严重的经济损失，如果气温相较于工业化前升高 2.5℃，那么到 2100 年，每年气候影响导致全球 GDP 的损失将达到 1%~2%；如果气温升高 4℃，那么损失比例将增加到 2%~4%（Aldy，2010）。Stern（2007）甚至预测气温升高 6℃可能将导致全球年 GDP 损失 10.2%，气温升高 7.4℃可以导致全球年 GDP 损失 11.3%。当然，导致损失的具体数值可能会受预测等技术问题，以及灾难性后果核算等的基本假设影响，但是气候变化将带来巨大的社会经济影响却是无可置疑的（UNEP, 2012）。

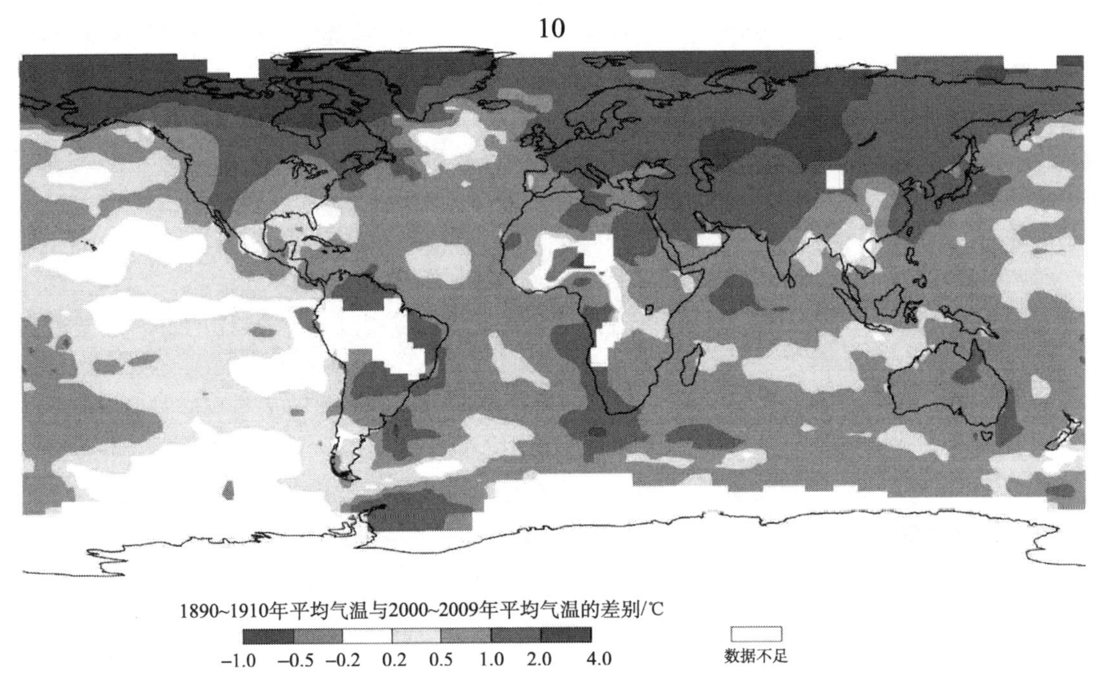

图 1-2　20 世纪以来的温度变化（联合国环境规划署 UNEP，2012）

在众多的大气环境问题中，空气污染对健康的影响比我们想象的要大很多。经济活动中农业、工业和交通等排放的二氧化硫、氮化物等会导致颗粒物形成与扩散，将会对人类健康产生非常不利的影响。世界卫生组织估计，2012 年约有 700 万例由于空气污染导致的过早死亡（WHO, 2014）。除此以外，硫化物导致酸化物质，会危害陆地和淡水生态系统（Rodhe et al., 1995），破坏生物多样性（Robbink, 1998），侵蚀文化遗产（Kucera et al., 2007）等。

空气污染中，颗粒物污染成为影响人类健康的重要污染源，WHO（1999, 2006）甚至指出对于颗粒物的接触范围和程度并没有安全的阈值，即使很低的接触水平也可能损害健康。全球范围内，PM10（直径小于或等于 10μm 的颗粒物）在欧洲、北美洲、拉丁美洲和亚洲的部分城市的排放量有所减少，但其依然是亚洲和拉丁美洲众多城市的主要污染物（UNEP, 2012）。非洲城市中对空气污染物进行检测的很少，但已有的结果显示这些城市中大部分 PM10 浓度都超过了 WHO 指南标准（WHO，2012）。东北亚、东南亚和南亚的发展中国家由于空气污染造成的过早死亡人数占全世界的 2/3（Cohen et al., 2005）。世界卫生组织（2000）估计亚洲有超过 10 亿人暴露在超过空气质量标准的空气。另外，颗粒物的传播介质是空气，对长距离空气污染传播的评估分析显示，颗粒物的洲际传播是导致空气污染超过公共健康标准和可见度目标的原因（UNEP, 2012）。而颗粒物的长距离传播可能需要对全球 380000 人的过早死亡承担责任，其中，75%应归咎于（矿物）粉尘 PM2.5（HTAP，2010）。这就更加证明了研究环境问题过程中，地理区域的重要作用，但同时环境问题的研究也不能就城市论城市、就区域论区域。

空气污染的重要组成，颗粒物中的 PM2.5 是损害人类健康最重要的空气污染物（WHO，2011），也越来越受到政府和公众的关注。在众多的污染物研究中，对 PM2.5 的研究也更为集中。长期以来，很难找到一个最优的方法对全球的空气污染进行整体研究。2010 年，加拿大达尔豪斯大学研究人员 Van Donkelaar 等（2010）根据美国国家航天局（NASA）两台卫星监测仪的监测结果，绘制出了一张全球 PM2.5 年均浓度地图。虽然，相对那些早已建立了完善地面监测网络的发达地区，这项新混合技术并没有给它们带来更为精确的污染指数测量结果。不过，这张地图首次展示了全球空气污染的现状，同时也给一些发展中国家提供了 PM2.5 卫星测量数据。随后该团队将研究数据更新到 2010 年（Van Donkelaar et al., 2015）。至今，该地图仍是该领域较为权威的研究数据，见图 1-3。

在这张世界地图上，美国 PM2.5 水平相对较低，不过美国中西部和东部一些中心区域的污染依然清晰可见。然而，从北非撒哈拉沙漠延伸到东亚的一大片区域中，PM2.5 污染指数相当严重。结合区域人口密度进行分析，发现全世界超过 80%的人口正在呼吸着严重污染的空气，污染指数甚至超过了世界卫生组织给出的最小安全值（每立方米 10μg）。红色（即 PM2.5 密度最高）区域，出现在北非、东亚和中国。亚洲国家特别是中国华北、华东和华中地区，PM2.5 的密度指数接近每立方米 80μg，甚至超过了撒哈拉沙漠，空气污染严重。

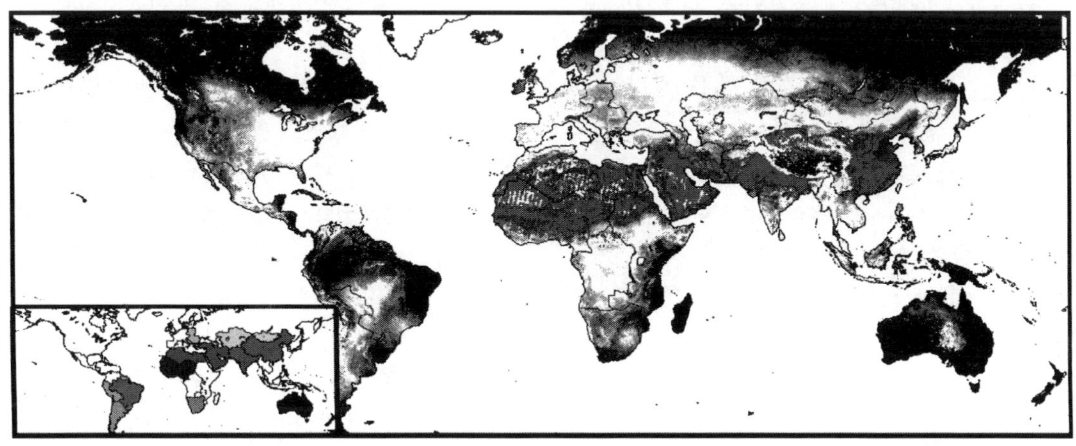

图 1-3　2001~2010 年基于卫星地图的全球 PM2.5 分布(Van Donkelaar et al., 2015）

过去 30 年，中国经历了快速的经济增长，而空气污染成为其最为严重的恶果。2005 年全球污染最严重的 20 个城市中，中国就占据了其中的 16 个。尽管中国各级政府在其中进行了大量的投入，一些指标显示其仍然是一项需要长期投入并努力的任务。2014 年，环境检测新标准第一、第二阶段监测实施城市中，开展空气质量新标准监测的地级及以上城市 161 个，其中 74 个为第一阶段实施城市，87 个为第二阶段新增城市。监测结果显示，161 个城市中，仅 16 个城市空气质量达标（好于国家二级标准），占 9.9%；145 个城市空气质量超标，占 90.1%（环境统计公报，2014）。2014 年，PM10 年均浓度范围为 35~233μg/m^3，平均为 105μg/m^3，达标城市比例仅为为 21.7%；PM2.5 年均浓度范围为 19~130μg/m^3，平均为 62μg/m^3；达标城市比例为 11.2%；日均浓度达标率范围为 32.1%~99.7%，平均为 73.4%，平均超标率为 26.6%。总的来说，中国城市空气质量恶化的趋势有所减缓，部分城市空气质量有所改善，但整体污染水平仍较严重。

（二）空气污染的驱动力——工业化与城市化

IPCC 研究报告指出人为排放的 CO_2 和其他温室气体是导致当前气候变化的主要原因（IPCC, 2007）。CO_2 排放的最大源头为化石燃料的燃烧。尽管全球都分布着大的排放源头，4 个主要的排放集聚地主要集中在北美（美国中西部）、欧洲（西北区域）、东亚（中国沿海地区）和南亚（印度次大陆地区）。几大主要的排放区域都经历了或者正在经历着显著的工业化进程。作为影响空气质量的重要来源——工业污染，图 1-3 红色区域的带状分布与工业发展速度的空间分布高度一致，显示空气污染与工业化之间的空间相关性。

PM2.5 主要来源于能源、交通和工业部门，固体废弃物和农作物秸秆的露天燃烧也是其重要来源（UNEP, 2012）。城市化催生大量汽车的使用，交通部门排放的尾气等成为城市空气污染的“罪魁祸首”。20 世纪 50 年代洛杉矶烟雾事件，造成这一污染事件的主要原因是汽车尾气，汽车排放的碳氢化合物在阳光作用下，与空气中其他成分起化学作用而产生一种新型的刺激性强的光化学烟雾。1952 年的“伦敦烟雾”，直接原因是燃煤产生的二氧化硫和粉尘污染。过去几十年中，法国巴黎虽然没有出现灾难式的空气污染问题，但也一直被大气污染所困扰，最重要的原因即是过多的机动车辆。日本的大气污染问题在 60 年代日益突出，突出表现是亚硫酸气体构成的“白烟”，造成这一问题的主要原因是过度集中的工业排放。德国鲁尔工业区 1962 年的严重雾霾主要污染物是二氧化硫（浓度高达 5000μg/m^2），造成其污染的主要原因是工业污染。随着亚洲国家人口的迅速增长，工业化和城市化的加快，化石原料的用量越来越多，空气质量也受到严重的影响。工业化和城市化在带来经济增长的同时，其引起的气候变化和环境污染问题也将带来重大的经济损失。

在中国，工业化和城市化仍是城市空气污染最重要的驱动力。2014 年，全国废水排放总量 716.2 亿吨。全国废气中二氧化硫排放量 1974.4 万吨。其中，工业二氧化硫排放量为 1740.4 万吨，城镇生活二氧化硫排放量为 233.9 万吨。全国一般工业固体废弃物产生量 32.6 亿吨。从时间上来看，中国工业和城市污染排放量迅速的增长，工业废水排放总量从 2000 年的 194.24 亿吨上升到 2014 年的 205.3 亿吨；城镇废水从 2000 年的 220.9

亿吨增长到2014年的510.3亿吨；工业废气排放总量从2000年的138145亿标立方米上升到2014年的694190 亿标立方米；工业固体废物产生量也从2000年的8.2亿吨增长到2014年的32.6亿吨。城市化带来的废水排放，工业化过程中带来的废气和固废的增长，成为中国城市环境恶化重要的驱动力。

中国严峻的空气污染形势主要表现为两大特征：其一是空气污染与工业化、城市化水平空间分布的高度一致。珠三角、长三角和京津冀等三大经济区是我国城市化和工业化发展水平最高的地区。然而，三大经济增长区的颗粒物污染几乎均在全国平均水平以上，长三角地区最为明显均超出了全国平均水平。2001~2010 年，三大经济区及全国的污染水平整体呈上升趋势，2007年成为转折点，自 2010 年开始污染有所下降但仍维持在较高水平（图1-4）。2001~2010年，长三角地区细颗粒物污染最为严重，远远超出中国年均水平。2014 年，长三角地区 25 个地级及以上城市 PM2.5 年均浓度为 60μg/m^3，仅舟山市达标，其他24个城市均超标。2001~2010年，京津冀地区PM2.5浓度几乎均在25μg/m^{3}以上，属于中度或重度污染地区；2014年，全国污染最严重的20个城市中，京津冀的13个地级以上城市占据了 11 个，其中有 8 个城市排在前10位。2014年，珠三角区域9个地级及以上城市PM2.5年均浓度为42μg/m^3，仅有3个城市达标；PM10年均浓度为61μg/m^3，仅肇庆市超标；全年以O_3为首要污染物的污染天数最多，其次为PM2.5和NO_2（中国环境质量统计公报，2014）。

第二大特征是复合型污染特征突出。我国城市大气污染类型已经从煤烟型污染转化为煤烟型与机动车尾气污染共存的复合型污染（高申，2012；Wang and Hao，2012；Duan et al.，2012），传统的煤烟型污染、汽车尾气污染与二次污染相互叠加，部分城市不仅PM2.5和PM10超标，O_3污染也日益凸显，这也正是快速城市化与工业化驱动的空气污染的重要体现。

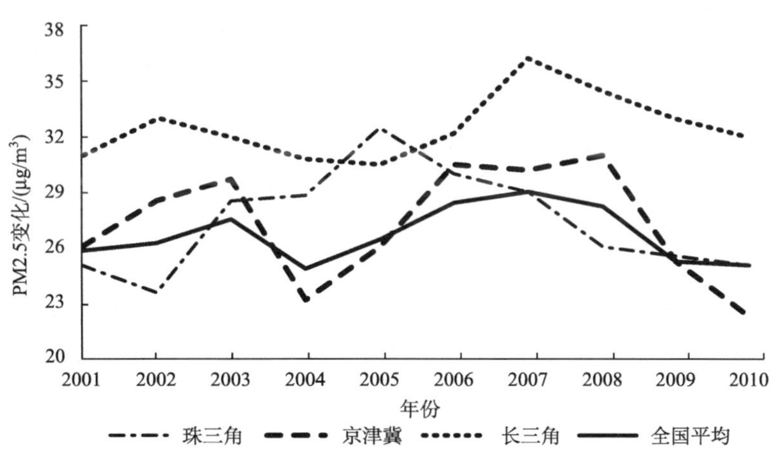

图1-4 2001~2010年长三角、京津冀及珠三角地区PM2.5变化趋势（马丽梅和张晓，2014）

与自然灾害不同，大气污染物由空气介质传播，环境污染是没有边界的，空间对于环境污染有了更加特殊的意义。地理空间某处的环境资源以及环境质量，将通过该点所处的区域经济机制与其他点产生联系，甚至相互依赖关系。北京空气质量的解决并不仅仅取决于北京，而依赖于河北、内蒙古、山西、天津等周边省份。但目前产业分工体系与政治地位的不平等，使得北京将大量的高排放高污染产业转移到周边省份，这非但不会改善北京的环境质量，反而会增加周边省区的污染（孙中伟，2015）。环境污染尤其是工业污染，其伴随着产业等物质流的流动，这就决定了环境污染的研究和治理不能就城市论城市或者就区域论区域，此时，区域间的协作就显得尤为重要。尤其是大气和水污染问题，其并非是一个城市或一个省份的责任，而是一个区域性甚至是全球性的问题。

（三）环境污染的经济活动响应——全球贸易与产业转移

环境问题对贸易格局的重要影响在于一些国家利用环境政策来调整本国的产业结构，尤其是改变该国在某些污染产品上的比较优势，从而影响贸易空间格局。由于一国实施了他国没有的环境政策，或是实施了更严厉的政策标准，影响了比较优势的相对分布，使得资源的优势从环境管制的国家向无管制或管制较松的国家转移。通过贸易，该国消费了此类污染产品，却将污染留在了生产国。最近数十年，食品、燃料、矿石贸易极大地增长，自 1990 年国际贸易以年均 12%的速度增长，每六年翻一番（Peters et al., 2011）。与此同时，出口造成的排放量年增长为 4.3%，原因通常是由于生产行业从发达国家转移到技术相对落后的发展中国家（Peters et al., 2011）。中国是一个用来理解贸易和产业转移对环境影响的绝佳案例。伴随着中国经济快速发展，资源短缺和环境污染已成为中国可持续发展所面临的重大问题。中国工业发展除了满足本地需求以外，全球化带来的国际市场也成为生产需求的重要部分。而环境也成为影响中国参与国际贸易，形成现有的贸易格局的重要影响因素之一。

在环境影响下获得贸易比较优势的同时，贸易自由化通过规模效应、结构效应和技术效应给中国环境施加压力。规模效应即贸易带来经济活动的增加。2008 年，全世界 1/4 的电子器材生产于中国珠江流域的广东省（Liu et al., 2010）。在过去十年里，该区域占中国总面积的 1/5，容纳了 1/3 的人口，并贡献了全国 40% 的 GDP（Barak，2009）。2009 年中国 GDP 增长率为 9%，而广东省的增长率超过全国平均 2~3 个百分点（World Bank，2011）。然而，经济增长带来的环境影响堪忧，每年有成百上千吨未经处理的重金属、氮化物、燃料被倾倒至大海（Asia News，2005）。农民因使用重度污染的水来灌溉作物而遭受重大损失，而大部分倾倒于该区域的重金属归咎于信息技术行业。2004 年和 2005 年珠江流域被称为全国污染最严重的水系（Xu，2010）。贸易经济结构的变化从而影响区域环境，即结构效应。中国等发展中国家在全球分工中，更多地承担了污染密集型产业的集聚。在 20 世纪后半叶，中国经济结构中加工型经济占据了较大的比例，这也导致它从初级资源净出口国变为净进口国。这些加工过的商品大部分直接出口，其污染却由中国环境吸纳（Ma et al.，2006）。例如，Xu 等（2009）发现在 2001~2007 年，中国 CO_2 排放量的 8%~12%归因于向美国的出口。技术效应是指贸易可能将会带来产业技术或者工艺的变化。

在国家内部，区域之间的产业转移也成为污染转移的重要载体。生产要素禀赋的差异使得不同地区在产业结构上也具有极大差异，这种产业梯度与要素禀赋的差异带动了要素的跨区域流动与组合，引导了区域间的经济合作，推动产业在区际的转移（戴宏伟，

2008）。虽然经济因素仍然是决定产业分布的主要因素，但随着发达地区环境管制水平的提高、产业结构升级的推进，环境因素对产业空间分布的作用日益明显。由于东西部地区之间存在显性和隐性的环境政策差异，在我国区域产业转移的过程中，西部逐渐成为"污染避难所"（金祥荣和谭立力，2012）。污染密集型产业向中、西部地区集中的趋势势必更加明显。相较于东部地区，中、西部地区污染没有得到更好的控制，中、西部地区有些地方通过对国家环境政策的"非完全执行"来吸引产业转移，使污染型企业转移成为我国区域产业梯度转移的伴生现象（林群慧等，2011）。

据国家统计局数据显示， 2002~2010 年，对于工业废气排放量，西部地区占全国的比例从 22%上升到 28%，工业固体废物产生量占比从 26%上升到 31%，COD 排放量占全国的比例亦从 21%上升到 27%（中华人民共和国国家统计局，2003）。近年来，生态环境破坏引发了全国范围环境保护意识的觉醒，环境问题也逐渐成为全国范围关注的重点问题（He et al., 2012）。抵制污染工程建设的民众行动已多次发生，无论是厦门、大连、宁波和江苏启东等沿海地区的 PX 项目事件，还是西部什邡的环境污染抵制行动，其都演化成为严重的社会冲突事件。在个案上，从 2009 年陕西凤翔儿童血铅超标事件开始，一系列与高污染型企业西迁关系密切的严重环境事件频频见诸报端。2012 年 5 月，陕西省凤县出现四百余名儿童被查出血铅超标的恶性环境污染事件，成为舆论焦点。虽然产业和污染跨省转移的直接后果是，某个地区的"三废"排放下降和环境质量提高，但是作为一个整体的区域或国家的三废排放却在增加，事实上，转移后的污染可能以更加隐蔽的形式存在着，更加加剧了区域的环境问题。

二、全球与中国水环境问题

（一）全球与中国水环境问题状态

全球水环境问题主要包含了水资源稀缺、水污染和水文情况变化（极端事件，如洪水与干旱）等。1987 年，世界环境与发展委员会通过《我们共同的未来》发出警告，世界上许多地方的水资源被过度使用。人类用水安全最重要影响因素即是水资源短缺，有研究指出全球有 1/5 的人口居住在水资源短缺的地区。在全球用水中，75%用于维持生态系统产品和服务所需，而人类直接用水仅占 25%（Falkenmark and Rockström, 2004）。这些数字包括蓝水（地下水和地表水）和绿水（土壤中储存的水）。根据联合国（生命之水）国际行动 10 年（UN water for life 2005~2015）计算，2015 年大约 43 个国家中有 7 亿人正经受着缺水的困扰。到 2025 年，有 18 亿人将会面临水资源绝对稀缺，而且，2/3 的世界人口将面临水资源紧缺。随着气候变化，到 2030 年，几乎将近一半的世界人口面临水资源短缺。除此之外，在一些干燥和半干燥地区，水资源短缺将会让 2400 万到 7 亿人背井离乡（联合国水机制，2015）。伴随着水资源短缺，尤其是在城市化过程中，大量人口涌入城市，过度开采地下水，其将导致地面沉降、盐渍化等，特别是在沿海城市地区。

水污染作为水环境问题的重要方面，整个世界的地下水都受到来自农业、固体废弃物、现场废水处理、石油和天然气开采和精炼、采矿、生产和其他工业资源污染的威胁。

水污染问题主要是由于人类活动产生水污染不能通过自净功能恢复到污染前状态或者已改变水的可获得性造成的。联合国水资源世界评估报告显示，全世界每天约有数百万吨垃圾倒进河流、湖泊和小溪，所有流经亚洲城市的河流均被污染；美国40%的水资源流域被工业废水、肥料和杀虫剂等污染；欧洲55条河流中仅有5条水质勉强能用。水污染对人类健康造成很大危害，发展中国家约有10亿人喝不清洁水，每年约有2500多万人死于饮用不洁水，全世界平均每天5000名儿童死于饮用不洁水，约1.7亿人饮用被有机物污染的水，3亿城市居民面临水污染（UNEP，2012）。在肝癌高发区流行病的调查表明，饮用藻菌类毒素污染的水是肝癌的主要原因。事实上，水资源紧张最主要的原因是城市化和工业化过程中，对水资源利用超过了含水层自然补给和释放水的能力、地下水的净化能力（Foster et al., 2006）。

除了水资源本身稀缺和污染外，频繁爆发的水事件也开始受到越来越多的关注。自20世纪80年代，称得上灾难的洪水和干旱的事件，以及宣布进入紧急状态或者请求国际援助的水事件数量有所增加，其中，水事件当中受影响的区域面积、人数以及损失水平也有所增加（EM-DAT，2011；Rosenfeld et al.，2008；Kleinen and Petschel-Held，2007）。80年代至21世纪的前十年，洪水灾害数量增加了230%，旱灾害数量增加了38%，受洪水影响的人口数量增加了114%（UNISDR, 2011）。

中国的水生态环境问题，主要表现在水体污染和水资源短缺上。其中，水污染是最为严重和普遍的问题，这一水环境问题的出现，既有自然因素的作用，也有人类活动的影响，最主要受到工业化过程中污染物的大量排放影响。在全中国七大流域中，面临的严重问题是水体污染和水资源短缺，主要河流有机污染普遍，主要湖泊富营养化严重。2014年，长江、黄河、珠江、松花江、淮河、海河、辽河等七大流域和浙闽片河流、西北诸河、西南诸河的国控断面中，Ⅰ类水质断面仅占2.8%，Ⅱ类占36.9%，Ⅲ类占31.5%，Ⅳ类占15.0%，Ⅴ类占4.8%，劣Ⅴ类占9.0%，水体污染严重。相较于前一年，Ⅰ～Ⅲ类水质断面比例上升32.7个百分点，劣Ⅴ类水质断面比例下降21.2个百分点（中国环境统计公报，2014）。而城市内的水污染中，湖泊污染成为另一个重要的水污染对象。全国62个重点湖泊（水库）中，7个湖泊（水库）水质为Ⅰ类，11个为Ⅱ类，20个为Ⅲ类，15个为Ⅳ类，4个为Ⅴ类，5个为劣Ⅴ类。

（二）水环境问题的经济活动响应——虚拟水交易与跨界污染

伴随水环境问题开始出现较多的交叉研究，如水安全与人类健康、水-能源-气候之间的相互关系等。水资源短缺是全球用水安全最重要的因素，而水污染开始成为影响水资源短缺最重要的因素。在水资源分布不平衡的情况下，水污染造成的水资源利用量及其利用效率的变化可能将更加加深水资源的不平衡性。在面临水资源稀缺问题时，全球化过程中形成全球生产网络，使得区域水资源与水污染的分析变得更加复杂。而伴随着商品贸易，虚拟水（交易产品中嵌入的水）进口、出口和流动。水资源丰富的地区发挥水资源的比较优势，通过直接或者虚拟水的形式出口水资源，如农作物和生产产品等，以此提高区域的经济发展水平和竞争优势。大约全球水足迹的1/5与出口生产有关（UNEP, 2012）。据Mekonnen和Hoekstra（2011）预测，1996~2005年，每年农业和工业产品的全球虚拟水交易总量达 2320km³，其中农作物占 76%，动物产品和工业产品各占 12%。而在工业产品的生产过程中，排放的废水将污染当地的地下水、河流和湖泊等水体。水环境资源显著地影响了全球生产网络的形成以及贸易格局的演化。

贸易的自由化使得消费地水资源禀赋与生产地的丰裕程度分离，甚至让两者完全脱节。虚拟水交易，一方面，有助于推动全球水资源的重新分配，在一定程度有助于解决消费和生产影响脱节的问题。例如，缺水流域、国家和地区可以通过进口水密集型产品来确保有限的水资源用于更有价值的地方。但是，这也会导致过度开发净出口国的水资源，使商品水需求凌驾于当地的基本需求以及自然承受能力之上，尤其以推动商品出口作为主要驱动力来获取强大的经济发展的地区（UNEP，2012）。另一方面，不同的地区自然资源的保护程度不同，一些水资源缺乏的地区也是净虚拟水出口国，如澳大利亚或南非；某些水资源很充足的国家也是净虚拟水进口国，如中欧地区（图 1-5）。事实上，目前商品贸易的研究主要集中在国际贸易领域，经济地理领域更侧重于将水资源等作为贸易产品的附属资源，研究随贸易流发生的资源流等以及这些要素流对贸易空间格局演化的影响。

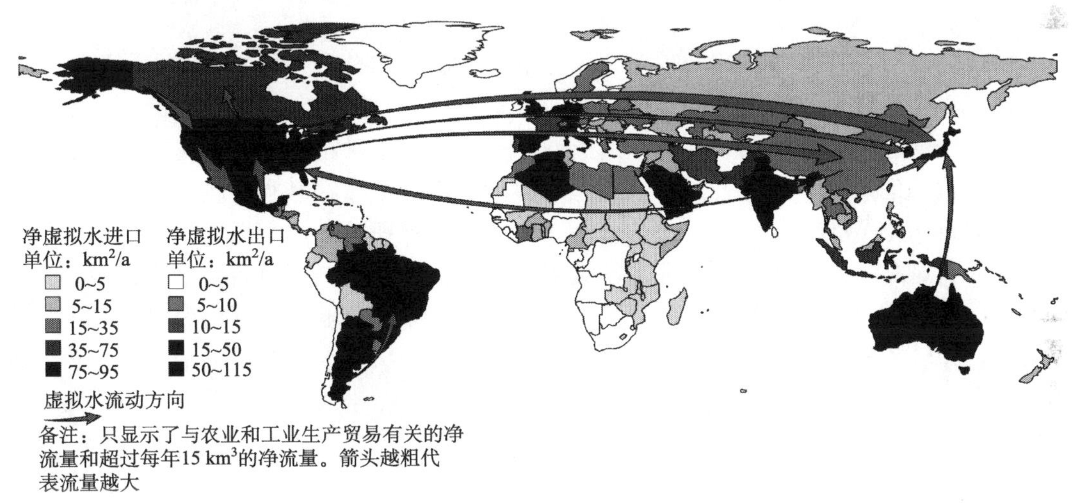

图 1-5　1999~2005 年世界虚拟水进口、出口和流动（联合国环境规划署，2012）

水体污染问题中的跨界污染是经济地理研究环境问题的另一重点问题。以我国的河流污染为例，在主要河流流域之外，省界水体污染是一项需要重点关注的环境污染问题。2014 年全国水环境质量状况报告显示，省界水体断面中，Ⅰ～Ⅲ类、Ⅳ～Ⅴ类和劣Ⅴ类水质断面比例分别为 64.9%、16.5%和 18.6%。其中，海河省界断面劣Ⅴ类占到了 61.7%，劣Ⅴ类水体断面主要分布在北京—河北交界处、北京排水河的北京—天津交界处、河北—天津交界处、河北—山东交界处、河南—河北交界处、河南—山东交界处、内蒙古—山西交界处、山东—河北交界处、山西—河北交界处（图 1-6（a））。淮河的省界断面中，劣Ⅴ类占 18.4%，主要分布在河南和安徽、江苏与安徽等的交界处（图 1-6（b））。水污染物会在一定范围内扩散，其负外部性也不仅仅局限于污染源所在地（Hatzipanayotou, 2002）。环境污染随着介质扩散使得环境污染也有了区域性的特点，环境污染的扩散范围与行政区划的不一致，也为环境管理提出了难题。

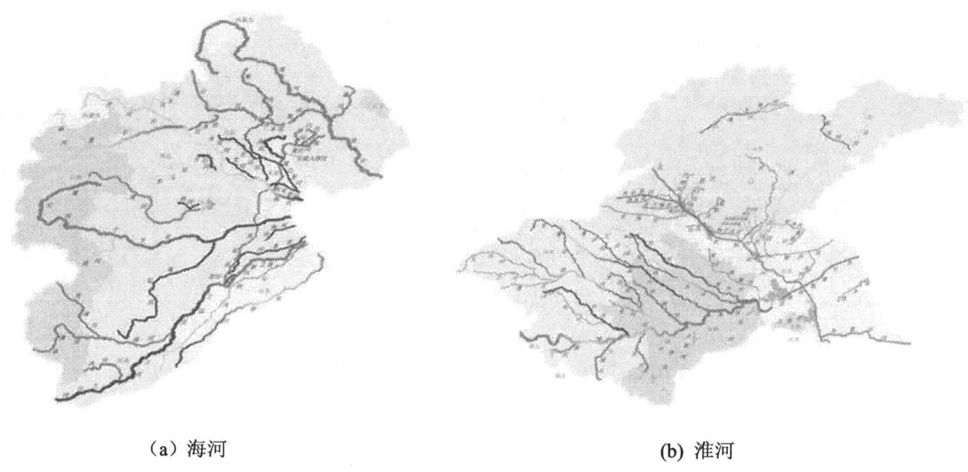

（a）海河　　(b) 淮河

图 1-6　2014 年海河和淮河流域水质分布示意图（中华人民共和国环境保护部，2014）

中国的环境管理体系高度分权，实行“纵向分级、横向分散”的结构（朱岳林，2006）。环保部负责全国性环境标准和法规的制定，而地方环保局则负责环境规制的具体实施。由于环保局同时受到环保部和地方政府的双重管理，地方环境规制的实施很大程度上受地方政府意志的影响（熊鹰，2007）。跨边界的环境污染意在减小本辖区污染影响，以邻为壑的将污染型企业布局在行政边界上。一方面，保留这些大型污染型企业，为本地创造就业、刺激本地经济增长并提高本地财政收入，从而提高地方政府官员的政绩，甚至有利于地方官员获取晋升机会；另一方面，大型污染型企业排放的污染物会转嫁到相邻地区，减轻本地环境恶化，缓解本地居民的不满。污染型企业布局的搭便车行为，削弱了边界上两个行政区治理环境污染的动机，使得跨界污染成为一项棘手的环境问题。

三、土地环境问题

（一）全球土地环境问题的驱动力——城市化

经济活动对环境的影响主要表现在人类的衣、食、住、行对环境资源的影响上。而所有人类活动的发生和延续都需要一项重要的承载载体，即土地。随着全球人口的增长，对粮食、饲料、纤维和原材料等需求不断增加，给当地和需求供应的其他地方的土地用途转变、土地退化和保护带来了压力（Lambin and Meyfroidt，2011）。UNEP（2007）指出土地用途转变的关键问题包括森林退化、农田扩张、农业集约化、荒漠化、全球化以及城市发展。虽然，城市土地覆盖面积占地球总面积的不足 1%（Rudel et al., 2009）。但是，城市地区对全球环境的影响却远远超过其面积所占的比例。

一方面，城市地区的人口、经济活动（尤其是工业活动）将通过污染物排放等对环境产生影响；另一方面，其又将通过影响粮食、能源、空气和水等需求，从而导致土地用途的转变，而农用地、森林用地等的变化，将导致土地利用不可持续，甚至引起土地退化。由于人口增长、城市化和消费结构需求变化，粮食等需求增加的结果就是农用地的扩张，而扩张的方法是通过直接和间接占用生产粮食作物的牧地、农田和森林用地等（Rudel et al., 2009；Naylor et al., 2005）。首先，地表进行机械化耕作是将传统农业扩展到未开垦的土地的首要步骤，在此基础上，补充肥料、除草剂、杀虫剂和灌溉用水，而过量使用机械和化学物质会破坏土壤结构、增加土壤侵蚀。集约化、机械化、高投入农业实践的广泛应用，大大加快了土壤侵蚀的速度。因此，城市化最终需要以生态成本为代价。其次，土地利用的变化也将影响生物多样性。陆地上的栖息地的丧失，大部分是由农业扩张引起的。目前，有超过30%的土地用途被转变用来进行农业生产（Foley et al., 2011）。例如，在马来西亚沙巴州，大量土地被转变成油棕榈树种植园，这就侵占了猩猩的天然栖息地，土地利用方式的转变甚至威胁了这个物种的生存。最后，通过伐林改变土地用途，森林丧失的温室气体排放占人为温室气体排放总量的17%（IPCC，2007）。在全球化背景下，商品生产地和消费地可以远隔千里，这就使得本地生产不仅仅是为了满足本地的城市化需求，全球其他地区城市化也可以通过贸易加剧本地土地利用方式转变的数量。全球化和城市化使得商品的供给-需求的地理空间问题变得更加复杂（Barles，2010； Kissinger and Rees，2010）。

（二）经济活动与环境保护响应——全球贸易与环境规制

全球化背景下，以比较优势为基础的国际贸易使得区域的种植结构发生了显著的变化（FAO，2012）。例如，玉米是除西亚之外所有地区重要的农作物，2001~2010 年非洲和亚太地区玉米的种植面积增加了 25%以上。水稻种植面积最大的地区也是亚太地区，但是 2001~2010 年欧洲和非洲水稻种植面积的增幅最大，分别是 30%和 20%。最主要的大豆种植地区是拉丁美洲、加勒比海和北美洲，美国、巴西和阿根廷是三个最大的大豆生产国（联合国环境规划署，2012）。近年来，因出口大豆而大量砍伐森林成为南美热带森林损失的主要原因。虽然，20 世纪 90 年代森林砍伐面积增长很大的国家（包括巴西和印度尼西亚）开始降低其热带森林的损失速度（FAO，2011；Ometto et al.，2011），但拉丁美洲和非洲的欠发达国家的损失速度依然很高。森林面积的减少，可能将伴随平均气温变化、降水模式的变化，以及极端天气事件等生态事件的发生。

巴西是热带雨林聚集地，在森林破坏的案例当中，巴西算得上是热带雨林的破坏之王。在国际、国内等不同力量作用下，自 2004 年起，亚马孙森林砍伐的速度下降了 73%，但与此同时改善工作的进度也在不断的降低，到 2013 年这一比例已经降至 22%。事实上，即使毁林速率有所放缓，巴西的森林砍伐速度仍处于国际领先地位。自 20 世纪 70 年代初至 2013 年，巴西林木开采和渐进式的伐林行为，已摧毁 76.2979 万平方千米的雨林生态系统（Nobre，2013）。巴西热带雨林被破坏的主要原因是烧荒垦地、种植大豆和非法砍伐，以及走私贵重木材。巴西马托格罗索州转变为农田的森林面积不断增加，而其主要开垦种植用以出口的大豆（Morton et al.，2006），而大豆生产取代牧场也有可能导致毁林（Barona et al., 2010），该过程中巴西热带雨林植被极大地破坏。另外，大部分亚马孙流域毁林也与放牧牛群和养牛场有关，巴西也是世界上最大的牛肉出口国，过度放牧也造成了生态承载力减弱。

事实上，2004~2009 年，巴西毁林面积显著降低，这与亚马孙防控毁林行动计划（PPCDAm）采用的新政策有密切联系。欧洲反对非法毁林的绿色和平组织和消费者施加的压力，导致巴西植物油行业协会和谷物出口商协会于 2006 年签署了一项协议，承诺不从亚马孙森林新砍伐的区域获取大豆。这一规制政策同时也说服牛肉行业达成自己的商业协议，虽然这些和其他政策与协议在减少毁林方面获得了明显成效，但是挑战依然存在。例如，总消费市场的吸引，可能也会导致其他生物群落和国家毁林的增加（联合国环境规划署，2012）。来自 ENGO 组织和消费者的压力开始影响政府或贸易组织更好的实施环境规制。环境问题的规制制度响应以及规制执行响应成为保护环境的重要手段，同时也是经济地理视角下理解环境问题的重要视角。

城市化和全球化导致资源和商品生产地与消费地分离（Erb et al., 2009），结果导致消费的环境成本由远离消费地的人们和地区承担。城市化将人们吸引到人口密集的地方，并导致对粮食、原材料和消费品的需求集中化。全球化和贸易支持人口和商品流动，使地区间和国际资源和制成品的转移成为可能。部分区域占用大面积土地为远在千里之外的异国他乡提供粮食、饲料和其他森林产品，以及其他自然资源，其既是生产与消费分离的结果，也是导致生产与消费分离的原因之一（Toulmin et al., 2011）。随着贸易带来的区域生态环境压力的增加，部分地区的生态环境甚至受到破坏。其中，最为关键的问题也即经济地理学的区位问题。在经济活动的区位选择模型中，土地资源等作为贸易的投入要素，如果其成本没能得到更好的估计，商品的成本不能有效地涵盖区域生态环境问题所带来的负外部性成本，甚至以低估土地成本来获取比较优势，其不仅损害了区域的环境质量，也降低了全球生产网络所带来的正效益。

第四节　小结与讨论

全球和中国的环境问题形势严峻，而环境问题本身也越加复杂。现代环境问题是人地关系综合作用的结果，涉及人口、资源、环境和发展等诸多问题。经济地理思维对于环境问题的分析表现出来的主要特征是综合思维，其不是简单地将区域发展问题归结成几个要素，而是需要对该区域起作用的社会、经济、政治和环境过程作系统分析，进而达到对该地环境问题及其发生过程独特性的综合理解。在全球化背景下，环境问题的开放性、公共性和空间性使得经济地理学的研究视角显得格外的重要。

全球和中国环境问题的主要驱动力是城市化和工业化。城市化过程中产生大量的污染物，很难在城市生态系统得以净化；同时，随着城市规模的扩大，自然环境资源的需求也不断增加。工业化以三种方式对区域环境施加压力：一是经济活动的增加，随之产生的自然资源开采量和污染排放总量的增加，即规模效应；二是经济活动结构转型导致的污染变化，即产业结构效应；三是生产技术变革导致的污染变化，即技术效应（Grossman and Krueger, 1995; Levinson, 2007）。

经济活动面临环境问题的响应主要表现在面对环境问题时，区域经济活动调整以及环境规制的政策响应。在全球化背景下，人地关系突破了地方尺度，从生产消费的本地、国家尺度，发展到了全球大尺度，而国际贸易将产品和服务与远距离国际市场联系起来

（Gibbon et al.,2008）。尽管许多资源环境问题是地方区域性的，但国际贸易和全球产业转移造成的资源环境退化比人类历史上任何其他时候都更具有全球性。每个国家和区域都试图通过发挥自身的比较优势参与到全球生产网络当中来。而在新兴国家中，其将干扰着环境库兹涅兹曲线的预期效应，国际贸易可能将为新兴国家带来有益于环境的技术效益，但污染的规模效益和结构效益却使得它们必须消化环境外部性。

随着全球化的发展，中国的环境问题也已经跨越传统的省域和城市等行政边界。在地方尺度，随着环境问题的日益严重和全社会对环境保护认识的提高，各个区域也越来越重视环境保护，环境问题已演化为国家、区域安全问题的一部分。中国的环境问题，一方面是一项经济问题，环境成本成为地方政府进行经济竞争的重要筹码；另一方面也是一项政治问题。在经济与环境双重分权的制度背景下，产业转移和跨界污染成为认识环境问题的重要视角。在面对作为 “公共物品”的资源环境，“公地悲剧”的困境使得任何以区域或城市为单位的单边行动都显得无助。以邻为壑的跨界污染使得污染以更加隐蔽的方式存在着，以“污染避难所”为目的的产业转移会降低经济发展给欠发达地区带来的福利，这也是环境问题不能就区域论区域、就城市论城市的重要原因，此时环境问题的解决更加需要政府间的共同协作。在当今全球化、城市化和工业化的背景下，从经济地理视角去研究环境问题也更加有意义，使社会各界对环境问题的认识进一步提高。

第二章　环境经济地理研究：文献综述

第一节　引　　言

环境问题是当前人类社会面临的最为严峻的问题之一，不同学科的学者从各自学科的角度对其进行了大量的研究和论述。现代环境问题是人地关系综合作用的结果，涉及人口、资源、环境和发展的诸多问题。从地学角度看，人口、资源、生态环境既是地球表层的重要组成部分，又是人地系统中相互作用的对象。环境资源在一定的时空范围内为人类利用，表现为相对独立的物质、能量和信息交换，其空间分布也具有不均衡性及区域性等特点（杨吾扬，1989）。由此可见，环境问题也有了地理空间维度（曾伟军，2012）。经济活动需要地理空间的载体，但与此同时地理空间的有限性也限定了经济活动的范围。在大部分环境问题尤其是次生环境问题中，特定地理空间的环境资源以及环境质量，通过该区域的人口、经济活动等机制与周围区域形成相互联系和相互依赖的关系，表现出环境问题的空间性和综合性。环境问题的综合性需要用更加综合的视角和方法对其进行研究，经济地理分析问题的导向和综合思维（刘卫东等，2013），使得其在对环境问题的理解和分析上更为综合和有效。

现代科学技术和经济全球化尤其是交通与通信技术的发展扩大了经济活动的空间，带来了世界经济格局的重大变化，但“世界是平的”（Friedman，2005）的论断并不被各类学术论述所接受，尤其是遭到了地理学家的强烈反对。在当代经济全球化和现代信息网络技术等综合作用下，世界连接成一张由跨国公司主导、不同等级市场主体共同参与的全球生产网络（Dicken，1992）。在全球生产网络中，世界的财富和资源依然被黏附在少数的区域（Porter，2011），经济活动地理空间的有限性并没有改变，改变的也仅仅是生产空间与消费空间互动的尺度。经济活动的空间特征，产生了围绕经济活动的区位竞争（Karlson，1985；Porter，1994；Smithies，1941），而全球化带来的资源环境要素流动，改变了诊断比较优势的空间尺度，环境问题空间尺度也得到了极大的扩展。尤其是，生产与消费的空间分离突破了资源环境与经济活动的互动空间尺度与模式。这也使得对区域环境问题的认识和解决变得更加得复杂，而以往就城市论城市的环境治理变得更加的低效。

全球环境问题形势的恶化使得越来越多的经济地理学者意识到应该注重并参与环境问题的研究。在经济地理视角下，环境问题可以得到更加综合理解，与此同时，环境要素对于经济地理学的研究也至关重要。从经济地理的视角来认识地理空间上的环境问题，不仅丰富完善了经济地理学的研究内容，增加了环境问题的研究视角，还使得自然地理与人文地理的联系更加紧密，学科之间的优势互补更加充分和有效，而这也是环境经济地理兴起的重要原因。经济地理学家尤其是在如今众多思潮影响下，无论在地理分析的建构还是提供更好的政策建议方面，以及在环境问题的研究上均开始作出突出贡献。本章从环境经济地理的兴起的背景、意义以及面临的问题出发，整理目前经济地理学者在环境问题上的研究进展，总结环境经济地理研究的特点，并提出环境经济地理未来研究方向以及可能面临的问题。

第二节　环境经济地理的发展

一、兴起、意义及挑战

环境问题一直伴随着人类的发展，但环境问题并非环境学者的研究专利。环境问题受到经济学者、法律学者、物理学者、化学学者和生物学者等多领域跨学科科研工作者的共同关注。最早开始对环境问题关注并采取应对措施的是政治群体，此时正当人类开启全球大范围工业化进程，全球环境问题严重爆发。正在经历快速工业化发展的国家或地区都面临着严峻的环境问题。英国政府、美国政府都在20世纪严重的大气、水污染事件发生后推出或改变了环境保护法制。伴随各国环境法制体系的推进，经济学家和法律学者开始关注环境问题。20世纪60年代，环境科学这一学科建立。初期环境学者并非是环境科学专业的环境问题专家，而是由各领域关注环境问题的学者所组成，并以环境影响与环境污染带来的生态环境负担为主要研究内容。在学科研究内容上，环境科学、环境工程等自然科学家关注自然物质循环与气候变化所带来的环境问题，从污染的物理机理上研究环境问题；社会科学则将环境污染视为一个“社会事实”，从社会结构分析环境污染发生的经济、社会、政治根源及其社会后果；经济学家更多的关注环境评估、成本收益分析等。

地理学者也是环境研究的重要组成部分对环境问题的研究主要集中在自然地理学科。自然地理学关注自然物质循环与地质气候变化所带来的环境问题，主要通过分析物质环境，如地壳活动与变化、大气环境变化、地球气候变化规律等方面，来分析环境污染、生态环境退化等现象的动因和本质（蔡运龙，2010）。然而，无论是社会学还是经济学对环境的研究，都很少关注环境问题与经济活动的互动关系及互动的地理空间尺度（Brainard，1999）。地理学尤其是经济地理对经济活动与地理环境相互关系及其空间特征的探讨使得其在对环境问题的研究中优势突出。

经济地理学研究经济活动与地理环境的相互关系（李小建等，2006）。20世纪70年代晚期，经济地理学的新马克思主义转型为经济地理研究开创带来了研究新分支。然而，这些分支学科却与20世纪晚期最为引人注意的气候变化、资源消耗以及环境政治学相距甚远，而这一系列问题都被视为20世纪末期重要的且有挑战的研究议题。80年代后期，在农业经济地理、能源研究等分支学科的引领下，经济地理的众多分支学科开始出现，环境问题开始出现在经济地理学者的研究目录中。90年代以后，一些经济地理学家开始研究环境问题，并出现了一些非常重要的文献，研究成果主要有以下特征：①大多以概念或者理论为导向（Copeland and Taylor，1995；Hanink，1995；Florida，1996；Gibbs and Healy，1997；Angel，2000；　Le Heron and Hayter，2002）；②多关注特定产业部门或者以案例研究为导向（Soyez，1995；Braun，1998；Bridge，1998；Collins，1998）；③一些非英语国家开始涌现出一些文献，如比利时、德国和意大利，然而由于语言障碍，这些研究没有对国际主流方向的研究产生应有的影响（Soyez，2002a，b；Vandermotten and Biot，2002；Braun，2003；Schulz，2005）。到 21 世纪初期，经济地理学者将环境问题加入到自己的研究框架中来，逐渐成为经济地理学领域新兴的研究问题。

然而，一直以来，环境问题都被作为经济地理学领域边缘性研究主题之一，环境经济地理从兴起到发展并没有受到应有的关注。究其原因主要体现在以下几点：首先，环境经济地理尚未处理好地理学中自然与人文两大学科之间的分裂关系（Heidkamp，2008；Soyez，2002a，b），而将环境要素纳入经济地理的核心研究范畴中则一直以来是一个矛盾的过程。英美地理学体系下的经济地理学，从制度意义上来讲，其核心是人文构建，并以对环境的主动排斥和对空间的优化为基础。因此，环境经济地理试图恢复以往被经济地理所忽视的环境因素，其困难程度也可想而知。正如 Bridge（2008）所说，号召经济地理学家加强对环境问题的研究实在是一个天大的讽刺。经济地理学家对环境问题的忽视，本身也源于人文地理和自然地理的相互割裂和分离（赵楚年等，1997）。

其次，具有人地关系研究优势的经济地理学，很大程度上忽略了环境作为资源要素投入或者区位要素的重要条件（Brown et al.，2002；Soyez and Schulz，2008；Hayter，2008）。而随着环境可持续研究的持续讨论，情况就变得更加复杂。相关的学科，如经济学、社会学，已经开始关注经济活动以及一些环境问题，但这些议题却很少在经济地理中进行讨论（Gibbs，2006；Bridge，2008）。而经济地理在环境问题上的涉足更多地集中在农业、森林或者土地利用变化的讨论。

最后，同时也是最重要的一点，经济地理学者尚未建立一个分析经济发展与环境之间的矛盾的系统理论框架。全社会对于环境的关注，主要表现在环境政策、公众环境问题、偏好选择，以及企业应对环境成本的反应。研究缺乏系统性，使得其在解决经济和环境问题的冲突上显得并不突出。Soyez 和 Schulz（2008）认为个人研究的多样性和相互隔离，研究内容零散，研究者之间较难接触到各自的研究领域是经济地理对环境问题研究缺乏系统性的重要体现。同时，自然地理和人文地理的分割也是该问题重要的影响因素（Soyez，2002）。但与此相反，诸多的挑战也正体现了环境经济地理研究的重要作用，这也正说明经济地理学对环境问题的研究也可以成为连接人文地理和自然地理的重要桥梁（Braun，2002）。

二、概念与研究内容

“环境经济地理”（environmental economic geography）概念最早在 2004 年德国科隆大学举行的“环境经济地理学”会议上被创造性地提出。随后，2006 年于康涅狄格大学举行的克隆会议后续系列会议，以及 2007 年美国地理学学会年会上的一系列报告都在不断完善环境经济地理的理论体系（Affolderbach et al., 2007；Hanink et al., 2006）。2010 年，出于跨学科理论研究和政策建议的需要，*Economic Geography* 杂志举办研讨会，指出环境问题，特别是全球环境变化问题是经济地理学研究的 5 个新兴主题之一（Pollard and Benner，2011）。这些都是环境经济地理发展的重要标志。目前，由于经济地理的视角还较为有限，其对迅速发展的环境问题研究的贡献还较小（Gibbs，2006）。但正如Bridge（2008）所说，这个时下创新名词的提出使经济地理学家们的研究目标从零散、宽泛逐渐走向一致。

环境经济地理学的提出时间虽然不长，但是利用经济地理学的理论和方法研究环境问题，有着独特的学科研究基础。环境问题同时受到经济学和地理学的关注，环境经济学和经济地理学各自发展形成了空间环境经济学和环境经济地理学。前者从地理空间的角度审视环境经济学，将空间作为经济和环境相互作用的载体，研究经济活动在空间中对环境影响的作用机理（Siebert，1985；Deacon et al., 1998）。后者主要采用经济地理学中的理论、方法与模型，强调环境要素，包括自然资源、环境管制、环境污染等对经济活动的共同作用。当前很多研究考虑的是环境问题的自然构成，而不是环境与社会经济的结构关系。因此，经济地理学方法的引入将以更加丰富的视角来考察环境与经济的关系。

目前，环境经济地理概念还没有统一的定义。Soyez（2008）认为环境经济地理学是采用地理的方法研究自然和经济之间的关系，强调环境服务和资源管理的模式与趋势。Bridge（2008）认为环境经济地理学是用于阐述经济组织与环境之间的互惠关系。Aoyama等（2011）认为环境经济地理学是阐述关于社会经济、政治、技术驱动和环境变化含义的重要创新分支学科。Lange和Quaas（2007）认为环境经济地理学研究环境污染对于经济活动的空间模式所产生的影响。伴随长期积累的关于全球化、市场、企业、改革创新等方面的专业知识，以及区域发展中关于环境经济关系的理论新的进展，出于理论和现实的需要，环境经济地理学逐渐得到重视和发展。在全球化背景下，我们认为环境经济地理是利用经济地理的综合思维，采用其相关的理论和方法，探讨经济活动的环境效应以及环境问题的区域响应等的环境与经济关系的研究的学科。

经济活动的环境效应和环境问题的区域响应开始成为环境问题研究的两条研究主线。随着工业化进程的推进，环境形势日益恶化。城市发展尤其是工业化带来的环境问题成为经济地理学者重点关注内容。相比自然科学，人文学科关注人类活动，研究对象是环境问题的直接和最主要的引发者。人文地理学者关注人口、城市、社会、经济等方面的人文要素如何影响地方甚至全球环境问题。其中，经济活动的环境效应成为经济地理学者关注的重要对象，而经济活动空间组织的环境影响也成为环境问题研究的重要课题。事实上，长期以来经济地理学者忽略了环境作为资源要素投入或者区位要素的重要条件。随着环境问题的突出，政府部门开始越来越多的关注环境问题，加之一些环境非政府组织（ENGO）以及公众对于环境问题重视等力量的推动，环境属性及其产权开始得以优化，环境成本开始进入学者尤其是经济学者的视野。随之环境成本开始成为影响和重塑经济活动、劳动力、政府、消费者，以及其他组织环境行为的重要力量（Soyez，1995）。另外，环境成本作为环境创新和技术进步的重要驱动力，环境问题也开始干扰经济活动及其空间组织，即经济活动的环境干预。

总结起来，目前，环境经济地理的研究内容主要包括：①经济活动的环境效应，经济活动如何改变作为人们重要生活条件的环境，如经济发展、产业演化对于环境的影响，尤其是经济活动的规模、结构和技术效应的环境影响；②经济活动的环境干预，环境如何影响经济活动的结构和干扰经济决策的过程？例如，不同区域尺度下，环境的要素投入如何影响新经济地理模型中的平衡？环境的创新驱动角色？③环境问题的区域响应，伴随全球化的发展，现代生产方式超越地区尺度，如全球贸易的环境政策响应、地方政府的规制响应、消费者消费行为选择、企业环境行为调整等。例如，谁管制、用何种方法、在什么样的背景下产生怎样的（环境/经济）地理效果？怎样形成产业重组和生产条件的环境治理模式？

第三节　环境经济地理学研究进展

经济地理学者对于经济活动与环境关系的关注，使得其能够整合前人不同研究领域研究环境问题的理论和方法，将地理空间等因素加入其中，综合多方面要素来进行研究。环境经济地理的初始研究动机是将经济地理的研究方法应用于环境问题，以探讨经济活动的环境效应。但环境也是经济活动的重要投入要素，其也将在一定的程度上影响经济活动的空间组织。20 世纪 60 年代以来，经济地理关于区位动态、区域发展，以及劳动力空间地域分工等的关注，或多或少的忽视了环境要素的重要作用（Hanson，1999；Soyez，2002）。近期对于环境经济地理的关注，则是纠正这种忽视的重要体现，尽管其进行的较为缓慢。除此以外，近年来，环境作为创新发展的重要驱动力受到了极大的关注。这两部分研究主要探讨环境对经济活动的影响，即经济活动的环境干预。最后，在全球化过程中，生产尺度的重构使得环境污染问题突破了现有空间尺度。环境问题的全球、地方响应以及环境利益主体——政府、企业、公众，以及 NGO 组织等的环境行为，开始成为环境经济地理的热点研究问题。本节从经济活动的环境效应和经济活动的环境干预两大研究主题出发，选择环境经济地理领域研究的热点问题，综合其他领域对相关热点问题的研究概括，来论述环境经济地理的研究进展。

一、经济活动的环境效应

经济活动的环境效应主要集中在区域经济增长与产业结构调整的环境效应上。环境问题的产生不仅来源于污染源的粗放排放，以及污染排放过程中不良的环境污染排放监管、不合理的生产模式与技术，也有可能来源于生产活动在空间上的不合理组织与布局，导致污染物在空间中的扩散。经济活动过程中的环境效应包括了诸多的内容，目前，环境经济地理主要集中在 EKC 的存在性问题、产业集聚带来的环境效应，以及贸易过程中的环境危害上。本节在综合其他领域对上述热点问题研究现状的基础上，论述经济地理学者对上述问题得而研究进展。

（一）环境库兹涅茨曲线（EKC）是否存在

经济增长和环境污染之间的关系是经济活动的环境效应最热点的研究之一。经济学家最早开始关注经济增长与环境的关系。经济学家 Grossman 和 Krueger（ 1991）最早研究了北美自由贸易协定对环境质量可能造成的影响，发现环境污染与人均收入符合倒 U 形曲线关系。随后，Shafik 和 Bandyopadhyay（1992）利用世界银行的数据，使用 3 种不同的方程形式去拟合各项环境指标与人均 GDP 的关系，得出了相似的结论。环境经济学家 Panayotou（1993）借用 Kuznets（1955）关于人均收入水平与收入不等之间的倒 U 形曲线，首次将这种环境质量与人均收入水平间的关系称为环境库兹涅茨曲线。EKC 揭示出环境污染与人均收入存在倒 U 形曲线关系，即经济发展初期，随着收入上升，环境污染指标也上升；但当人均收入达到了一定水平后，环境污染指标开始下降，环境质量会逐渐改善。之后的 20 年里，文献主要是围绕着检验 EKC 的存在性而展开。在大量关于 EKC 曲线的实证检验中发现所得到的结果并不完全一致（Selden and Song, 1994, 1995）。不一致的主要原因是实证方法（污染物的选择和模型方法等）和研究区域存在差异，主要体现在拐点数值和曲线的形态上。经济学学者们开始转向从经济结构、市场机制、收入需求弹性、科技水平、国际贸易和政府政策等视角对 EKC 形成的动因进行了研究（Grossman and Krueger，1995；Manuelli and Jones，1995；Copeland and Taylor，2004；Torras and Boyce，1998；Bruyn and Heintz，1998），大大丰富了人们对 EKC 形成机理的认识。

Grossman 和 Krueger（1995）指出经济增长通过 3 种途径影响环境质量，即规模效应、结构效应和技术效应。随后学者们分别对三个要素进行了大量的实证研究。Levinson（2007）通过将 1970~2002 年美国工业四种主要污染排放量的减少进行分解，发现技术变化是美国污染排放量下降的主要原因。规模效应、结构效应和技术效应共同导致污染物排放量减少了 60%，其中规模效应导致污染物排放量增加了 87%，结构效应导致排放量减少了 57%，技术效应导致排放量减少了 90%。近年来，我国学者也试图通过环境效应分解来研究我国经济增长的环境效应。例如，张少华和陈浪南（2009）基于我国 33 个工业行业 1997~2005 年的面板数据，采用 PCSE 稳健估计，发现经济全球化显著降低了我国的环境污染水平，污染是规模效应、技术效应、结构效应以及要素禀赋等共同作用的结果。成艾华（2011）引入环境效应分解模型，对 1998~2008 年中国工业 SO_2 减排的动态效应进行了实证研究，结果表明，1998~2008 年中国工业减排的环境净效应中，技术效应占主导作用，而结构效应不太明显。尹向飞（2011）发现，1985~2008 年技术效应是促使污染和污染密度降低的最重要因素，资本深化位居第二位，规模效应为促使污染降低的第三位因素，而收入效应在对污染和污染密度降低重要性方面分别居第四位和第三位。

毫无疑问，EKC 的存在性具有鲜明的区域差异和空间依赖性。区域差异主要体现在区域经济发展的规模、结构和技术效应的差异上。经济学者的研究中也强调了区域特征（区域经济发展阶段、制度背景、经济结构和技术水平等）在探讨 EKC 的存在性上的重要作用。这也是地理学者，尤其是经济地理学者参与经济发展与环境问题的重要原因。经济学家利用不同国家或者不同区域的经济发展和环境质量，在控制区域人口、外资等水平下，来讨论 EKC 的存在性（刘荣茂等，2006）。这类研究中都假设各个地区的环境污染物排放量是相互独立的，即一个地区的污染指标只与本地区的收入水平有关系，而与其他地区无关。然而，污染的传播主要依赖的是环境介质，由于风向、水流以及相对地理位置等客观因素的影响，一个地区的环境质量必然会受到邻近地区污染排放的影响。

随后，经济地理学者、空间经济学者开始关注地理差异及空间因素的重要作用。经济地理学者发挥经济地理的综合思维的优势，开始关注区域的制度背景、地理区位、地理空间因素等对经济活动环境效应的影响。贺灿飞等（2013）研究转型背景对城市空气质量的影响，发现中国 EKC 存在于中国城市发展当中，转型背景下的市场化和分权不利于环境质量的改善，而全球化则有助于城市环境质量的改善。王立平等（2010）基于环境库兹涅茨曲线假定，引入空间相关因素，运用空间动态面板模型分析中国环境污染与经济增长的关系，研究结果表明，中国基本满足 EKC 假定，环境污染存在显著的空间相关性，基于地理权重的估计模型明显优于经济权重模型。Maddison（2006）利用空间计量经济方法对环境库兹涅茨曲线进行的实证研究显示，一国人均二氧化硫及氮氧化物排放量在很大程度上受到邻国人均排放量的影响，一国人均氮氧化物排放量会因与人均收入高的国家相邻而减少。苏梽芳等（2009）利用中国 28 个省份的面板数据，基于空间面板数据模型对 EKC 进行实证分析，发现区域污染存在空间相关性，区域污染排放不仅受本区域人均收入影响，且相邻区域的污染物排放也对本区域有重大影响，污染物排放具有空间溢出作用。刘华军和杨骞（2014）发现污染排放的时空依赖对 EKC 的形态和拐点存在显著的影响。在考虑污染排放的时空依赖之后，工业废气和工业固体废弃物支持倒 U 形的 EKC 假说，经济空间权重下 EKC 的拐点位置远大于地理距离空间权重和邻接空间权重。

（二）产业集聚的环境效应？

通常来说，环境污染作为产业集聚的一种负外部性，其效应小于产业集聚的正外部性效应，因此，使得学术界对产业集聚与环境污染关系关注较少。近些年来，产业集聚与环境污染之间的关系更多的引起了资源与环境经济学和产业经济学者的关注。Frank 等（2001）运用欧盟 200 个城市的数据分析，发现产业集聚与空气污染具有显著的相关性。闫逢柱等（2011）运用 2003~2008 年中国制造业两位数行业分类数据和面板误差修正模型实证考察了产业集聚发展与环境污染之间的关系，结果发现，短期内产业集聚发展有利于降低环境污染，但长期内产业集聚发展与环境污染之间不具有必然的因果关系。张可和豆建民（2013）通过分解集聚经济为规模、结构以及效率效应，发现产出规模是导致环境污染的主要原因，且我国集聚水平较高的东部沿海城市，其污染总量也更高。随后，张可和汪东芳（2014）运用空间联立方程模型实证分析我国经济集聚与环境污染之间的关系，结果发现经济集聚将加剧环境污染，且环境污染也会反向抑制经济集聚。

产业集聚对污染排放的影响成为经济地理学者重点关注内容之一。经济地理学主要研究对象之一即是经济活动的地理分布问题。长期以来，由于缺乏处理规模收益递增和不完全竞争的工具，经济地理的研究没有受到足够的重视。经济地理学者更多的是通过城市内产业空间集聚与环境污染的关系来研究集聚与污染的关系。Virkanen（1998）发现芬兰南部产业集聚是导致芬兰空气污染和水污染的重要因素；Verhoef 和 Nijkamp（2002）采用空间均衡模型进行研究，发现工业区的环境污染将导致居住区空气治理的下降，而追求环境的过程中可能将会损失集聚效应的外部性；Ren 等（2003）运用上海 1947~1996 年数据分析，结果发现产业集聚导致上海水体总体质量下降。高爽等（2011）以无锡市区为例，利用核密度函数（kernel density distribution）对污染密集型制造业集聚程度进行评价，分析表明无锡市区的污染密集型制造业呈现向郊区和环境非敏感区集聚的趋势，污染强度以主要运河为轴线向两翼地区逐渐衰减，二者空间格局关联性存在行业差异性，污染物分布与纺织、石油化工业，以及冶金业的集聚和扩散格局的空间关联性较为显著，而与食品制造业和造纸印刷业的空间关联性则不显著。

二、经济活动的环境干预

环境本质上是一个包罗万象的词汇，它可以是所处区域周围事物的总和，也可以是所存在的所有物质背景，所有的客观存在的现象都可以作为环境因素被纳入分析框架中。然而这样的定义显然过于宽泛和抽象，很难通过精确定义被纳入分析经济活动的框架中。环境经济地理需要有一个更具针对性、确切的研究重点，以此来分析环境对经济活动影响，即传统意义的“环境”对经济活动的干扰。在这种思路下，研究包含的环境现象可以非常多样，如气候变化、渔业、森林、水、土壤等，研究本质是环境资源的连通性、空间相互依赖性、空间多样性、抗干扰能力如何作用于经济活动的运作（Bridge，2008），反过来讲，也就是研究经济活动是如何植根于非经济空间（环境资源要素），以及经济活动在不同尺度下面对环境（环境规制）所作出响应。本节从环境资源要素投入作用和面对环境问题时规制响应的政策制度作用的角度出发，来分析经济活动过程中来自环境的干预作用。

（一）环境要素如何影响新经济地理模型中的均衡状态？

20 世纪 60 年代以前，关于经济活动的影响因素，经济地理学者更多地集中在劳动力在地方动态、区域发展和空间关系等的影响上，或多或少的边缘化了环境要素的影响（Hanson，1999； Soyez，2002）。从关于经济活动的地理空间动态等一系列理论的发展也可见其轻重。传统的资源禀赋论强调自然资源、劳动力、技术等外生资源禀赋对产业区位的影响；新贸易理论引入规模报酬递增、不完全竞争市场、产品差异化等因素，认为规模经济和市场规模效应导致产业地理集中（Krugman，1980）。新经济地理模型则将产业区位完全内生化， 强调交通成本与规模经济的相互作用，认为运输成本和规模经济的共同作用达到均衡是产业集聚的根本原因（Krugman，1990；Fujita et al.，1999）。

事实上，地理因素作为外部性因素，其中的自然资源环境对经济活动的影响是早期环境经济地理关注的核心内容之一，部分学者将经济地理的空间研究方法应用到环境问题的研究上。例如，通过植物扩散（Tobler et al.，1970）、能源消耗与污染减排（Lakshmanan and Ratick，1980）、水资源供应（Osleeb and McLafferty，1992）、核电技术（Pasqualetti，1983； Pijawka，1984）以及核污染（Morrill，1989）等来研究经济活动的地理空间规律。而同样对企业行为起到关键外部性因素的环境问题则一直被经济地理学者所忽视，但这种现象逐渐得到改善。部分学者将环境条件作为一种区位因素，直接作用于生产活动的区位选择（Thisse and Papageorgiou，1981；Stafford，1985；Hanink，1995b；Hanon，1994；Perrings and Hannon， 2001；Munroe and York，2003）。大多数的环境经济文献忽略了环境污染与区位经济活动的内在关系，而经济地理文献也忽略了环境因素对企业或劳动者区位选择的影响。近期环境经济地理的兴起，尤其是新经济地理模型中增加对于环境要素的考虑则慢慢纠正了因为这种忽视带来的错误。

20 世纪 80 年代以来，经济地理对“经济”和“区域”的再认识推动了经济地理学研究从新古典经济地理学走向“新区域主义”，乃至“文化转向”、“制度转向”、“关系转向”和“演化转向”（贺灿飞等，2014）。政治经济学在后结构主义和后现代主义的挑战下，以一种新姿态重新出现在经济地理学领域。在主流经济学中，有部分学者重新发现了“空间”的重要性，提出了“新经济地理学”。虽然经济地理在其传统研究领域中，如在文化、制度和政治方面做了较多扩展研究，但对环境方面的研究还是较少，即使环境本身与地理的关系十分密切。随着空间视角、治理理论、生态现代化、制度经济等研究视角开始出现，成为环境问题研究的重要方面。当把经济空间作为一个包含自然、资源、环境、经济和社会活动的广义的空间，由“经济-环境-社会”三个方面搭成的框架来研究的时候，标准的新经济地理学模型框架就不再那么适用。理论界对新经济地理学关于极端的灾变型集聚的预测的批评，使许多学者开始质疑是否新经济地理学模型中内生的向心作用有强大到将集聚推向极端的地步。一些学者开始创新性地思考: 环境污染以及其他社会、技术因素的负外部性作为一种离心力无疑将对产业联系所生成的向心力形成反制作用，这样一来，产业集聚也许将不会走向极端。沿着这条思路，许多学者在扩展新经济地理学理论视野和模型框架方面进行了卓有成效的探索，为增强新经济地理学的理论预测与政策指引能力作出了重要贡献。

一些学者试图将环境问题引入克鲁格曼的核心边缘模型中。Quaas 和 Lange（2004）将城市环境污染加入到核心边缘模型中，认为克鲁格曼的模型只存在两种均衡：生产企业均匀分布和企业集聚在一个地区，但考虑当地环境污染的模型时，存在更为现实的均衡状态，即大部分企业在一个地区生产而其他的企业留在另一个地区，而集聚规模大小差距取决于环境污染的危害程度或者人们对环境的偏好程度。Van Marrewijk（2005）利用新经济地理模型中的向心力和离心力，研究伴随环境负外部性的生产区位优势，认为随着环境外部性的增加，将导致集聚力的降低，集聚的可能性也更小。Brakman 等（2001）将拥挤的外部性（可以认为是环境污染的一种）引入到中心-外围模型，通过数字模拟发现地方污染将破坏集聚的稳定均衡。Lange 和 Quaas（2007）将环境污染融入到 Forslid 和 Ottaviano（2003）的模型，对中心-外围模型进行拓展，认为产业空间结构的均衡不仅受贸易自由度的影响，也受环境污染的影响，环境污染作为离心力，削弱了完全集聚均衡的稳定性，从而对称结构、中心-外围结构以及部分产业集聚都可能是稳定的均衡空间结构。Rauscher（2009）利用新经济地理学模型研究了产业分布和环境污染的问题，研究假设生产要素和要素所有者自由流动，要素所有者不需要居住在要素使用的地方，认为环境污染会引起离心力，减缓聚集趋势，但是这只影响居民或家庭的移动，不影响产业的分布。在自由放任的条件下，区位的追逐和逃离成为可能。在环境污染的危害较大时，经济空间会形成追逐-逃离的模式，居民和产业在不同地区聚集，作为生产要素所有者，人们为了追求优良的环境质量，会避免在产业聚集地居住，而产业的分布仍遵循接近市场的原则。Elbers 和 Withagen（2004）的研究也表明，环境污染和环境政策倾向于抑制产业集聚。可见，环境问题的引入将打破新经济地理模型中均衡状态，在综合环境等要素的条件下从而走向新的均衡。

（二）环境问题的规制响应——“污染避难所”假说还是波特假说

随着人们对环境问题的重视，应运而生的环境规制成为不同领域学者关注的热点问题。理解环境规制的经济活动响应也是一个多学科参与的命题。环境规制思想最早起源于经济学家对环境问题的关注和思考。Marshal（1890）的外部性理论、Pigou（1920）的福利经济学理论、Coase（1960）的产权理论，可以视为环境经济学理论的直接源头，同时也是环境政策研究最直接的理论依据。Sidgwick（1887）最早提出私人物品和社会公共物品的概念，而实行环境规制的依据正是环境资源的公共性和外部性原理。Marshall（1890）第一次正式提出外部性理论。随后，Pigou（1920）进一步提出由于边际个人收益和边际社会收益之间的差异，在追求自身利益最大化的过程中，经济个体以环境为媒介向外界转嫁负外部性。与此同时，环境资源作为一种公共物品，具有非排他性和非竞争性的性质，使得资源配置的价格机制不再起作用。Coase（1960）提出以交易成本为基础的外部性理论，认为在交易成本为零的条件下，只要合理界定产权，不需要政府的干预，私人之间可以通过谈判来解决问题，或者由污染者向受害者赔偿，或者由受害者出资治理环境。随后，Hardin（1968）的“公地的悲剧” 引发人们对于环境问题重新认识并且给予高度的重视，环境资源具有典型的公地性质，也存在同样的问题。环境资源被滥用，在使用过程中产生负的外部性，市场机制不能自发起作用，这就是市场失灵现象，此时政府的参与非常关键，环境规制应运而生。

保护环境最好的方法就是明确环境资源产权，通过市场为环境资源定价（Daily，1997；Anderson and Leal，2001；Pagiola, 2002）。全球化背景下国际贸易与环境的关系研究大量兴起，贸易与环境的关系的讨论成为全球响应环境问题的重要组成部分。传统的视角来源于上述的新古典贸易经济学，强调环境污染对贸易体制的破坏，而不是贸易对环境的影响。国际贸易经济学家最早将环境要素引入比较优势理论。经济学家李嘉图的国际贸易理论将自然资源和气候作为影响劳动生产率的影响因素。赫克歇尔-俄林的要素禀赋理论认为比较优势主要由各国要素禀赋差异决定。d'Arge 和 Kneese（1972）分析环境对贸易的影响，认为污染对生产行为和消费行为而言是内生的，不同类型的污染存在此消彼长的关系。Grubel 和 Lloyd（1975）则用修正的 H-O 模型分析环境外部性对生产和消费的影响，认为如果环境成本在国内生产中没有内部化，那么这种商品的进口将增加而出口将减少。

源于新古典经济学的环境经济学家开始关注贸易与环境质量的关系，认为环境负外部性不是由贸易造成的，而是环境政策实施不力的结果。环境污染的负外部性将环境影响转化成了环境成本，降低了区域的比较优势。如果一国实施环境规制，要求被规制产业支付环境成本，那该国所生产的该商品价格将会改变，因此，环境规制的差异会影响劳动的国际分工和生产要素的配置。环境作为一种成本要素禀赋，保护强度较低的国家比保护强度较高的国家有一定的禀赋优势。通常来说，发达国家的环境保护力度大于发展中国家，因此，发达国家有可能把污染密集型产业向发展中国家转移，从而使发达国家在这些产业丧失竞争力。企业管理和国际贸易学者开始结合国家环境政策与企业发展研究环境政策。Walter 和 Ugelow（1979）最早把这种现象称为“污染避难所”假说。

Chichilnisky（1994）利用南北模型解释了这一现象，他发现由于南方国家（发展中国家）的环境税率比发达国家的要低，由此带来的结构效应和规模效应对环境的负向作用超过了技术效应对环境的正向作用，恶化了发展中国家的环境质量。此后的一段时间，学者们围绕“污染避难所”是否存在开展了大量的实证研究，但仍未取得一致的结论（Cole，2004；Eskeland and Harrison，2003）。

经济学家首次将倾销的概念引入经济学尤其是国际贸易的研究领域中，之后随着发达国家开始实施环境成本内部化，“生态倾销”的概念也随之产生，之后频繁出现在国际贸易研究当中。“生态倾销”是指某国国内企业使用过低的环境标准在国际上获得某种不公平的竞争优势。这里的“过低的环境标准”是指低于最佳社会福利所要求的环境标准，即没有消除外部不经济的环境标准，其也是环境规制执行的一部分。这就对收入与环境质量的倒 U 形关系假说提出了质疑，主要理由是如果贸易带来的经济增长，影响了环境质量，这个过程是不可逆的，想要扭转需要耗费巨额的费用。政治经济学视角是理解政治联系应对环境效应，选择环境规制模式的重要基础。环境经济学的主要理论来源是西方宏、微观经济学和福利经济学，这都属于现代经济学中的新古典体系。这一框架的优势是分析给定制度条件下的环境资源最优配置途径和均衡过程，其局限是难以解释环境问题背后所存在的政府与政府之间博弈关系、人与人之间的社会经济关系，特别是人与人之间的环境利害冲突和相互博弈过程，将制度经济学理论和方法引入到环境经济分析之中正是解决了上述困境。20 世纪 90 年代以来，我国环境经济学的研究得以较快的发展，厉以宁和章铮（1995）就特别强调了制度分析对于可持续发展研究的必要性。邹骥初步讨论了环境政策的制度分析。夏光（1992）提出了“环境权益的市场化代理制度”的命题，建立了比较系统的制度经济分析框架，而政治经济学也正是应用到环境经济地理研究的主要视角之一。

经济地理学者研究环境问题的主题之一是采用政治经济学概念来研究环境污染的经济发展转变（Peck and Theodore ，2000）。一些经济地理学者试图从制度视角来分析环境问题（Gibbs，1996；2002；Gandy，1997；Bakker and Baum，2000；Bridge，2000；Bridge and McManus，2000；Krueger，2002；McManus，2002）。在全球尺度，随着全球化力量的深入，以“污染避难所”为基础的国家贸易开始成为全球生产网络的一部分。而在地方力量作用下，地方政府需要在全球竞争中争取一席（Cox and Mair，1988），以降低环境标准为代价的竞争优势开始成为地方政府竞争的重要筹码，“逐底竞争”开始成为全球力量地方化的重要体现。尤其在晋升竞标赛下的政治考核压力下，地方政府需要更为积极地参与到经济活动，尤其是招商引资的大潮中（Gibbs，2000），地方力量开始发挥着越来越重要的作用。环境问题已经成为各州政府、政治机构，以及非政府组织和组织者的重要议程。而经济地理学研究的优势问题之一是分析经济活动的区位选择，为增强本土企业竞争力和吸引外来投资，各地激励在环境规制上采取策略性行为，降低环境标准的“逐底竞争”更是成为可能。He 等（2012）发现分权政治有损环境质量。沈静等（2012）以佛山陶瓷产业为研究对象，发现环境管制是影响污染产业区位变化的重要因素。之后，沈静和魏成（2012）利用 2000~2009 年广东省 21 个地级市的统计数据环境管制是促进污染密集型产业由珠三角地区向非珠三角地区转移的重要驱动因素。

Porter（1994）提出的波特假说（ Porter hypothesis），向传统新古典经济学关于环境保护问题的理论框架提出了挑战，首创性的提出环境规制可能产生正外部性。该假说认为，真正意义上的环境保护政策（环境规制）不但不会增加企业成本，反而能够引发创新，产生净收益，进而提高企业的国际竞争优势。1995 年，Porter 和 Van der（1995）对此假说进行完善，进一步解释了环境保护经由创新而提升竞争力的机理。之后，环境经济学家不断的对此观点进行验证，与此同时也遭到了不少的反驳。其中一项反驳观点认为，尽管环境规制能够激励产品或工艺创新，但所获收益能否补偿这些创新所需要的投资尚不明确。Simpson 和 Bradford（1996）严格区分环境规制产生的两种利润效应——成本增加的直接效应和创新带来的成本降低间接效应，最后发现环境规制不可能带来竞争优势。目前，这部分的研究也主要集中在环境经济学关于创新和研发投入两个领域中，而经济地理对于该问题的关注还不足。

环境给部分生产部门带来了创新的驱动力（Bridge，2008）。技术的进步一方面来源于自主创新的动力，另一方面来源于规制的作用推动技术的发展。在市场经济作用下，单纯由环境减排为动机带来的技术进步很少，更多的是由环境规制作用带来的污染治理技术进步。技术与创新的研究一直是经济地理学领域学者关注的重点问题，但对于环境技术问题的关注却非常少。部分地理学者对于创新与技术进步的研究主要从产业集聚角度入手，分析产业集聚所带来的知识溢出进而推进技术发展与创新；部分地理学者从规制角度探索环境技术的创新。研究多集中在欧美发达国家中，Lanjouw 和 Mody（1996）、Brunnermeier 和 Cohen（ 2003）、De Vries 和 Withagen（2005）、Mazzanti 和 Zoboli（2006）、Rehfeld 等（2007）、Horbach（2008）分别采用了美国、日本、德国三国、美国制造业、欧洲、意大利企业、德国企业数据，研究了各国环境技术创新的影响因素。国内学者刘群慧等（2009）、白雪洁和宋莹（2009）分别以我国汽车行业和火电行业为例，研究发现虽然环境规制总体上对技术创新存在激励效应，但对东部、中部、西部、东北的影响各不相同。黄志基等（2015）通过空间计量，研究环境规制、地理区位和企业生产率的关系，发现环境规制显著促进企业生产率的提升，同时，环境规制对于创新的影响并不是简单的线性关系，可能受到企业异质性、区域差异等不同因素的综合影响。创新受到各种不同因素的综合作用，而环境规制的创新驱动更是受到了中间各种因素的影响，而经济地理的综合思维对于该问题的研究可能将产生更大的贡献。

（三）环境问题区域响应——谁响应？怎样的响应？在什么尺度？

随着经济的发展，在环境规制的影响下，城市发展中无论是不同利益主体还是区域自身发展模式等也都开始受到影响，表现为对环境问题的城市发展响应。在不同利益主体中，伴随跨国公司力量的日益强大，出现的新成员中——消费者、企业以及非政府机构也开始发挥重要作用。首先，政府实施的环境规制作用于经济活动的影响。在中国的制度背景下，财政分权、中央权力下放、地方权力扩大使得地方政府为了发展经济，不断放松对于环境的管理，区域环境规制强度的差异也在显著影响产业等经济活动的空间布局。例如，为获得污染产业的产值，同时又不损害环境，地方政府可能倾向于将污染产业布局在城市或者行政边界的地区。另外，政府是城市发展的主导者，其发展模式的选择同样也是影响环境问题的重要方面，如无序的城市扩张、粗放的资源使用等。

城市环境问题的政府响应需要在更大更综合的尺度，如当面对跨界污染时，区域间的协作治理成为必然。Gibbs（2006）认为结合经济地理学优势和其他学科的理论见解，尤其是生态现代化和管制理论，是经济地理学在环境方面进行潜在创新性研究的绝好机会。Heidkamp（2008）提出整合经济与环境在可持续发展战略的经济决策过程中的理论分析框架。Roger（2008）主张利用进化制度主义作为概念平台对环境经济地理学进行系统研究，认为环境经济地理学需要评估和描述区位如何形成和绿色技术-经济范式（green techno-economic paradigms）的重要作用，并勾勒和推动了集中与区域主题内的制度安排、重构资源利用方式和可持续发展价值链的研究议程。Costantini 等（2011）认为国家环境成效很大程度上依赖于不同区域的特征，如经济专业化、管理强度、公共部门和企业的创新能力。特定部门集聚在限制地区，往往会采用相似的生产技术，区域技术溢出相对内部创新对改善环境更为有效。这些研究虽然分散破碎，但其对于城市发展过程中政府对城市与环境关系的认识具有重要作用。

随着社会对企业要求的日益严格，环境成本开始成为污染型企业生产的主要成本，在来自不同利益主体的环境规制压力下，企业生产过程及经营过程中的环境行为开始发生变化。企业环境行为包括了生产模式、生产行为、环境排放行为，以及环境污染的治理行为等。对于工业企业生产，工业生态学基于可持续的价值链，研究基于减少废料和能源流的工业园区生态化（Ayres，2002；Lyons，2007）。一些环境学者也研究了推行环境可持续发展对于经济以及产业发展的影响（Ekins，1986；Jacobs et al.，1991，1994；Jenkins and McLaren，1994）。企业是经济地理研究的一个重要研究对象，环境对于企业经济活动的干预主要表现为环境规制对污染型企业区位、动态和环境行为的影响。

环境规制作用下的污染型企业区位研究成为环境经济地理学研究的优势热点问题。污染型企业的区位选择反映在产业层面可表现为产业转移以及污染产业的地理空间演化。产业地理分布格局是经济地理学的经典研究领域。产业分布格局是微观企业区位选择的空间表现，而区位理论是解释企业分布与地理集聚的理论基础（王缉慈，2001）。在现有的区位研究中都将区位看成是企业生产函数的一种要素投入，而忽视了社会和环境等因素的影响。环境经济地理研究主要是结合经济地理和环境经济学，引入环境要素，综合考虑自然、经济、社会等各种条件供给的基础上，讨论最优的企业区位选择，其最终目标就是要寻求区域内经济社会环境整体效益最大化（袁丰和宋正娜，2012）。企业微观尺度的研究有助于更好的理解城市发展过程中环境与产业动态的关系。

污染型企业的动态是造成污染产业地理分布变化的重要部分。企业动态主要包括企业进入、退出、成长和衰退，是企业经济和产业经济研究的一个重要问题，很多理论和经验研究对此均有深入探讨。大多数研究集中在企业进入和退出的研究上，关注政策和市场环境的影响（Geroski，1995；Audretsch et al.，1999）。研究的角度主要包括两个：企业进入和退出对于产业发展动态的影响及其影响因素。很多研究讨论了企业进入/退出行为的影响因素：企业规模、企业年龄、研发、区位地理（Sutton，1997；Caves，1998）和市场竞争、市场需求、技术变化、体制因素等外部环境信息（Wagner，1994；Cefis and Marsili，2005，2006）。对于污染型企业，由环境规制引起的环境成本开始成为影响企业动态的重要力量（Yin et al.,2007; Biørn et al.,1998）。在面对环境规制时，企业首先会进行污染排放成本和生产利润的预估，以利益最大化为目标，选择相应的环境行为。企业环境行为的研究常见于企业组织与管理学等文献当中，由地理区位等引起的区域环境规制的差异，使得经济地理在进行企业环境行为等研究中也具有明显的优势。环境经济学从环境成本的角度讨论环境规制对企业环境行为的决策过程，企业组织和管理文献关注企业自身特征对企业环境行为的影响。而经济地理从地理区位特征的差异、区域制度环境的差异研究企业环境行为的差异。

随着消费者对于自身生活环境的重视，消费者开始弃购一些环境不友好的产品，并向 NGO 组织表达诉求，消费者也开始成为环境规制的重要力量。该领域的研究主要常见于生态现代化，其倡导通过创新、生产者和消费者的行为和技术变化支持绿色经济（Gibbs，2000；Murphy and Gouldson，2000；Soyez，2002；Spaargaren，2006）。而区域教育、经济发展等差异造成的消费者对环境行为响应的差异则是经济地理学者研究的突破点。最后，随着经济全球化的加强，跨国组织开始成为环境保护的重要推动力量，其对于各国环境标准的制定也具有重要的影响。ENGO 组织也日益强大，其组织形式日渐成熟、丰富，也开始成为影响经济-地理-环境的新角色（Raustiala，1997；Dalton and Rohrschneider，2002）。经济地理研究人与环境的关系，而社会不同主体对于环境的关注也逐渐成为环境经济地理研究的重要视角。

第四节　环境经济地理研究特点

环境经济地理学研究主要基于其他相关环境研究的视角，并结合自身的研究方法来研究环境问题。环境经济地理并非是现有经济地理学领域的重要研究议题，相反容易被经济地理学者忽略。例如，空间环境经济学研究结合了经济地理学传统的研究方法，产业集聚研究领域将传统经济地理变量的计算方法加入环境模型中进行分析。从研究现状来看，首先，环境经济地理研究具有碎片化（fragmentation abounds）、多视角（polyvocal）的特点（Bridge，2008），没有完整的理论体系、明确的研究范式，也没有明确聚焦的研究对象。这也是环境经济地理没有得到应有关注的原因之一。其次，由于环境问题的特殊性，经济地理学者更容易从政策制度角度入手进行分析，因此，也有向制度方法演化的特征。再次，环境经济地理的研究视角主要以宏观角度问题为主，关注问题逐渐转向与相关学科的研究领域非竞争性的领域进行拓展，如政治生态学等研究领域。最后，由于属于新兴研究领域，现有研究中存在一定数量的理论分析文章，他们奠定了现有研究的理论基础，为案例研究提供理论依据。但由于环境问题研究中数据可得性的限制，导致目前定量研究的研究范围较小，常见于一国内，极少有多国的横向研究。即便在数据质量以及统计口径较相似的欧盟地区，环境污染数据在各国间仍然呈现统计数据口径和条目差别较大的特征，并且对于定量研究，相对于经济学者，经济地理学者不具有研究技术上的优势。

第五节　环境经济地理研究的前景及问题

环境经济地理研究为环境问题的研究贡献了重要部分。例如，克鲁格曼所提出的经济学家历来所忽略的重要问题——空间问题对于经济行为和相关问题的影响一样，经济地理学家对于环境的忽略使得经济地理学的发展没有得到应有的关注。环境问题的出现是企业外部性的表现，由于不同地区环境规制强度不同、环境污染治理设施建设水平不同、生产技术水平不同，因而企业所处的不同区域、城市、产业集群，都会给企业的环境负外部性带来不同程度的影响。企业空间选址中对于环境污染的忽视是自然环境和人文要素隔离的重要原因。经济地理学者的研究弥补了这一点，通过将空间要素与经济、规制作用结合，探索经济活动所带来的环境效应，以及污染对于企业空间选址与空间组织的干预。

人文学科与自然学科的隔阂，使得其经济地理与环境问题结合研究的困难较大。由于污染的产生与企业的生产工艺与技术、产品类型等企业产品特征有直接关系，因此，环境科学、地理科学以及其他自然科学对污染问题的研究更为直接。相对于自然学科，人文学科研究环境问题多从人类行为出发，直接忽略环境污染物产生过程这一根本性阶段的研究，因此，很多情况下较难找到人文因素与环境问题之间的直接关联，只能跳过这一环节，忽略污染物种类及来源的分析，很多研究中无法打开影响作用机制的“黑箱”。因此，如果能在人文与自然学科对于环境问题研究中架起沟通的桥梁，则能帮助环境学者解决环境难题，提供新的方法和思路。经济地理学的研究一直处于采用其他领域的研究方法来研究地理问题的循环。环境问题作为地理学关注的重要问题，理应受到经济地理学者的关注，并且环境问题也为人文地理与自然地理之间长久以来的隔阂带来了合作与创新的可能。经济地理学领域众多新兴研究领域都为环境问题带来新的研究方向，如演化经济地理、文化与制度转向等。

随着经济全球化的发展，现代生产方式超越地区尺度，并使得生产和消费在空间上得到了极大的分离。全球化推动发展中地区实现工业化，一方面，全球化过程中形成的全球生产网络使得经济活动的空间组织得以重构，尤其是环境政策差异影响下的污染产业的空间结构调整，伴随其中的污染带来的污染转移等，使得经济活动的环境污染的空间分布也随之改变。另一方面，环境规制等政策的普遍化和规范化使得政策对于经济活动的影响更加突出，由此发展出现的“污染避难所”假说、逐底竞争假说等，都是全球和地方响应并影响工业经济活动的重要理论和案例。除环境规制之外，企业的发展理念也随之改变，企业为环境保护而投入成本，环境成本开始成为企业必须考虑的重要影响因素，从而也会影响其区位及环境行为。伴随经济发展，公众环境意识不断提高，社会其他利益主体，如消费者、环保组织等也开始对经济活动与环境间的关系产生影响，环境问题的经济活动空间以及政策制度影响变得越加重要。

环境经济地理的研究其理论意义和现实意义都不容置疑，研究前景主要集中在以下几个方面：首先，环境经济地理理论范式建构；其次，利用经济地理综合视角和区域视角探讨政治、经济、文化、制度等多维度要素对不同区域的环境问题进行综合透视；再次，经济活动参与主体，如生产者、消费者、政府组织，以及非政府组织的环境影响及其对环境规制的效应；最后，全球化背景下的环境政策制度对不同尺度经济地理格局的塑造。

第三章　经济转型与环境经济地理研究

第一节　引　　言

区域经济的发展与环境质量之间相互影响，关系复杂。一方面，经济发展通过多种机制影响环境质量，且这种影响就如一把双刃剑，既有有利的一面，也有不利的一面，从而呈现出环境污染与经济发展的非线性关系。另一方面，环境质量也能反过来影响经济发展。严重的环境污染可能会制约经济的发展，削弱经济发展带来的社会福利。环境污染被看作是经济增长过程中产生的“副产品”，关于增长与环境问题的讨论可以归纳为三个阶段: 罗马俱乐部提出的增长极限说、环境库兹涅茨曲线和“污染避难所”假说（陆旸，2012）。其争论主要集中在国际分工是否可以解释 EKC，但值得关注的是在一国内部，区域之间的环境质量也存在巨大的差异。此时，仅仅从环境规制的角度很难理解，因为即使在一些中央集权的国家，也会存在较大的环境管制差异。另外，区域本身的差异，如区域经济发展的规模、结构和技术效应，也是解释环境差异的重要部分。目前的研究中还有较多需要关注的研究主题：第一，虽然目前存在大量讨论经济发展、贸易与环境之间的关系，但忽略了区域自身的要素禀赋差异的影响；第二，虽然重视经济体本身的影响，但忽略了政治权力在环境资源配置中的作用；第三，研究尺度适合理解国家间的差异，但对一国之内的省域、城市尺度间的差异的解释力度欠缺。而中国的经济转型背景都是这三个问题研究的绝佳案例。

改革开放以来，伴随着中国经济高速发展，生态环境遭到极大的破坏，中国环境污染成为世界关注的热点。近年来，全国大范围的雾霾污染更使人开始质疑中国经济发展模式。环境污染已经成为中国经济可持续发展的瓶颈。中国环境污染问题通常归结为资源密集型的外向性经济增长及其相配套制度环境方面的问题。在经济全球化背景下，发展中国家的环境污染经常用“污染避难所”假说来解释。为了吸引跨国公司投资，各国竞相降低环境标准，发达国家将污染性产业转移到发展中国家。与此同时，参与经济全球化也可改善发展中国家的环境，投资和贸易自由化可以带来更先进技术和更高环境标准。同时，改革开放使得中国从国有经济为主导的计划经济体制开始转向私营经济为主导的市场化经济，市场化使得企业能够更加有效的利用资源，提高企业生产的自主权。财税改革作为财政分权的重要标志，极大地提高了地方政府发展经济的动力。权力下放触发了激烈的区域竞争，大多污染产业贡献了财税重要部分，地方政府为竞争污染产业，开始降低环境标准成为区域逐底竞争的重要动机。基于转型的背景，从环境经济地理研究的经济活动的环境效应和经济活动的环境干预出发，研究制度差异与区域环境的关系，探讨污染密集型产业地理空间格局的变化，浅析污染型企业的动态变化规律，以期能为更好的理解转型期经济-环境关系提供科学参考。

中国的经济转型造成了环境政策制度的差异和不稳定性，显著影响中国城市与区域环境。依据第二章环境经济地理研究综述，全书将下文研究内容分为经济活动的环境效应与经济活动的环境干预两篇。市场化、全球化与分权化是重构中国区域经济格局的三股强大力量，也是理解中国经济转型过程的重要视角。企业是经济活动组织的最小单元，污染型企业经济活动也受到区域环境规制造成的环境成本的影响。经济转型背景下，全球化将影响其先进技术获取的成本，市场化将会影响其环境行为的决策权、分权化也会影响其获得政府支持的力度，这些都将通过企业成本影响其污染排放，表现为经济活动的环境效应。与此同时，环境成本对企业成本的影响将表现为企业区位的调整以及企业动态，企业动态还受到企业本身如异质性、产业特性以及企业所属区域特征的影响。企业动态与区位调整累积到产业和城市层面，则将会影响污染密集型产业空间格局，表现为经济活动的环境干预（图 3-1）。

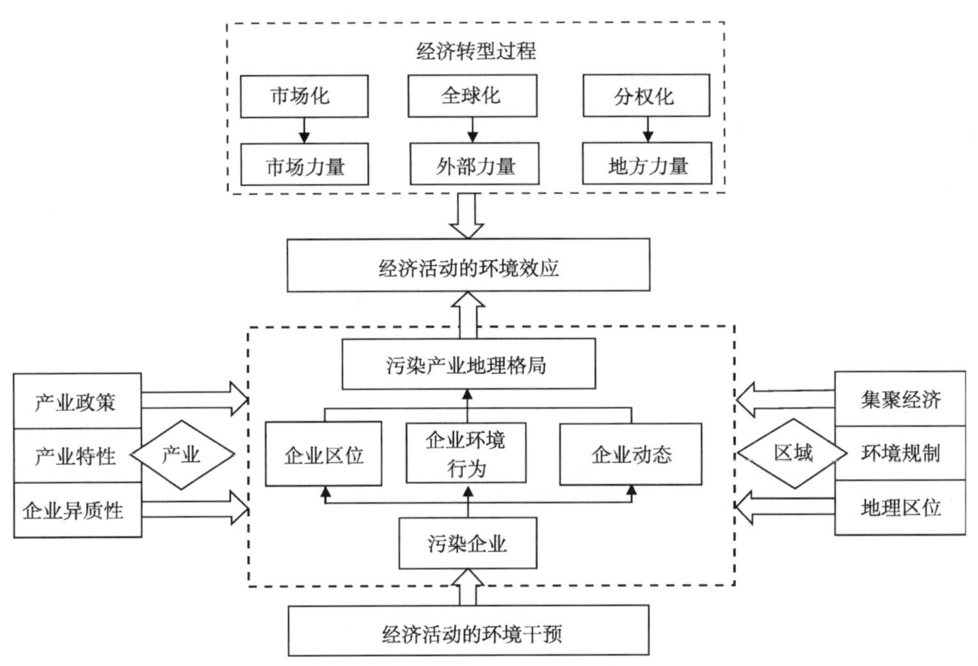

图 3-1　转型期环境经济地理研究分析框架

第二节　经济转型与环境经济地理研究

一、市场化与环境经济地理研究

在计划经济时期，资源配置由政府根据国家需要来决定。企业缺乏自主性，既没有追求利润最大化的强烈动机，也不承担相应经济责任和风险。随着经济改革的推进，市场机制与市场竞争逐步被引入中国。非公有经济空前繁荣，企业逐步成为自主经营的主体。一大批非国有企业开始主导经济发展，包括股份合作企业、联营企业、有限责任公司、股份有限公司、私营企业和外商投资企业等。尽管在能源、装备制造业、钢铁制造和金属制造业、石油冶炼和加工业等重工业和资本密集型产业中，国有企业仍然占据主导地位，非国有企业已经成为制造业和整个经济的主体形式：在 2013 年的 35 万个规模以上工业企业中，国有企业个数仅占 1.94%。

市场化带来的多元化所有制经济影响企业动态，从而影响区域环境质量。非国有企业的崛起有利于改善环境质量。相较于国有企业而言，非国有企业有更大的自主性，会激励其对资源实施有效的利用。因此，资源利用效率提高，使用同样多的资源产生的污染物可能更少。同时，非国有企业与本地环境执法部门的议价能力普遍较弱（Wang and Jin, 2002），只能严格按照当地环境标准进行生产和排污。因此在私有部门经济发达的地区，环境质量可能更好。Talukdar 和 Meisner（2001）利用 1987~1995 年 44 个发展中国家的经济与环境数据进行分析，发现私营部门在本国经济中所占比例与二氧化碳排放量呈显著负相关，意味着私营部门在经济中的比例提升有利于环境治理的改善。不过，市场化也会给环境带来不利的影响。与国有企业相比，非国有企业更加以利润为导向，缺乏将环境外部性内部化的动机。在给定的环境规制下，追求利润最大化的企业会尽一切可能逃避环境污染治理的责任。

二、全球化与环境经济地理研究

20 世纪以来，交通和通信技术的迅速发展促进了商品、人口、资本和文化等各种形式在世界范围内流动。经济活动的空间属性大大增强，受到地理学、经济学和社会学等多个学科的关注，学术界用“全球化”来对这一现象加以描述（徐海英，2010）。改革开放以后，中国的经济与环境也越来越深刻地受到全球化的影响，吸引了空前活跃的外商直接投资。联合国贸易和发展会议（UNCTAD）的统计数据显示，截至 2014 年，中国成功超越美国成为全球最大的外商直接投资（FDI）目的国。同时，自 2001 年中国加入世贸组织以来，与全球其他国家的贸易关系日益紧密，进出口贸易额不断增长。此外，全球化使得中国与其他国家有更多的科技、信息、文化的交流。

全球化力量对环境的影响则比较复杂。一方面，全球化将会影响污染型企业地理分布，从而影响区域的环境质量。“污染避难所”假说认为，国际贸易和外商投资对发展中国家的环境会造成损害，发展中国家环境规制普遍较弱，将成为“污染避难所”假说中的污染承接地。“污染避难所”假说认为，为降低环境治理成本，污染型企业会转移至环境规制相对宽松的地区。发展中国家的主要任务是发展经济，环境监管起步较晚，在全球化背景下容易成为污染性外资企业的目的地。中国的环境政策相对宽松，监管力度和地方政府的重视程度也与欧美发达国家有较大差距，这成为中国吸引污染型外资企业入驻的一大原因。统计数据显示，2000~2010 年，我国在污染密集型行业的外资企业数目和总产值都呈现出上升趋势。全球化和自由贸易使得各个国家可以充分发挥比较优势进行专业化生产。尽管发达国家并不是有意输出污染，但随着发达国家的环保标准不断提高，发达国家的污染产业在全球的份额会逐渐减少。从全球产业空间布局来看，污染产业仍会向环境规制相对弱的发展中国家集中。同时受到技术和资本的限制，生产同样的产品，发展中国家产生的污染物可能会比发达国家更大。除此以外，更为严重的是固体废弃物的直接进口。电子垃圾、塑料垃圾等废弃物中含有大量有毒物质，处理过程需要花费高昂的成本。因此，许多国家选择将垃圾出口，使以中国为首的发展中国家成为西方国家的“垃圾场”。根据联合国 2005 年的报告，随着人们更新计算机，每年大约产生 5000 万吨电子垃圾。据中国质量新闻栏目预测，其中 72%的电子垃圾被运到了中国。

另一方面，经济全球化的同时也加速了环保的生产和管理技术在全球范围内的传播，从而有利于落后地区环境质量的提升（Shin，2004）。全球化对发展中国家的环境质量也有积极的作用。第一，全球化促进了清洁技术的全球性扩散，有利于中国污染型企业的节能减排。第二，全球化促进了信息、知识、文化的扩散。发达国家的环境与健康意识可以迅速感染全球其他地方，人们的环保意识普遍得到提高。环保意识的提高客观提供了环境管制的压力，促进当地环境质量的改善。2007 年以来，已经发生若干起由环境污染引起的群体性事件。环境污染得到了越来越多的舆论关注，民众、媒体和环保组织共同对污染型企业和管理部门施压，一定程度上促进了环境质量的改善。第三，中国越来越多地参与到全球贸易中，环境贸易壁垒成为了中国不得不面对的问题。这迫使原本环境标准宽松的国家接受更严格的国际环境标准。这促使该国改进生产技术流程，提高产品的环境质量。同时，外资本身也是环境标准信息的载体。外资进入带来了发达国家的环境标准信息，产生学习效应。第四，全球化过程强化了中国的劳动力比较优势。大量劳动力密集型外资企业转移至中国。劳动密集型企业的污染物排放量相对重工业少。第五，全球化促进了全球性的环境保护合作，全球协作改善环境质量。在 2009 年召开的哥本哈根会议上，中国宣布 2020 年单位 GDP 碳排放将比 2005 年减少 40%~45%。

三、分权化与环境经济地理研究

改革开放以来，中国由过去中央统一收支的财政政策改为划分收支、分级包干的“分灶吃饭”财税体制。在财税分权体制下，地方政府追求财政收入和经济增长，并以此为核心展开竞争。当经济发展与环境保护相互冲突时，地方政府往往会更倾向于发展经济从而影响环境保护政策的执行。区域分权为地方“逐底竞争”培育了土壤。财政收入的压力导致地方政府公司化，各省份在市场、原材料、吸引投资等方面展开激烈的竞争。地方政府通过地方政策、法规和其他相关措施保护对地方财政和经济增长贡献大的产业和企业。而一些吸收财税较多的行业，往往是重污染行业，如重化工业。许多研究发现，地方政府纷纷降低当地环境标准来竞争污染产业和企业入驻（Ma and Ortolano，2000；Swanson et al.，2001）。Taguchi 和 Murofushi（2010）分析了中国省级数据，发现各省份间存在显著的竞争污染产业投资的行为（Taguchi and Murofushi，2010）。He 等（2012）在地级市层面研究了中国经济转型与工业二氧化硫和粉尘排放量之间的关系，在东部和中部地区观察到了市场化和分权化导致环境恶化的证据。与此同时，环境管理体系也高度分权化。地方的各级环保机构属于地方政府部门，资金和人事都受地方管理，与上级环境部门之间并没有直接的隶属关系。区域环保规制一体化难以成形，导致环境管制力量不足（Jahiel，1998）。地方环境规制和执行力度高度受到地方政府意志的影响。

如果充分考虑环境的溢出效应，分权化还可能导致跨地区污染的“搭便车”行为，从而给区域整体环境质量带来不利影响。环境污染具有区域溢出性，其影响范围不局限于排放地本身。污染性生产行为的经济利益由生产地获得，但带来的环境污染的负效应由污染扩散的区域共同承担，为“搭便车”行为创造了可能性。分权化背景下，地方政府不会考虑相邻地区的福利，因此可能选择在边界产生较高水平的污染排放。Sigman（2005）研究跨界河流的污染情况，发现跨国河流污染程度高于一国国内河流的污染程度，美国国内跨州的河流的污染也高于州内河流的污染。Helland 等使用美国 1987~1996 年污染物排放名录进行研究，发现位于州界的县，空气和水污染物的排放量显著高于其他县，证实了行政管辖权是影响排污行为的重要因素（Helland and Whitford, 2003）。Gray 等重点查看造纸业的污染行为，选取了分布在美国 38 个州的 409 家造纸企业，研究 1985~1997 年的污染排放与邻近县的关系，发现与其他州毗邻的造纸厂会排放更多的废气和废水（Gray and Shadbegian, 2004）。Konisky 考察了 1990~2000 年美国各县对《清洁空气法案》执行情况，发现国际边界上的县的执行力度显著更弱（Konisky and Woods, 2010）。

分权化也可能会促进局部地区环境质量的改善。并非所有的财政分权都会产生“逐底竞争”的效应，也可能产生“邻避主义”效应（not-in-my-backyard）。当环境污染产生的社会成本太高时，地方政府可能会提高本地环境标准，通过采取更严格的环境政策迫使污染物转移到其他地区，从而提高本地区环境质量。Levinson（2003）称这种情形为“向好竞争”。Markusen（1995）用过两地区模型来说明“竞争到顶”效应，当一个排污企业面临在一个地区生产并出口到另一个地区还是在两个地区都建厂生产的决策时，它需要综合考虑交通成本和固定投资成本；而对于地方政府，则需要权衡吸引企业在本地建立工厂获得的消费者剩余与工厂产生的环境污染。如果消费者剩余比较大，两个地区都会对“游移性”企业以较低环境标准为筹码展开引资竞争，即“逐底竞争”，这将导致环境管制标准低于最优标准，从而产生环境污染。但是如果污染成本较高，两个地区都会试图使环境管制标准高于最优标准，并将排污企业驱赶到其他地区，即“向好竞争”。Millimet 等（2003）对比了里根政府环境政策分权制度前后的美国各州的污染排放量，得到了与“污染避难所”假说相反的结论：分权刺激了各州在治理环境污染上的费用增加，形成了“竞争到顶”的格局。不过需要注意到，“向好竞争”虽然会使得环境管制严格的地区环境质量较好，但可能会使得其他相互竞争的地区环境质量下降，因此污染总量并没有得到减少。

市场化、全球化和分权化将共同作用影响区域环境质量（图 3-2）。出口是中国经济增长的三大马车之一，地方政府也更加倾向于通过出口来增加本地经济增长。而一味追求出口增长，可能将会形成潜在的贸易扭曲，导致环境质量恶化。部分研究发现地方政府会策略性地使用国家环境政策，通过放松环境标准来促进本地区产业的出口和产品的出口竞争力，从而导致环境质量供给水平低于有效水平（Barrett，1994；Ulph，1998）。而当经济的市场化程度不断提高，产品市场的壮大、要素市场的完善、法制环境的不断透明，以及政府效率的改善，都将对推动外资的流入起到重要作用，同时也提高了各地吸收高技术外资的能力和加速了外资进入后的技术外溢。若区域市场化程度较高，说明该地将拥有比较完善的公共设施、较高的政府执行力、比较成熟的要素和产品市场、鼓励创新的人力资源平台等，这就为外商投资企业进行技术研发和技术扩散创造了条件，使得环境污染问题不断缓解；反之，若市场化程度较低，外商直接投资直接依赖的优势可能仅仅是比较廉价的劳动力和比较丰富的资源，这会导致资源型产业和低附加值产业的扩张，从而加速环境的污染（张鹏等，2013）。

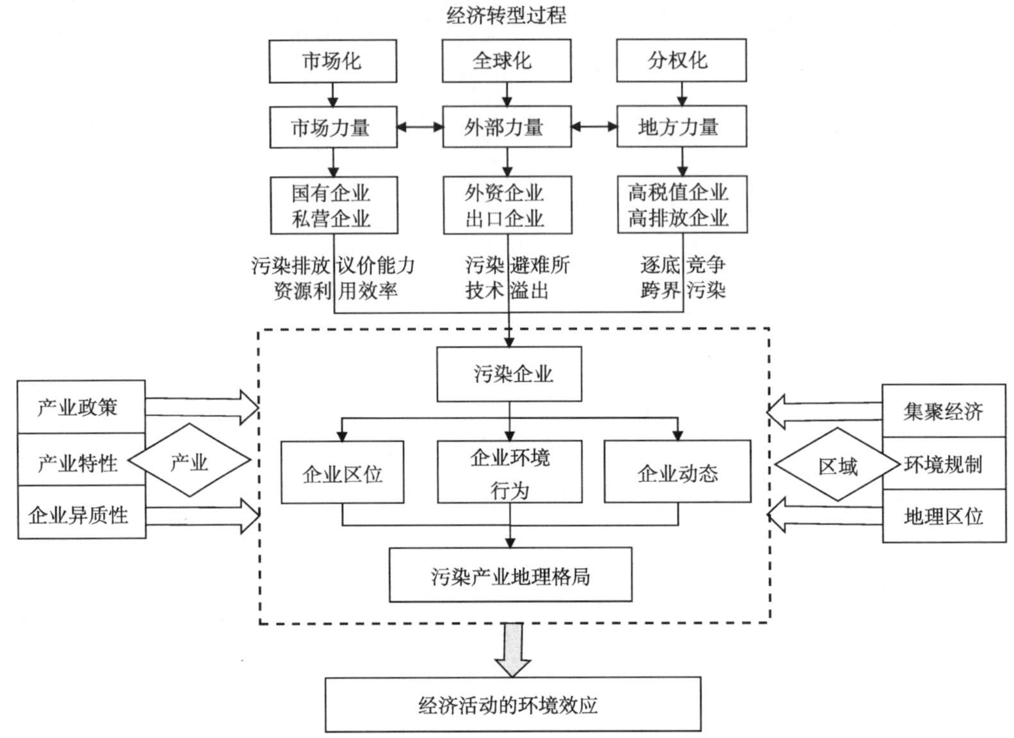

图 3-2　经济转型与环境经济地理研究框架

第三节　环境规制与环境经济地理研究

环境问题的经济活动干预是环境经济地理研究的重要方向。环境对于经济活动的干预主要体现在对污染型企业区位选择、企业动态，以及企业环境行为的影响上，而企业区位选择以及企业动态的结果将决定污染密集型产业的地理分布空间特征。转型期间，中国污染密集型产业空间格局主要通过两种路径进行演化：产业转移和企业动态。产业转移是指污染密集型企业在不同要素作用下区位的变化；企业动态是指污染型企业在区域的进入、成长、衰退和退出。产业动态是产业转移的过程，产业转移则是产业动态的结果。

企业区位以及规模等的变化都将受到传统产业区位要素的影响。传统的资源禀赋论强调自然资源、劳动力、技术等外生资源禀赋对产业区位的影响，而新贸易理论引入规模报酬递增、不完全竞争市场、产品差异化等因素，认为规模经济和市场规模效应导致产业地理集中（贺灿飞和朱彦刚，2010）。新经济地理模型则将产业区位完全内生化，强调交通成本与规模经济的相互作用，认为运输成本和规模经济的权衡是产业集聚的根本原因（Krugman，1991；Krugman，1980）。环境经济学中引入环境规制、排污费等作为污染型企业的一项重要成本，将显著影响企业区位、动态及其环境行为。本书第三篇关于环境问题的经济活动干预主要分为环境规制对企业区位、企业动态和企业环境行为的影响（图 3-3）。

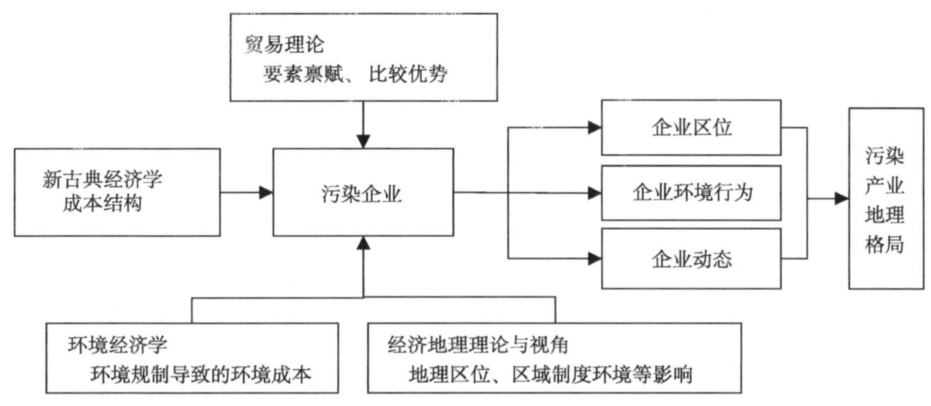

图 3-3　经济活动的环境干预研究框架

一、环境规制与企业区位

产业地理分布格局是经济地理学的经典研究领域。产业分布格局是微观企业区位选择的空间表现，而区位理论是解释企业分布与地理集聚的理论基础（王缉慈，2001）。对企业区位的早期研究来自企业选址的现实需求，随着区位理论的发展，从自然资源、劳动力、技术等外生资源禀赋要素，到规模报酬递增、不完全竞争市场、产品差异化等新贸易理论因素，再到新经济地理模型强调交通成本与规模经济的相互作用，区位要素的研究不断完善。而在现有的区位研究中都将区位看成是企业生产函数的一种要素投入，而忽视了社会和环境等因素的影响。这也正是环境经济地理研究的局限和困境。

事实上，合理的企业区位选择，应该是在综合考虑自然、经济、社会等各种条件的基础上，对可行区位比较择优的结果，其最终目标就是要寻求区域内经济社会环境整体效益最大化（袁丰和宋正娜，2012）。但是实际上，环境问题的外部性导致市场失灵、环境保护意识薄弱和监督机制缺位，一味追求地区经济增长带来生态环境破坏等问题（Chenery，1961；Romer，1994），尤其是污染型企业的不合理分布是诱发水环境恶化、大气污染、土壤污染、生物多样性减少等一系列生态环境破坏的重要原因（Mehaffey et al.，2005；Duc et al.，2007；Versace et al.，2008），这就需要政府加强对企业区位选择的空间管制。但是中国改革开放以后相当长的一段时间都是以经济增长、效率和竞争力为导向进行市场改革，地方政府在实际操作中形成了“唯 GDP 论”，在大力发展经济的同时，忽视了对生态环境的保护。转型背景下，随着政府、公众等环境意识的提高，通过环境规制引致的环境成本开始成为企业尤其是污染型企业区位选择的重要因素。

环境规制开始成为污染型企业区位选择的重要区位因素。Walter（1979）提出的“污染避难所”假说指出由于环境标准的差异，污染密集型产业由发达国家向发展中国家转移的现象，最终造成发展中国家成为污染密集型产业的聚集地。至此，环境规制开始进入国际贸易、环境经济学，以及经济地理学者的视野。对PHH假说的验证性研究逐步兴起，其主要从环境规制对外商直接投资（Dean et al., 2009; Xing and Kolstad, 2002; Cole and Elliott, 2005）、国际贸易区位等方面开展（Jeppesen et al., 2002; Brunnermeier and Levinson，2004; Wang et al., 2015；黄涛，2013；王军，2008；曾贤刚，2010）。总体上看，相关研究主要从国家间的宏观尺度探讨发达国家与发展中国家之间，或者一国内部不同地区之间污染密集型产业转移特征及影响机制。转型期间对于污染型企业于单一行政区内或者跨行政区的区位研究还较少。

中国式财政分权是经济上的分权，政治上却是高度集权，这同时也构成了中国式财政分权的核心内涵（付勇和张晏，2007）。中央目标实行行政上的“纵向分包”，再引入地区之间的“横向竞争”（周黎安，2008；周黎安等，2013）。中央政府有绝对的权威来奖惩和任免地方政府官员，并制定容易被衡量的经济指标作为考核地方政府官员的标准，以及传达中央政府政治意图的方法（王文剑等，2007）。为了能尽快升迁，地方政府官员间展开了为获取政治资源的竞赛，在竞赛中，为了超过竞争其他省份官员，各个地方政府之间采取了以邻为壑的手段（严冀和陆铭，2003），将污染型企业布局在行政区域的边界，从而实现将产值留在管辖的行政区，而将污染通过界河等转嫁出去，跨界污染就此产生。以邻为壑式的污染型企业布局政策有利于本地的增长，但却可能因为损失了环境治理的动机而不利于整个国家或者区域环境治理的改善（陆铭和陈钊，2009）。污染型企业的城市内和省域内区位选择成为环境问题干预经济活动研究的重要表现，也是环境经济地理研究的热点问题之一。

二、环境规制与企业动态

企业的动态主要包括企业进入、退出、成长和衰退，是企业经济和产业经济研究的一个重要问题，很多理论和经验研究对此均有深入探讨。大多数研究集中在企业进入和退出的研究上，关注政策和市场环境的影响（Geroski，1995；Audretsch et al.，1999）。研究的角度主要包括两个：企业进入和退出对于产业发展动态的影响及其影响因素。很多研究企业进入/退出行为的主要因素有企业规模、企业年龄、研发、区位地理等（Sutton，1997；Caves，1998）和市场竞争、市场需求、技术变化、体制因素等外部环境信息（Wagner，1994；Cefis and Marsili，2005，2006）。对于污染型企业，由环境规制引起的环境成本开始成为影响企业动态的重要力量（Yin et al., 2007; Biørn et al., 1998）（图 3-4）。

随着公众、NGO等组织环境意识的提高，其施加在政府的环境规制压力，驱动着政府不断提高环境规制以内部化企业产生的环境负外部性。环境规制出现后，作为企业尤其是污染型企业的重要成本，开始影响污染密集型企业动态。传统观点认为严格的环境规制不利于企业发展，原因包括：①环境规制产生额外的生产成本，降低企业利润，将影响企业的成本结构，可能导致企业的衰退，甚至退出；②环境规制要求企业对环境设备进行投资，从而挤占其他生产性投资，影响企业再生产，降低生产效率，有碍企业增长；③环境规制可能导致企业调整战略，做出错误的决策（Wally and Whitehead，1994），

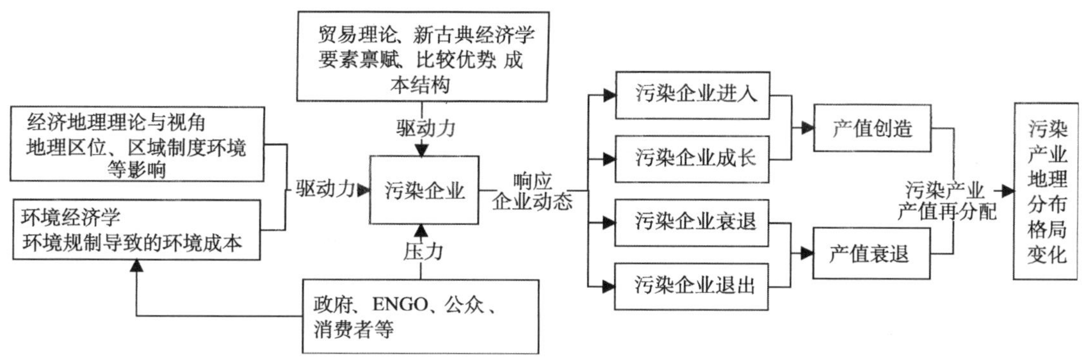

图 3-4　环境经济地理与企业动态分析框架：企业动态

甚至导致退出。与此相反，波特假说认为，尽管短期内严格的环境规制会增加企业成本，但长期而言可以刺激企业创新，提高企业竞争力，进而增强企业在市场中的比较优势，从而促进企业增长。一方面，环境规制和政策激励向某产业或产品倾斜，提供了企业推出新产品的激励，降低企业创新失败的风险；另一方面，严格的环境规制带来的成本压力迫使企业进行创新，改进现有的生产工艺，提高生产效率，为企业增长赢得了先机。因此，环境规制也可能将促进企业的进入和成长。污染型企业的进入、成长、衰退和退出累积到区域-产业层面，则表现为污染产业在区域间的产值再分配，进而反映污染密集型产业的地理空间格局的调整。

三、环境规制与企业环境行为

关于企业环境行为的研究常见于企业组织与管理学等文献当中，由地理区位等引起的区域环境规制的差异，使得经济地理在进行企业环境行为等研究中也具有明显的优势。环境经济学从环境成本的角度讨论环境规制对企业环境行为的决策过程，企业组织和管理文献关注企业自身特征对企业环境行为的影响。而经济地理从地理区位特征的差异、区域制度环境的差异研究企业环境行为的差异（图 3-5）。随着社会不同利益主体环境

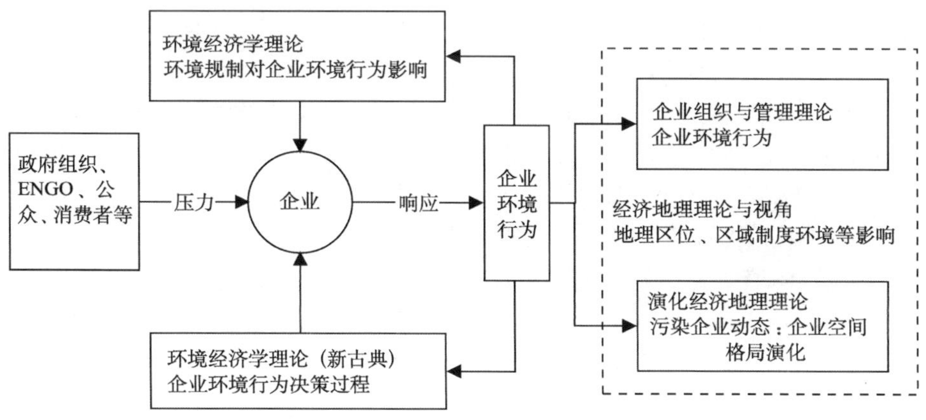

图 3-5　环境经济地理研究：企业尺度

意识的提高，政府开始提高污染型企业的进入门槛，公众开始抵制污染型企业进入，消费者开始倾向于选择环境友好产品。在面对来自政府、公众、市场等多方面的压力下，企业需要将这些压力转变为环境成本信息，并做出相应的环境行为响应。由于环境资源的产权、价格难以界定和环境外部性、环境投资不确性、环境信息不完备性、环境主体的有限理性的存在，导致环境资源配置的市场失灵（Atkinson and Tietenberg 1991; Jaffe et al., 2005）。市场经济本身不能解决由市场失灵造成的环境问题，需要借助市场以外的力量，因此环境管制成为必要选择。

在城市内部，环境规制的差异表现为公众环境意识的差异、政府规划城市空间功能的差异等，此时地理区位开始表现出重要作用。然而，政府的干预也受到其自身特点的局限，甚至可能会出现政府政策失灵或者管理失灵的问题，其为公众或者 ENGO 发挥参与作用提供了机会。消费者用消费选择来保护环境，企业开始选择采取更加友好的环境行为以符合消费者对于环境的要求，而这种变化使得企业逐渐将环境保护从原来的应付行为转变为自觉的主动行为，对企业环境行为的研究也从企业对环境压力被动反馈转向博弈抉择和主动反馈，如通过清洁生产、绿色产品研发、推行 ISO14000、环境审核、主动参与社区活动等增加污染治理设施投入以及减少污染物排放，生产对环境友好、高品质、低成本的产品，以期达到提高市场的竞争力，促使企业走向可持续发展的道路。而此时，区域公众的环境意识的差异开始成为影响企业环境行为的重要力量。

第四节　小结与讨论

环境经济地理研究主要包括经济活动的环境效应以及经济活动的环境干预。经济活动的环境效应受到转型制度差异、集聚等经济地理要素的共同作用。改革开放 30 多年以来，中国经济实现了快速稳定的发展。中国的经济转型造成了环境政策制度的差异和不稳定性，显著影响了中国城市与区域环境。市场化、全球化与分权化是影响区域环境规制执行的能力、压力和阻力的重要机制，从而影响区域环境质量。经济全球化吸引了大量的外资企业，技术、知识溢出为区域环境的改善带来的先进技术；市场化使得环境行为——排放与治理的决策权重新回到企业手中；而分权化则使环境政策实施的决策权转移到地方上。该框架同时也将环境问题的几大利益主体紧密地联系在一起：政府是环境规制政策的执行者，分权将会影响其规制政策的执行动力。环境规制作用的直接对象为污染型企业，污染型企业的区位选择以及动态在区域-产业层面表现为污染密集型产业地理空间格局的变化，从而显著影响区域的环境效益。

经济活动的环境干预表现为环境规制造成的环境成本对企业区位、企业动态和企业环境行为的影响。合理的企业区位选择，需要综合考虑自然、经济、社会等条件，以寻求区域内经济社会环境整体效益最大化。然而环境问题的外部性导致的市场失灵等特性，使得环境要素考量缺位的情形更加严峻。尤其是在转型期，分权力量作用于地方政府企业选择和布局时，以邻为壑的将企业布局在行政区域边界地区，来转嫁污染负外部性，使得区域环境问题变得更加得复杂。另外，环境规制造成的企业动态也是经济活动环境干预的重要方面。污染型企业的进入、成长、衰退和退出累积到区域-产业层面，则表现为污染产业在区域间的产值再分配，进而反映污染密集型产业的地理空间格局的调整。由地区区位差异造成的环境规制差异使得企业环境行为差异较大。本书的研究希望能有助于政府更好的理解我国工业化进程中生态环境局部好转而整体恶化这一环境规制困局，为实现我国生态环境根本好转和经济可持续发展提供参考。

第二篇

经济活动之环境效应

第四章　转型经济与城市环境污染

第一节　引　　言

传统研究认为工业污染与经济发展之间存在非线性相关关系。在发展初期，区域经济增长导致工业污染水平上升。但当区域人均收入达到特定临界值，二者之间的正相关关系会发生反转，之后的污染水平会随着经济增长而逐渐下降。这种经济增长和工业污染之间的倒U形曲线关系被称为环境库兹涅茨曲线（Grossman and Krueger, 1991; Selden and Song, 1995; Holtz-Eakin and Selden, 1995; World Bank, 1992; Cole et al., 1997; Moomaw and Unruh, 1997; Panayotou, 1997; Harbaugh et al., 2002; Cole, 2003; Poon et al., 2006; He, 2009, 2010）。现有研究大多对产业或省域层面的库兹涅茨曲线进行验证。Poon等（2006）和He（2009）利用分省的二氧化硫排放数据，证实EKC曲线的存在，但是缺乏对地级市层面EKC曲线效应的深入探究。经济转型是近年来中国工业经济发展的重要特征。自20世纪80年代以来，中国的高速经济增长与严重环境退化受到持续关注。以粗放利用资源为前提的出口导向战略虽然在短时间内实现了产业发展和高速经济增长，但也给生态环境施加沉重负担（Jahiel, 1997, 1998; Chan and Yao, 2008）。近年来，生活污染、汽车尾气、能源枯竭，以及森林退化等问题频现，令中国可持续发展面临严峻挑战，产业结构面临转型升级的难题。

系统性研究认为，水资源可得性难易、自然环境自我复原能力大小、大气质量以及气候变化情况是当前中国面临的环境问题的重要内涵（Naughton, 2007）。在这一背景下，部分现有研究从环境库兹涅茨曲线出发，探究中国分省份、分产业的大气污染问题（Poon et al., 2006; He, 2006, 2009, 2010）。世界银行的一系列工作论文则从污染成本、环境补贴、环境规制、所有权特征、讨价还价能力，以及社区压力等视角切入，研究上述因素对工业污染者排污行为的影响（Wang and Chen, 1999; Wang, 2000; Wang and Wheeler, 2000; Dasgupta et al., 2001; Wang et al., 2003）。这些研究虽然一定程度上激发了学术界对中国产业污染研究的兴趣，但忽视了全球化、市场化、分权化三股力量组成的制度背景，目前在经济转型与产业污染之间的关系方面缺乏系统性的分析。

首先，市场化允许多种所有制企业并存，而不同所有制企业在污染排放和治污能力方面表现各异。国有企业由于同地方政府有较强联系，因而相对于非国有企业来说拥有更强的讨价还价能力，污染减排动机相对不足。而非国有企业受利益驱动，在给定的环境规制强度下，同样缺乏污染减排的动机。因此，市场化进程有可能导致企业生产给城市环境带来进一步破坏。其次，外商投资、国际贸易与产业污染之间关系较为复杂。一方面，“污染避难所”假说认为污染密集型国际贸易和外商投资为追求强度更弱的环境规制会向发展中国家集聚，从而对这些国家的环境质量产生负面影响。与此相反的是，经济全球化又会促进技术和管理创新，以及环境标准的提升，从而有利于环境质量的提升（Shin，2004）。在这两方面作用下，全球化的转型背景对企业污染行为的作用并不明确。最后，区域分权会促进污染排放、危害城市环境，作用途径有以下两种。对于地方政府来说，财政分权将增加其通过削弱规制力度、降低排污标准手段，以吸引污染密集型产业、扩大财政收入的动机。对于企业来说，分权化进程会激励“逐底竞争”，引发环境合作动力不足等问题（Jahiel, 1998）。

地级市是承载企业污染、探究库兹涅茨曲线的重要尺度。而市场化、全球化、分权化则是转型时期中国社会环境的重要特征。因此，研究当前中国城市产业发展、环境污染和大气质量问题，必须与转型背景下地级市层面的政府和企业行为相联系。本章主要探索两个问题：EKC 曲线关系是否存在于中国地级市层面上；制度因素是否对经济发展和产业污染之间的关系产生显著影响（Panayotou, 1997）。首先，通过梳理 2004~2008 年中国地级市层面的二氧化硫及烟尘排放数据，展示我国城市产业污染强度空间分布，辨识产业污染集中的热点地区。在此基础上，从经济和制度两方面分析影响产业发展的大气污染排放因素。研究结果显示，中国城市具备 EKC 曲线效应。市场化和分权化导致环境退化，而全球化则有利于中国城市环境质量的改善。

第二节　中国环境污染：经济转型视角

一、市场化与环境污染

中国的经济转型可以概括为计划经济向市场经济的转型。市场化促进了包括有限责任公司、股份公司、多种所有制公司、私营企业，以及外商企业在内的非国有制企业的迅速发展。一般逻辑思路认为私有部门更高的投入有利于实现更好的环境目标。原因在于，国有企业在中国与当地政府关系密切，其中一些管理者比本地环境官员的政治地位更高，具有较强的讨价还价能力（Wang and Jin, 2002）。因此，国有企业能够适当降低污染处罚力度，也不倾向于降低环境污染排放。而非国有企业相对于国有企业来说，与地方政府之间的讨价还价能力较弱（Wang and Jin, 2002），因而在环境规制和排污费的限制下，会尽量避免污染密集型部门，同时更为有效地利用资源，在使用等量原料的情况下排放更少的污染物。Talukdar 和 Meisner（2001）利用 1987~1995 年 44 个发展中国家的年度数据证实这一结论，他们发现：私人部门参与经济活动水平与 CO_2 排放水平之间呈显著负相关，也就是说私有部门更有利于环境保护。Wang 和 Wheeler（2000）采用企业层面的数据研究发现，国有企业相对于私有企业有更强的动机排放污染，这一研究结果也被 Wang 和 Jin（2002）的研究所证实。但是，从另一种思路来看，非国有企业由于更多受到单纯的利益驱动，会避免潜在环境投资成本的发生（Eiser et al., 1996），反而不具备环境污染内部化的动机。现实情况也的确如此，中国的非国有企业增长迅速，国家通过制度渠道对产业的管控力度变小，施行环境政策的难度越来越大（Jahiel, 1997）。因此，在这里本书依照第二种思路提出假说：市场化进程与产业大气排放强度之间具有正相关关系。

二、全球化与环境污染

中国通过FDI和跨国贸易参与到全球经济一体化进程中。然而，关于中国经济全球化的净环境效应的研究结论存在较大的争议。一方面，部分研究认为全球化不利于大气污染治理。“污染避难所”假说认为污染密集型产业会迁移到环境规制较弱的地区来缩减成本。生态倾销假说（ecodumping hypothesis）认为中国可能将放松环境规制政策以使得生产者在跨国市场中具备竞争力优势（Christmann and Taylor, 2001）。“污染避难所”假说以及生态倾销假说都认为经济全球化对中国的城市环境不利。另一方面，经济全球化也有可能带来环境质量的提升。第一，众所周知，中国拥有丰富廉价的劳动力资源，并借此吸引了大量劳动密集型外商企业。劳动力密集型产业相对于污染密集型产业来说会带来更少的污染。第二，全球化可以促进技术和管理创新，改善生产条件，降低排污水平。第三，贸易和投资的自由化也会通过推进世界环保条例与标准的全球化等途径，为环境制度建设、政策手段完善溢出知识、创造机遇（Shin, 2004）。总之，全球化进程下，轻型的产业结构、先进的生产技术、更高的环境标准会可能会使得污染排放减少，有利于环境质量的提高。

现有关于经济全球化和中国污染排放之间的关系的研究结论还存在较大的差异。Christmann 和 Taylor（2001）认为中国外商企业为了占领国外市场，出口到发达国家的过程会增加这些出口企业环境保护的自制力。Wang 和 Jin（2002）发现外商投资企业拥有先进的生产技术，且能源利用率更高，相对于国有企业有更好的环境表现。然而，He（2006, 2009）证实了中国存在“环境污染避难所”假说。由于国际投资、贸易和工业大气污染之间存在复杂的关系，不能给出经济全球化对中国城市环境影响的确定作用方向。

三、分权化与环境污染

自20世纪80年代起，中国政府赋予地方政府在环境政策上的管理权利（Jahiel, 1997, 1998）。环境保护组织受环保部门和地方政府的管制。环保组织的开销需要由地方政府审核，而日趋严格的预算体制为地方环境保护机构的运行带来许多困难。因此，中国地方环境保护机构存在权力不足，且缺乏与制度管理者良好沟通的制度和渠道（Jahiel,1998）。破碎化的环境规制结构和规制制度严重影响到环境政策的实施。因此，环境规制分权化不利于中国城市空气质量的提高。

区域财政分权特别是分税制改革，使得地方政府已经无法满足于对自身预算的严格把控，必须增加财政收入来维持收支平衡（Zhao and Zhang, 1999）。在这一背景下，地方政府逐渐扮演起企业家的角色来推进地方经济增长（Oi, 1995）。因此，财政分权会激发城市之间的“逐底竞争”，鼓励地方政府限制不利于经济增长的政策，降低环境标准，以牺牲环境质量为代价，提升市场竞争力、刺激经济增长（Lieberthal, 1995; Ma and Ortolano, 2000; Jahiel,1997, 1998; Swanson et al., 2001; Tang et al., 2003）。Taguchi 和 Murofushi（2010）也指出中国各政区之间污染产业竞争的现象。由于分权化的作用，污染密集型产业在面临严格预算的城市中得以生存。因此，分权化背景下，以逐底竞争为目标的破碎化规制会导致环境质量的恶化。因此，本书提出假说，区域分权化对于中国城市环境问题有负面作用。

第三节　中国城市大气污染物排放数据

城市既是大气污染的产生者也是大气污染的受害者（Chan and Yao, 2008）。经济转型加速了城镇化与工业化进程，带来城市中产业活动与劳动力资源的集聚，引发了更多污染物质的排放。同时也使得工业污染成为城市发展面临的核心问题，不仅关乎未来经济发展，更对人们健康产生重大影响。为描述和解释经济转型背景下中国大气环境质量变化，本书选取工业活动中可能排放的主要污染物，以捕捉工业生产同大气污染之间的关联（He, 2009）。

中国是世界上最大的 SO_2 排放国。SO_2 污染也一直是中国最主要的大气污染问题。SO_2 不仅破坏生态系统，而且危害人体健康（Cao et al., 2009）。工业 SO_2 排放来源于煤炭和石油的燃烧、非金属矿物冶炼、石油提炼，以及其他工业活动。烟尘排放来源于燃料的燃烧。工业 SO_2 和烟尘排放经常被运用在相似的大气污染研究中（Grossman and Krueger, 1991; Antweiler et al., 2001; Cole, 2003, 2004; Poon et al., 2006; He, 2009, 2010），并且这些研究被认为是稳健且可靠的（He, 2010）。因此，本节主要关注 SO_2 和烟尘排放量两个指标，数据来源于《中国城市统计年鉴》（2004~2008 年）。

工业 SO_2 与烟尘排放数据由中国环境保护机构直接从企业中获得。环保机构拥有企业能源消耗产生的完整的设备信息及细节数据。地方环保局通过总企业上报的燃料消耗、企业生产过程周期性检测蒸汽管道所得的污染排放总量数据，计算企业排放数据。计算排放的总量，虽然不及利用周围数据稳健，却是对工业大气污染物排放总量更为准确的方法。这种方法获得数据的准确性也得到了田野调查收集的数据的验证（He, 2010）。同时需要注意的是，工业 SO_2 与烟尘排放数据主要来源于大企业的排放数据，因此存在对污染排放总量低估的问题。事实上，SO_2 排放量的估计值比国家环境保护部门公布的官方数据高（Ohara et al., 2007; Cao et al., 2009）。例如，Ohara 等（2007）估计中国 2003 年的实际 SO_2 排放量比官方数据高 70%。然而，如 He（2010）所述，由于超过 70%的部分来源于大企业，因此这种差距也是合理的，工业 SO_2 与烟尘排放数据的准确程度可以接受。

第四节　中国工业大气污染排放的产业特征

在过去十年间，工业大气污染物排放经历了结构性转变。工业 SO_2 排放总量从 1998 年的 1587 万吨下降到 2001 年的 1346 万吨，到 2006 年又上升至 2042 万吨，2008 年这一数据再度下降至 1839 万吨。工业烟尘排放总量从 1998 年 1164 万吨下降至 2008 年的 604 万吨。

中国政府从 20 世纪 90 年代开始制定了一连串控制 SO_2 排放的政策和规定（Cao et al., 2009; He, 2005）。一些经济刺激型政策起到了显著的作用，如针对全国范围内特定成立年限、规模的企业征收 SO_2 排放税。在这些政策作用下，90 年代 SO_2 排放量有所下降。

但是受中国持续经济增长的影响，工业能源消耗及其所带来的 SO_2 排放在 2001 年以后持续增长（图 4-1），其中尤其以钢铁、水泥、铝制品产业等为代表的重工业部门为甚。介于此，“十一五”规划强制规定，2010 年 SO_2 排放量要削减到 2005 年总排放量的 90%。为实现这一目标，政府制定了两项重要政策：关停 50GW 低效高污染产能企业和为燃煤企业装备矿物燃料脱硫设备。Cao 等（2009）指出这两项环境政策实施的环境收益是可观的，在很大程度上解释了“十一五”以来工业 SO_2 排放量下降的现象。

为阐明这一变化趋势，本书利用《2009 年工业统计年鉴》工业产品价格指数计算 1998 年平减价格指数，进一步计算了污染排放强度（单位产值的工业污染排放量，其中产值统一为 1998 年价格水平）。正如图 4-1 所示，两种污染物污染强度在 1998~2008 年都有所下降，意味着工业生产排放对大气环境带来的污染有所改观。单位工业产值的 SO_2 排放量从 2.38t/百万元下降到 0.45t/百万元。单位工业产值的烟尘排放量从 1.75t/百万元下降到 0.15t/百万元。从污染强度看也是如此，1998~2008 年两种污染物的污染排放强度都有所下降。污染密集型产业的下降幅度尤其明显。可见，除环境保护政策所发挥的效用外，技术效应与结构效应也使得污染排放强度有所下降（He, 2006, 2010）。

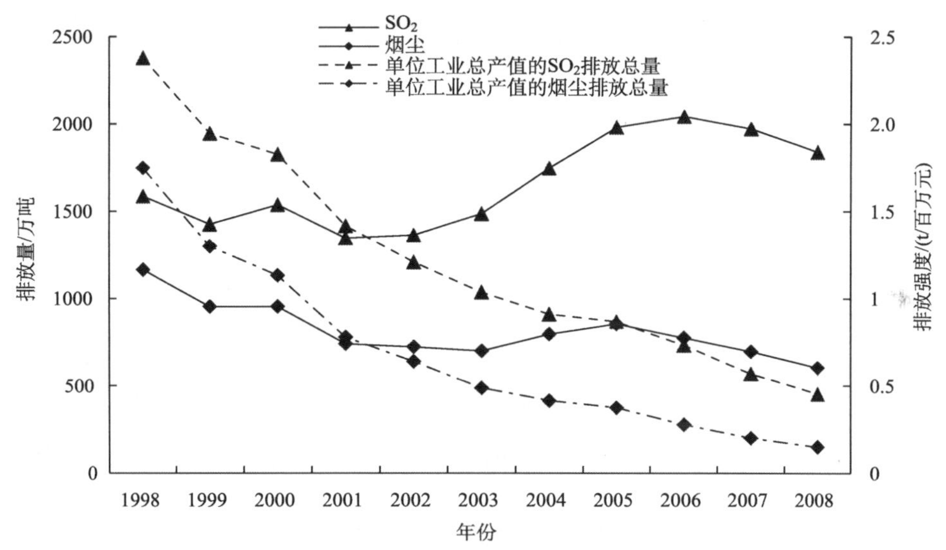

图 4-1　1998~2008 年工业 SO_2 和烟尘排放量及其排放强度

在污染的行业分布方面，中国工业大气污染集中在动力、天然气、水的生产等部门（表 4-1、表 4-2）。这些行业消耗了大量的煤炭，并因此成为主要的 SO_2 和烟尘排放单位。在 1998 年和 2008 年，这几个行业分别产生了 697 万吨和 1063 万吨 SO_2 排放，占工业总排放量的 43.92%和 57.79%；SO_2 排放强度超过所有其余产业，1998 年为 17.46t/百万元，2008 年为 4.0t/百万元。排在这些行业之后，SO_2 排放相对较多的行业有：非金属矿物制品业、化学原料和化学制品制造业、黑色金属冶炼及压延加工业、非金属冶炼及压延加工业、石油加工、炼焦及核燃料加工业、采矿业、造纸和纸制品业、食品、饮料及烟草制造业。这些产业大多为是资源生产和重工业部门，需要大量的能源投入并排放

大量的 SO_2。

表 4-1　各工业部门 SO_2 排放

工业部门	1998 年		2008 年		年增长率/%	排放强度/（t/百万元）	
	总量/t	比例/%	总量/t	比例/%		1998 年	2008 年
采掘业	409470	2.58	451975	2.46	0.99	100.47	13.45
食品、饮料和烟草制造业	464426	2.93	411698	2.24	–1.20	60.44	9.72
纺织业	286415	1.81	263827	1.43	–0.82	65.45	12.33
皮革毛皮羽绒及其制品业	17587	0.11	17347	0.09	–0.14	14.76	2.95
造纸及纸制品业	359459	2.27	462959	2.52	2.56	288.96	58.80
印刷业记录媒介的复制	6953	0.04	3727	0.02	–6.05	12.78	1.39
石油加工及炼焦业	281262	1.77	629183	3.42	8.38	120.74	27.80
化学原料及化学制品制造业	940762	5.93	1035423	5.63	0.96	203.28	30.49
医药制造业	80620	0.51	76271	0.41	–0.55	58.73	9.69
化学纤维制造业	141916	0.89	117031	0.64	–1.91	171.70	29.48
橡胶制品业	64986	0.41	38203	0.21	–5.17	84.88	9.03
塑料制品业	14886	0.09	24196	0.13	4.98	9.94	2.44
非金属矿物制品业	2281547	14.38	1680618	9.14	–3.01	711.99	80.25
黑色金属冶炼及压延加工业	790319	4.98	1607470	8.74	7.36	203.52	35.94
有色金属冶炼及压延加工业	700462	4.42	668786	3.64	–0.46	430.07	31.92
金属制品业	64382	0.41	42277	0.23	–4.12	29.94	2.81
机械、电气、电子设备制造业	262635	1.66	138107	0.75	–6.23	14.65	0.91
电力煤气及水生产供应业	6967926	43.92	10627957	57.79	4.31	1746.46	327.22
其他	1727253	10.89	94725	0.52	–25.20	514.46	3.78
总计	15863266	100.00	18391780	100.00	1.49	237.91	36.24

表 4-2　各工业部门烟尘排放

工业部门	1998 年		2008 年		年增长率/%	排放强度/(t/百万元)	
	总量/t	比例/%	总量/t	比例/%		1998 年	2008 年
采掘业	992537	8.52	185388	3.067	–15.45	243.54	5.52
食品、饮料和烟草制造业	304290	2.61	251282	4.16	–1.90	39.60	5.93
纺织业	148575	1.28	128294	2.12	–1.46	33.95	6.00
皮革毛皮羽绒及其制品业	11305	0.10	10298	0.17	–0.93	9.48	1.75
造纸及纸制品业	259543	2.23	239860	3.97	–0.79	208.64	30.46
印刷业记录媒介的复制	6844	0.06	1827	0.03	–12.37	12.58	0.68
石油加工及炼焦业	187479	1.61	255154	4.22	3.13	80.48	11.28
化学原料及化学制品制造业	517487	4.44	469443	7.77	–0.97	111.82	13.83

续表

工业部门	1998年		2008年		年增长率/%	排放强度/(t/百万元)	
	总量/t	比例/%	总量/t	比例/%		1998年	2008年
医药制造业	48536	0.42	45732	0.76	−0.59	35.36	5.81
化学纤维制造业	58541	0.50	27070	0.45	−7.42	70.83	6.82
橡胶制品业	28403	0.24	18168	0.30	−4.37	37.10	4.30
塑料制品业	7116	0.06	11414	0.19	4.84	4.75	1.15
非金属矿物制品业	2669604	22.92	985294	16.30	−9.49	833.08	47.05
黑色金属冶炼及压延加工业	354375	3.04	570353	9.44	4.87	91.26	12.75
有色金属冶炼及压延加工业	145747	1.25	134907	2.23	−0.77	89.49	6.44
金属制品业	42778	0.37	23020	0.38	−6.01	19.89	1.53
机械、电气、电子设备制造业	177597	1.52	88601	1.47	−6.72	9.91	0.58
电力煤气及水生产供应业	3419778	29.36	2525716	41.79	−2.99	857.14	77.76
其他	2268428	19.47	72691	1.20	−29.11	675.65	2.90
总计	11648963	100.00	6044512	100.00	−6.35	174.71	11.91

石油加工、炼焦及核燃料加工业、黑色金属冶炼及压延加工业、塑料制品业、纸制品业经历了显著的 SO_2 排放水平的增长。石油加工、炼焦及核燃料加工业年 SO_2 排放增长率为 8.38%，黑色金属冶炼及压延加工业的增长率为 7.36%。与之相对，很多产业已经成功地控制并减少了它们的 SO_2 排放。机械制造业、电气和电子设备制造业、印刷和复印、橡胶制品、金属制品和非金属矿物制品业的 SO_2 排放下降水平最为显著，以超过年均 3%的速度下降。

初始污染强度越高，污染密集型生产及动力生产中对 SO_2 减排技术的需求越为严格，工业 SO_2 排放强度在这十年间的下降幅度越大（Cao et al., 2009）。非金属矿物制品业 SO_2 排放水平从 7.11t/百万元下降到 0.87t/百万元，非金属冶炼及压延加工业从 4.3t/百万元下降到 0.51t/百万元。对于污染强度不高的产业，上述现象虽没有上述产业明显，但趋势同样存在。橡胶制品业、纺织业、食品和饮料制造业、医药产业相对于十年前，污染水平也有所下降。

烟尘排放的产业结构特征与 SO_2 相似，排放强度快速下降区间为 1998~2001 年。到 2008 年，所有烟尘排放密集的产业排放强度都在 0.55t/百万元以下。除了石油加工、炼焦及核燃料加工业、塑料制品业、金属矿物冶炼和压延加工业，所有的产业在 1998~2008 年都经历了显著的工业烟尘排放水平的下降。动力、天然气和水的生产占据了工业烟尘排放总量的绝大部分，而且比例有所上升，从 1998 年 29.36%增加到 2008 年的 41.79%。排名紧随其后的为非金属矿物制品业（1998 年为 22.92%，2008 年为 16.30%）、采矿业（1998 年为 8.52%，2008 年为 3.07%）、化学材料和化学制品制造业（1998 年为 3.04%，2008 年为 9.44%）。其中，作为烟尘排放密集产业，非金属矿物制品业的烟尘排放强度下降最为显著，从 1998 年的 8.33t/百万元下降到 2008 年的 0.51t/百万元。采矿业、印刷业、非金属矿物生产等行业的烟尘排放水平也迅速减少。

在初始排放强度相对较低的产业中，食品、饮料、腌菜制品业、医药产业、纺织和服装制造业、橡胶和金属制品业的烟尘排放强度也有所下降。例如，食品、饮料和腌菜制品业烟尘排放水平从 0.4t/百万元下降到 0.07t/百万元，橡胶产业从 0.37t/百万元下降到 0.05t/百万元，医药产业从 0.36t/百万元下降到 0.05t/百万元。到 2008 年，所有非烟尘排放密集型产业其污染排放强度都低于 0.1t/百万元。行业间烟尘排放强度的差异仍然非常显著。

第五节　地级市工业大气污染的空间分布特征

《中国城市统计年鉴》从 2003 年起统计工业 SO_2 和烟尘排放数据。但 2003 年西部地区陕西、甘肃、青海、宁夏、新疆、西藏等省份有 25 个城市数据存在缺失，因此采用 2004~2008 年的工业 SO_2 和烟尘排放强度数据，探究这五年间，包括所有地级市、副省级市，以及直辖市在内的 287 个地级市的工业大气污染强度的差异特征。总体上来说，SO_2 排放在空间上较为分散（图 4-2）。长三角、山东半岛、京津冀，以及包括河北南部、河南、山西在内的中北部地区，四川盆地以及珠三角地区是排放强度相对较高的地区。2008 年，中国北方污染加重，产业 SO_2 排放主要集中在北方规模较大的重污染城市，相比之下沿海城市在降低污染排放，特别是降低 SO_2 排放强度方面表现更有成效。分析原因可能是沿海城市参与到经济全球化中，对外商投资和国际市场的依赖度更高，而外商投资和出口有助于提升沿海城市的环境标准，因此污染情况有所缓解。此外，沿海区域相对于内陆城市来说也面临更强的环境规制（Van Rooji and Lo, 2010）。在财政分权方面，中西部中心区域更容易取得高税收和高收益，因而地方政府在这些区域发展污染产业的动力更强。因此这些区域的中心城市更容易发展成为污染密集地区。

2004~2008 年，大多数中心城市工业烟尘排放强度有所下降（图 4-3）。相比之下，中北部地区是中国工业烟尘排放最为集中的地带，包括天津、山西、河南和河北。除中北部地区外，工业烟尘排放在中国东北部地区分布也比较集中，哈尔滨、吉林、铁岭、齐齐哈尔、佳木斯、锦州和大庆工业烟尘排放强度较大。这说明东北地区，尤其是拥有重工业结构的城市，仍旧维持着烟尘排放密集的生产方式，如佳木斯、伊春、鸡西、阜新、牡丹江、白山、七台河、黑河、双鸭山、白城和齐齐哈尔等。其余烟尘排放分散相对集中的地区包括长三角、广东-广西（包括广州、深圳、南宁、柳州、贵阳和榆林）、四川东部盆地、湖北武汉城市群，以及湖南长株潭城市群等。沿海城市中长三角、珠三角地区在工业烟尘减排方面成效更加显著。

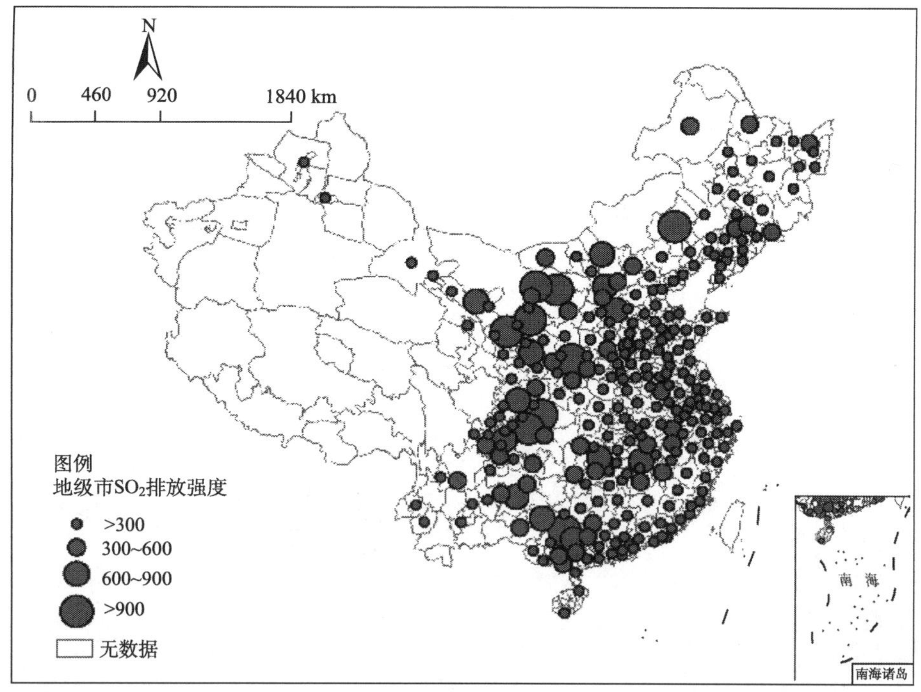

(a) 2004年

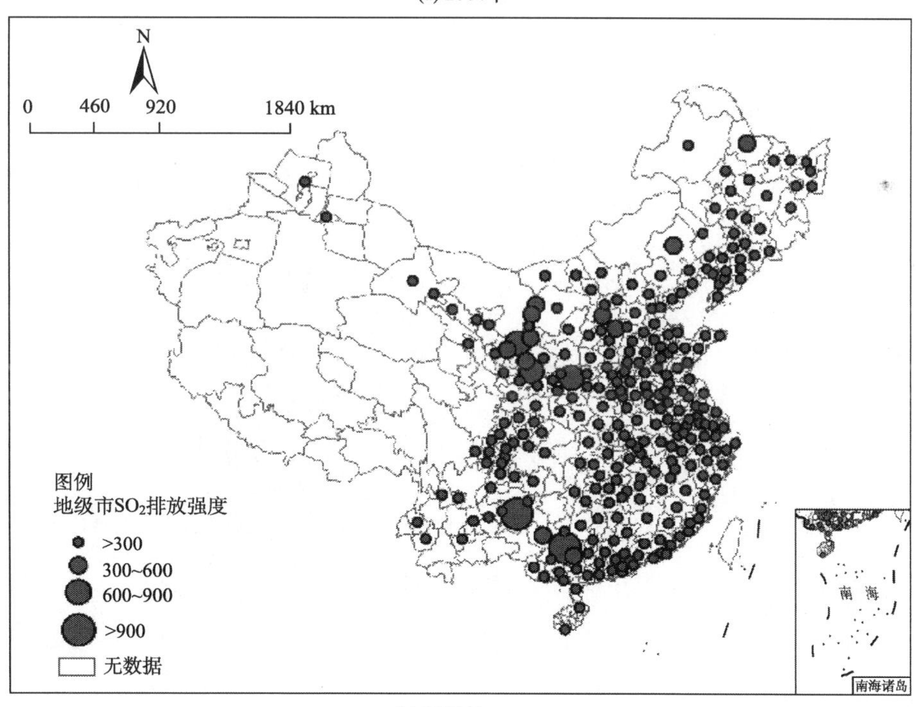

(b) 2008年

图 4-2 中国城市工业 SO_2 排放强度空间分布

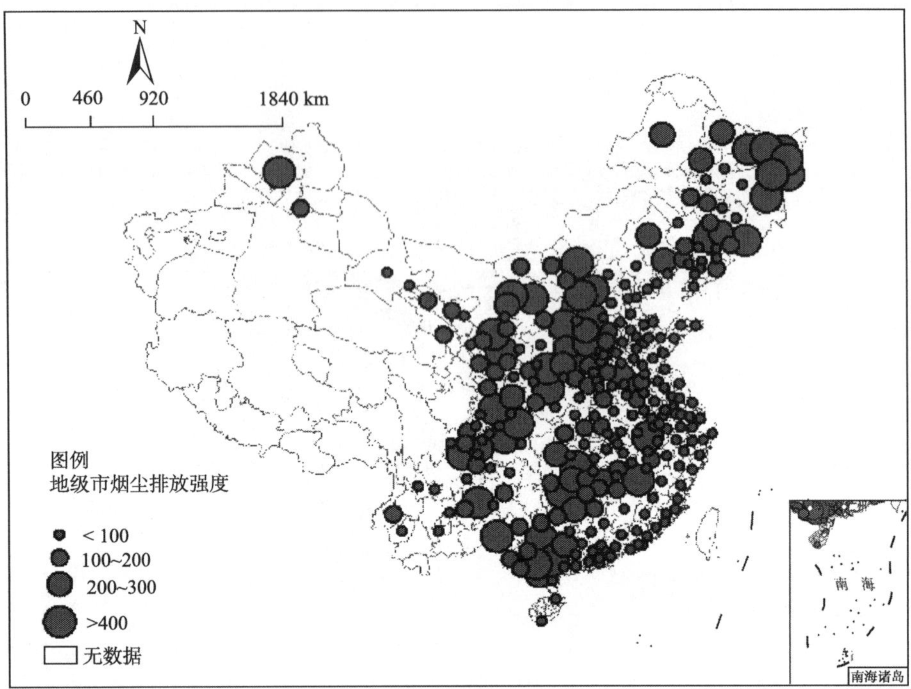

(a) 2004年

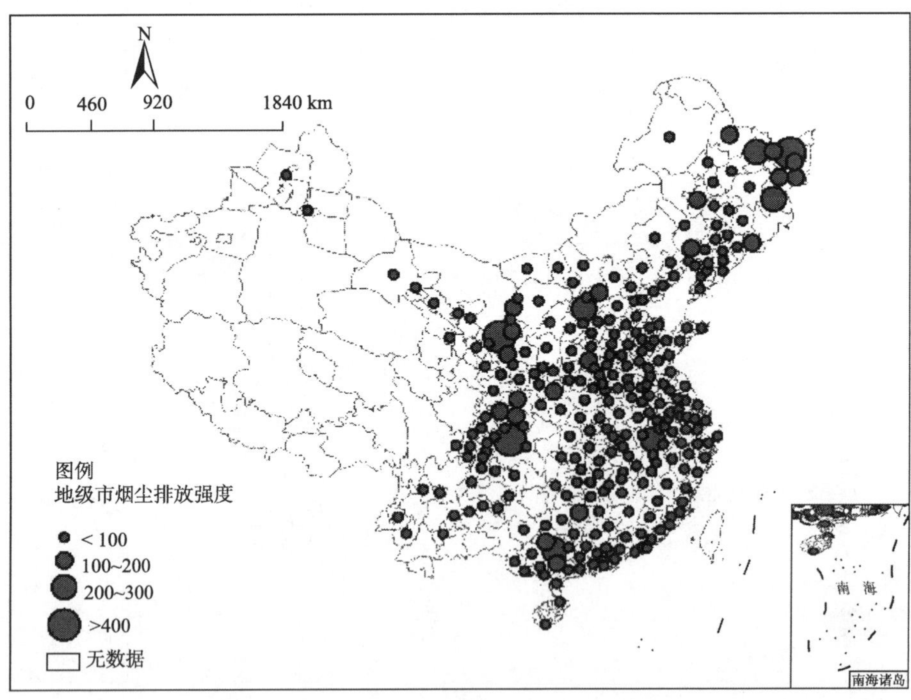

(b) 2008年

图 4-3　中国城市工业烟尘排放强度空间分布

第六节　实证研究结果

一、变量和模型

为了明确理解城市间工业大气污染排放强度差异，本书采用2004~2008年面板数据进行回归，分析经济转型背景下，市场化、全球化，以及财政分权化对工业污染排放强度的影响，同时控制产业组成和EKC效应。回归模型如下：

$$\begin{aligned}\ln SOT2_{it}(\text{or}\ln TSOOT_{it}) &= \beta_1 \ln PGDP_{it} + \beta_2(\ln PGDP_{it})^2 + \beta_3 \ln SOES_{it} + \beta_4 \ln COES_{it} + \\ &\beta_5 \ln LIMD_{it} + \beta_6 \ln SHOLD_{it} + \beta_7 \ln PRIV_{it} + \beta_8 \ln FDI_{it} + \beta_9 \ln EXP_{it} + \\ &\beta_{10} \ln IMP_{it} + \beta_{11} \ln FDEC_{it} + \beta_{12} \ln VTAX_{it} + \sum_{k=1}^{9} \alpha \ln INDU_{itk} + \lambda_t + \nu_{it}\end{aligned} \tag{4-1}$$

式中，i=1,…, N; t=1,2,3,4,5。因变量为SO_2以及烟尘的污染排放强度（TSO_2、TSOOT）；i和t分别为城市和年份。

自变量主要关注经济转型的环境效应。市场化对中国城市工业大气污染排放强度变化中有重要作用，因而加入不同类型企业在工业总产出中所占比例，来探究市场化的环境影响，包括国有企业（SOES）、集体所有制企业（COES）、有限责任公司（LIMD）、股份公司（SHOLD），以及私营企业（PRIV）等。正如理论分析的，SOES会对城市环境有害，因此SOES变量的系数应为正。其他变量的系数也应为正。为了研究经济全球化对于中国城市环境的影响作用，引入外商投资工业占比（FDI）、出口占GDP比例（EXP）、进口占比（IMP）来量化贸易与投资自由化。若“污染避难所”假说确实存在，那么FDI和EXP两变量系数应为正，同时IMP系数为负。财政分权应当对本地环境有害。本书选择的分权化变量包括本地投资占收益比例（FDEC）以及本地收益增加值税收（VTAX）。两个变量均应为正。此外，加入人均GDP及其平方项以捕捉规模、技术效应的存在，检验EKC效应在城市层面是否存在。一般认为，污染排放与人均GDP之间呈现倒U形曲线的相关关系，人均GDP处于较低水平时，污染的高排放来源于规模效应，而人均GDP处于较高水平时，污染排放的降低则来源于技术效应（Cole et al., 1997）。不随城市不同而变化，且包含所有未加入回归模型中的时间固定效应因素，是随机扰动项。

本书控制了中国城市工业构成变量，包括九类污染密集型产业的工业总产出（INDU）。污染密集型产业由采矿业（INDU1）、造纸与纸制品业（INDU2）、石油加工、炼焦及核燃料加工业（INDU3）、化学材料与化学制品制造业（INDU4）、化学纤维制造业（INDU5）、非金属矿物制品业（INDU6）、黑色金属冶炼及压延加工业（INDU7）、有色金属冶炼及压延加工业（INDU8），以及电力燃气及水的生产和供应业（INDU9）构成。所有的变量详细信息见表4-3。

表 4-3　因变量与自变量的定义

变量	定义
TSO_2	工业 SO_2 排放总量除以工业总产值
TSOOT	工业烟尘排放总量除以工业总产值
PGDP	人均 GDP
SOES	国有企业产值占工业总产值比例
COES	集体所有制企业产值占工业总产值比例
LIMD	有限责任企业产值占工业总产值比例
SHOLD	股份公司产值占工业总产值比例
PRIV	私营企业产值占工业总产值比例
FDI	外商企业产值占工业总产值比例
EXP	出口总额占 GDP 比例
IMP	进口总额占 GDP 比例
FDEC	地方支出占地方财政收入比例
VTAX	附加值税占地方财政收入比例
INDU	污染密集型产业占工业总产值比例：采矿业（INDU1）、造纸与纸制品业（INDU2）、石油精炼与炼焦（INDU3）、化学材料与制品业（INDU4）、化学纤维（INDU5）、非金属矿物制品业（INDU6）、黑色金属压延加工业（INDU7）、有色金属压延加工业（INDU8）、能源天然气与及水生产业（INDU9）

二、实证研究结果

该模型在控制了 EKC 效应和工业种类构成的前提下，分别检验市场化、全球化和分权化的环境影响效应。并将所有的变量都取对数后进行回归。假设在 2004~2008 年工业污染排放强度持续下降，模型中包含时间固定效应。SO_2 和烟尘排放强度的面板模型回归结果见表 4-4。Breusch-Pagan 检验结果显示存在异方差，因此需要进行异方差修正。

回归结果证实了中国城市 EKC 效应的存在，lnPGDP 和 $lnTSO_2$（或 lnTSOOT）之间存在显著的倒 U 形曲线关系，经济发展会提升中国城市环境污染水平。中国作为发展中国家，经济水平相对较低，因此，伴随着城市的工业化进程，经济发展带来严重的环境污染。只有当人均 GDP 达到一定水平后，污染排放强度才会随经济发展而逐渐下降。

经济自由化带来了城市环境质量的下降。在 SO_2 模型中变量 lnLIMD 和 lnSHOLD 的系数为正，变量 lnPRIV 和 lnCOES 系数为负。然而，只有 lnLIMD 系数显著，意味着中国城市有限责任制公司会带来更高的 SO_2 污染强度。在烟尘模型中，变量 lnLIMD、lnSHOLD 和变量 lnPRIV 显著为正，lnCOES 系数为正但不显著。这说明有限责任公司、股份公司和私有企业会带来中国城市工业企业排放强度的提升。对于环境规制较弱的情况，非国有制企业缺乏对于污染排放缩减的动机（Eiser et al., 1996），并且非国有制企业履行环境政策要求的难度较大（Jahiel, 1997）。从回归结果来看，市场化带来了中国城市环境退化。

表 4-4 污染排放强度面板模型回归结果（N=1430）

变量	工业 SO_2 排放强度（$lnTSO_2$）				工业烟尘排放强度（lnTSOOT）			
	市场化	全球化	分权化	全模型	市场化	全球化	分权化	全模型
lnPGDP	1.4351**	2.7011***	2.7690***	1.569**	1.4085*	2.2396***	3.8969***	1.8426****
lnPGDP*	–0.0978***	–0.1612***	–0.1677***	–0.1003***	–0.1111***	–0.1452***	-0.2336***	–0.1128***
lnLIMD	0.4731***			0.4452***	0.5047***			0.4097***
lnSHOLD	0.0137			0.0196	0.0998***			0.0492
lnPRIV	–0.0174			–0.0207	0.1169***			0.1061**
lnCOES	–0.0153			–0.0109	0.0189			0.0095
lnSOES	0.1411***			0.1347***	0.1857***			0.1342***
lnFDI		–0.1019***		–0.0017		–0.0713**		0.0364
lnEXP		–0.2790***		-0.1771***		–0.4106***		–0.3146***
lnIMP		0.1178*		0.1189*		–0.1103		–0.0768
lnFDEC			0.1695**	0.1059			0.4630***	0.4040***
lnVTAX			0.2573***	0.2580***			0.1297*	0.1867***
lnINDU1	0.2036***	0.1910***	0.2228***	0.1786***	0.2430***	0.2020***	0.2700***	0.1964***
lnINDU2	–0.1207***	–0.1571***	–0.1640***	–0.1150***	–0.1454***	–0.1741***	-0.1842***	–0.1394***
lnINDU3	–0.0151	–0.0331	–0.0298	–0.0123	0.0235	0.0057	0.0052	0.0277
lnINDU4	0.1035***	0.1003***	0.1092***	0.1036***	0.0586	0.0661*	0.0843**	0.0662*
lnINDU5	–0.1139***	–0.1123***	–0.1351***	–0.1049***	–0.0675	–0.0644	–0.0781*	–0.0550
lnINDU6	–0.0765*	–0.1294***	–0.1147**	–0.0654	0.0200	–0.0200	–0.0080	0.0075
lnINDU7	0.0597***	0.0680***	0.0840***	0.0610***	0.0413*	0.0482**	0.0689***	0.0446**
lnINDU8	0.0760***	0.0834***	0.1011***	0.0716***	0.0305	0.0353	0.0574**	0.0422*
lnINDU9	0.0636*	0.1312***	0.0938***	0.0651**	0.0114	0.0827**	0.0171	0.0104
Time dummy	Included	Included	Included	Included	Included	Included	Included	Included
Adjusted R^2	0.46	0.42	0.40	0.47	0.52	0.51	0.48	0.54
F-value	61.86	57.54	57.98	51.78	78.70	83.56	78.47	68.81
Breusch–Pagan $x2$	229.36	154.36	151.93	262.45	139.32	128.55	121.35	131.70

***表示 $p<0.01$; **表示 $p<0.05$; *表示 $p<0.10$。

在 SO_2 和烟尘排放模型中，lnSOES 的系数显著为正，意味着国有企业与中国环境污染的负相关。这一回归结果与 Wang 和 Wheeler（2000）所得的结果相一致，他们认为国有企业相对于私营企业会导致更为严重的污染问题。原因在于，国有企业面对地方政府时具有较强讨价还价的能力，有机会逃脱环境规制的惩罚，因而减少污染排放水平动力更小（Wang et al., 2003）。并且，由于国有企业会为地方官员带来更多的利益，地方政府拥有更强的动机来保护国有企业。例如，地方政府官员可以在国有企业中安排他们的亲属、朋友和政治支持者工作，同时，本地政府可以改变国有企业资金用途转为公共用途或转为私用（Bai et al., 2004）。

“污染避难所”假说没有得到支持。在模型 2 中因变量无论是 SO_2 还是烟尘排放，变量 lnFDI 和 lnEXP 都显著为负。中国城市外资企业和出口都与较低水平的工业大气污染排放强度相联系，意味着依靠外资和国际市场的城市多以非污染密集型产业为主。这证实了 Wang 和 Jin（2002）的结论，他们基于个体研究数据进行研究发现，外资企业具有更好的环境表现。“污染避难所”假说预测，跨国公司会在类似于中国的发展中国家寻求环境污染避难天堂。据此，参与经济全球化活动将不利于中国城市大气环境质量。然而，贸易和投资自由化对于环境的影响根源在于本国是否具有发展污染密集型工业的比较优势（Cole, 2003）。廉价丰富的劳动力资源是我国重要的比较优势，因此劳动密集型产业得到快速发展，在吸引外商投资的同时增加出口。劳动力密集型产业相比资源密集型产业来说，大多为非污染密集型产业。在烟尘模型中，lnIMP 变量系数为负且不显著，但在 SO_2 模型中则显著为正。由于更为先进的技术根植于进口设备及机器中，更多的进口天然气、原油等先进设备会降低工业烟尘排放水平。

如上述讨论预期，财政分权与中国的环境恶化相关。在模型 3 与模型 4 中，变量 lnFDEC 和 lnVTAX 系数为正。意味着地方预算约束强度、财政收入对工业增长的依赖程度与工业大气污染相关。财政分权通过调整地方税收结构，激励地方政府进行预算约束，推进产业发展以巩固地方收益（Zhao and Zhang, 1999）。由此为吸引高税收和高附加值产业而激发的“逐底竞争”导致了环境规制和标准的降低（Taguchi and Murofushi, 2010）。可见，区域分权化阻碍了地方政府对非国有企业施加环境规制，因而非国有企业缺乏将环境负外部性内部化的动机。而国有企业在面临有限的预算约束的城市中拥有更强讨价还价的能力，同时在不减少污染排放量的同时规避环境成本。由此，市场化和分权化使得中国环境保护极为困难。

总的来看，经济转型的三重过程具有不同的环境影响。市场化和分权化加重了环境破坏，经济全球化则提升了中国城市环境质量。然而，中国不同地区的经济转型具有显著和明显的区域差异。中国各区域在区位、产业结构、技术、制度环境，以及政府政策各方面都存在差异。

进一步探究回归结果的稳健性，将中国城市划分为：沿海、中部以及西部省域。工业 SO_2 和烟尘模型分别在三个模型中进行检验。数据回归结果见表 4-5~表 4-7。所有模型都高度显著，沿海城市模型结果最好，西部城市则最差。面板回归模型显示了经济转型对于环境污染强度影响的区域差异。沿海城市 lnGDP 和 lnTSO2 以及 lnTSOOT 之间存在正 U 形区域而非倒 U 形曲线。EKC 效应更可能出现在内陆城市，意味着可以通过促进经济增长来提升内陆城市的环境质量。反向 EKC 效应的出现可能与沿海区域近来重工业化进程的推进而存在。自从 20 世纪 90 年代以来，一些沿海省份已经开始通过发展重工业，如化学制品制造业、钢铁制品业和机械装备制造业来升级产业结构。重工业跨国重新布局在中国，较强的国内需求预期以及地方政府对 GDP 的追求开启了中国近来重工业化进程。

表 4-5　东部城市污染排放强度面板模型回归结果（N=575）

变量	工业 SO_2 排放强度（$lnTSO_2$）				工业烟尘排放强度（lnTSOOT）			
	市场化	全球化	分权化	全模型	市场化	全球化	分权化	全模型
lnPGDP	–4.7882***	–5.4497***	–4.4083***	4.6615***	–5.1332***	–6.0645***	–3.6417**	–5.0441***
lnPGDP* lnPGDP	0.1987***	0.2361***	0.1793***	0.2001***	0.2004***	0.2597***	0.1263	0.2149***
lnLIMD	0.2928***			0.2838***	0.2527***			0.2300***
lnSHOLD	0.0817**			0.0816*	0.1395***			0.1039*
lnPRIV	–0.0366			0.0238	0.2021**			0.1786*
lnCOES	0.2006***			0.2024***	0.1331*			0.1139
lnSOES	0.1327***			0.1427***	0.2406***			0.1919***
lnFDI		–0.1135*		0.0065		–0.0442		0.0697
lnEXP		–0.3332***		–0.2109*		–0.4719***		–0.3423***
lnIMP		0.1149		0.1563		-0.0953		–0.0204
lnFDEC			0.1613	0.2622			0.3526*	0.4748*
lnVTAX			0.2012	0.2730**			–0.0897	0.0219
lnINDU1	0.1711***	0.1700***	0.2183***	0.1502***	0.1584***	0.1162***	0.1953***	0.1170***
lnINDU2	–0.0228	0.0418	–0.0530	0.0007	–0.1968***	–0.2388***	–0.2269***	–0.1643**
lnINDU3	–0.0748***	–0.0707**	–0.0511*	–0.0671**	0.0238	0.0305	0.0362	0.0211
lnINDU4	0.1695***	0.1717***	0.2109***	0.1697***	0.1326**	0.1501**	0.1954***	0.1377**
lnINDU5	–0.0436	–0.0260	–0.0631	–0.0384	–0.0031	0.0211	0.0015	0.0275
lnINDU6	–0.2240***	–0.2179***	–0.2155***	–0.2105***	–0.0791	–0.0807	–0.0666	–0.0815
lnINDU7	0.1214***	0.1522***	0.1679***	0.1104***	0.1409***	0.1600***	0.1770***	0.1270***
lnINDU8	0.1025***	0.0803**	0.0889**	0.0875**	0.1044**	0.1011**	0.1224**	0.0981**
lnINDU9	–0.0659	–0.0578	–0.0668	–0.0542	–0.1670**	–0.1170*	–0.1891***	–0.1724***
Time dummy	Included	Included	Included	Included	Included	Included	Included	Included
Adjusted R^2	0.49	0.47	0.46	0.50	0.57	0.57	0.53	0.58
F-value	28.75	29.51	29.22	24.04	39.58	43.30	39.16	33.14
Breusch–Pagan *x*2	273.42	256.42	246.51	345.26	148.15	130.37	143.33	173.34

***表示 $p<0.01$; **表示 $p<0.05$; *表示 $p<0.10$。

表 4-6　中部城市污染排放强度面板模型回归结果（N=500）

变量	工业 SO_2 排放强度（$lnTSO_2$）				工业烟尘排放强度（lnTSOOT）			
	市场化	全球化	分权化	全模型	市场化	全球化	分权化	全模型
lnPGDP	3.8425**	2.2425	0.7819	2.7759**	3.9592**	3.0267*	2.1852	3.2987**
lnPGDP* lnPGDP	–0.2020**	–0.1189	–0.0344	–0.1390*	–0.2172**	–0.1673*	–0.1107	–0.1644**
lnLMID	0.5352***			0.4719***	0.4244***			0.3415***

续表

变量	工业 SO_2 排放强度（$lnTSO_2$）				工业烟尘排放强度（lnTSOOT）			
	市场化	全球化	分权化	全模型	市场化	全球化	分权化	全模型
lnSHOLD	0.0528			0.0442	0.0367			–0.0039
lnPRIV	0.2059***			0.1979***	0.2339***			0.1719**
lnCOES	–0.2387***			–0.2278***	–0.1665***			–0.1713***
lnSOES	0.2045***			0.1958***	0.0172			0.0087
lnFDI		–0.1037***		–0.0174		–0.0702*		–0.0134
lnEXP		0.0942		0.0902		0.2772***		0.2503***
lnIMP		–0.0026		–0.1449**		–0.3481***		–0.4226***
lnFDEC			0.3448***	0.2316***			0.6142***	0.5368***
lnVTAX			0.3414***	0.2712***			0.2048**	0.1855**
lnINDU1	0.2517***	0.2339***	0.2303***	0.2287***	0.2698***	0.2556***	0.2653***	0.2479***
lnINDU2	0.0136	–0.0324	–0.0246	–0.0180	0.1200**	0.1373**	0.1244**	0.1396**
lnINDU3	–0.0120	–0.0329	–0.0378	–0.0326	0.0506*	0.0351	0.0405	0.0353
lnINDU4	0.0148	0.1581	0.4137	0.0259	–0.0513	–0.0633	–0.0246	–0.0489
lnINDU5	–0.0572	–0.0981**	–0.0701	–0.0394	0.0249	–0.0287	0.0085	0.0454
lnINDU6	–0.0558	–0.0951*	–0.0554	–0.0297	–0.0955	–0.1151*	–0.0886	–0.0676
lnINDU7	0.0580***	0.0622***	0.0808***	0.0727***	0.0578**	0.0614**	0.0798***	0.0827***
lnINDU8	0.0766***	0.0549*	0.0775***	0.0943***	–0.0260	–0.0195	0.0030	0.0236
lnINDU9	0.1448***	0.2092***	0.1347***	0.1036**	0.1562***	0.1716***	0.0873*	0.0664
Time Dummy	Included	Included	Included	Included	Included	Included	Included	Included
Adjusted R^2	0.45	0.37	0.32	0.47	0.46	0.43	0.46	0.51
F-value	23.56	19.27	21.31	20.37	24.68	24.46	28.70	23.52
Breusch–Pagan *x*2	65.08	85.21	82.76	61.12	65.08	59.78	72.83	86.38

***表示 $p<0.01$; **表示 $p<0.05$; *表示 $p<0.10$。

表 4-7　西部城市污染排放强度面板模型回归结果（*N*=305）

变量	工业 SO_2 排放强度（$lnTSO_2$）				工业烟尘排放强度（lnTSOOT）			
	市场化	全球化	分权化	全模型	市场化	全球化	分权化	全模型
lnPGDP	1.0258	2.7186**	2.9002**	–0.3945	–0.8834	–0.0358	0.8870	–0.9927
lnPGDP* nPGDP	–0.0654	–0.1699***	–0.1784***	–0.1333	0.2216	–0.0339	–0.0713	–0.0196
lnLIMD	0.6082***			0.5227***	0.3363***			0.2850***
lnSHOLD	–0.0572			–0.0504	–0.0638			–0.0247
lnPRIV	–0.1102			–0.0946	–0.0523			–0.0247
lnCOES	0.0087			0.0729	–0.0557			–0.0415

续表

变量	工业 SO_2 排放强度（$\ln TSO_2$）				工业烟尘排放强度（lnTSOOT）			
	市场化	全球化	分权化	全模型	市场化	全球化	分权化	全模型
lnSOES	0.0513			−0.0337	−0.0299			−0.0456
lnFDI		0.0249		0.0115		0.0267		0.0169
lnEXP		0.1781		0.2775		0.0090		0.1019
lnIMP		0.6740***		0.2119		0.6292***		0.3834**
lnFDEC			−0.3462**	−0.3542**			0.0217	0.0287
lnVTAX			0.2160	0.2410			0.1533	0.2002
lnINDU1	0.0329	0.0840*	0.0083	0.0362	0.0801*	0.1165**	0.0661	0.0897*
lnINDU2	−0.1953**	−0.1675*	−0.2170**	−0.1228	−0.1187	−0.0722	−0.1426	−0.0833
lnINDU3	−0.0711*	0.0634	0.0583	0.0778**	0.0440	0.0504	0.0365	0.0537
lnINDU4	0.0638	0.0532	0.0337	0.0089	0.0617	0.0477	0.0512	0.0346
lnINDU5	−0.2668***	−0.1666*	−0.1543	−0.1780*	−0.0753	−0.1131	−0.0232	−0.0320
lnINDU6	0.1500	0.1500	0.2133**	0.2156**	0.2841**	0.3160***	0.3288***	0.3167***
lnINDU7	0.0273	0.0245	0.0180	0.0368	0.0518	0.0419	0.0419	0.0560
lnINDU8	−0.0471	−0.0160	0.0315	−0.0864*	−0.0467	−0.0426	0.0081	−0.0773*
lnINDU9	0.1692**	0.1226*	0.1471**	0.1477**	0.0512	−0.0289	−0.0080	−0.0169
Time dummy	Included	Included	Included	Included	Included	Included	Included	Included
Adjusted R^2	0.30	0.21	0.17	0.33	0.37	0.35	0.32	0.37
F-value	7.63	5.42	4.78	6.98	9.78	10.15	9.57	8.18
Breusch–Pagan $x2$	28.85	23.24	42.33	49.37	42.42	25.20	23.03	52.16

***表示 $p<0.01$; **表示 $p<0.05$; *表示 $p<0.10$。

对于经济转型的三重过程的环境影响，沿海和中部地区基本构成了与全样本相一致的回归结果，西部地区则鲜有显著的回归结果。在市场化方面，对于沿海城市来说，变量 lnPRIV 在 SO_2 回归模型中具有不显著的相关系数，但是其他非国有制代理变量在 SO_2 和烟尘模型中则具有显著为正的系数，显示发展中的非国有制经济，如有限责任公司、股份公司以及集体所有企业会危害沿海城市环境。在中部地区模型中，变量 lnLIMD、lnSHOLD 和 lnPRIV 系数为正，说明有限责任公司以及私营企业的发展对污染物减排有积极作用。在西部地区模型中，只有 lnLIMD 显著为正。其他代理变量系数为负但不显著。值得注意的是，沿海城市模型中，lnCOES 系数显著为负，意味着集体所有制企业对于城市环境改善是有利的。在欠发达的中部地区，国家仍然掌控着重工业、高附加值污染密集型产业，集体所有制企业则大多属于轻工业，因此污染较少。正如研究预期，在沿海以及中部地区模型中，lnSOES 变量显著为正，但在西部城市模型中则不显著为负。在控制工业结构不变的情况下，沿海以及中部地区国有企业对城市环境质量提升没有好处。在沿海及中部城市中，国有企业大多为重工业，如化学材料与化学制品业、黑色金属冶炼及压延加工业、机械与装备制造业。它们是主要的税收来源和 GDP 贡献主体，具有更强的讨价还价能力，因此国有企业倾向排放更多的污染。

不同地区经济全球化对于环境影响的作用差异也很明显。在沿海及西部城市模型中，lnFDI 变量不显著，但在中部模型中，显著为负。中部地区的外商投资企业多为劳动力密集型轻工业或者为高科技产业，如电子产业等，对大气污染排放量的降低有帮助。在沿海模型中 lnEXP 系数显著为负，意味着出口明显提升了沿海城市的空气质量。然而，在中部城市烟尘排放模型中，lnEXP 系数显著为正。这与现实情况一致，中部地区主要出口资源密集型产品和污染密集型产品。进口可能提升中部地区环境条件，但对于西部地区环境条件则有消极作用。

财政分权对于中部城市环境有显著的影响。lnFDEC 和 lnVTAX 两个变量都高度显著为正，显示面临有限预算并以工业增值税为主要收益来源的城市承受着更加严重的大气污染。经济增长的激励以及地方财政压力会激发中部地区克服环境规制障碍，推动污染密集型产业的发展。在过去几年间，中部地区从中央政府获得了有利的政策支持并吸引了从大量沿海地区迁出的企业。这些企业多是出于规避环境规制的原因而进行迁移。并且，在沿海地区，lnFDEC 变量只有在烟尘排放模型中才显著为正，而 lnVTAX 则在 SO_2 模型中显著为正。这说明财政分权对于沿海城市环境也是有害的。总之，经济转型将会产生显著的环境影响，这在沿海和中部地区体现得更加明显。对于东中西三区域的回归模型证明“污染避难所”假说在中国并不成立。

第七节　小结与讨论

过去 30 年间，中国的经济转型在造就引人注目的辉煌同时，也为环境保护带来严峻挑战。本章通过对 2004~2008 年城市层面工业 SO_2 和烟尘排放数据进行描述和回归，探究市场化、全球化以及分权化三种力量共同构成的转型背景对中国城市工业污染排放格局，以及排放强度的影响。结果显示，1998~2008 年，中国工业污染排放强度总体呈下降趋势。污染排放集中于污染密集型产业。在空间分布上，工业大气污染集中于长三角、山东半岛、京津冀、中北部地区、东北部地区、四川盆地，以及珠三角的部分城市中。

经济转型的背景，市场化、全球化、分权化对中国城市大气环境产生了不同的影响。市场化与分权化对于城市大气环境的恶化起推动作用。财政分权似乎引发了“逐底竞争”，激励地方政府降低环境规制标准来吸引高税收和高附加值的污染密集型产业。而经济全球化则有助于城市环境质量的提升。对于不同地区来说，转型背景发挥作用的程度也有所差异。沿海和中部地区的工业污染排放受市场化、全球化和分权化影响显著，但类似效应并未出现在西部地区。原因可能在于，西部地区经济自由化与全球化程度远远落后于其他地区，导致经济转型对环境影响作用的效果不显著。此外，回归结果中没有证据证实“污染避难所”假说。

正如本章所展示的，中国令人瞩目的经济增长伴随着严重的环境污染。现有研究认为规模效应、技术效应与结构效应是决定产业大气污染的关键因素。本书从制度因素出发，研究市场化、全球化、分权化的转型背景对工业污染时空变动的重要作用。市场化使得决策权重新回到企业手中。区域分权化使得权力从中央政府转移到地方。权力和财政分权引发地方政府实施税收导向的环境规制制度，由此打压工业企业内部化环境成本的动机。本书说明中国城市环境水平的提升需要通过地方政府的努力，而地方政府迫切需要被赋予环境友好型的经济发展模式。这一切需要得到改革的支持，包括强化地方环境保护组织的管理权力和独立性、地方收益结构的调整，以及对于地方政府政绩评价考核模式的改变。

第五章　环境规制与城市空气质量

第一节　引　　言

近年来我国经济实现了突飞猛进的发展，然而却以严重的环境恶化为代价（Economy and Elizabeth,2004; He et al.,2012）。据 Economy 和 Elizabeth（2004）报告显示，全世界污染最严重的 20 个城市中，我国独占 16 个，可见目前我国城市空气污染现象十分严重。如今，严重的环境污染问题已引起民众广泛关注，2007 年与 2011 年，反污染抗议活动先后成功的阻止了厦门和大连的 PX 项目落成；2012 年，江苏省启东市与四川省什邡市的环境抗议也演变成了严重的社会事件。然而，我国长期奉行保障“重增长、资源密集、出口导向型”经济发展战略的相关制度，这无疑对环境保护政策措施的实施提出了严峻挑战（Jahiel,1997, 1998; Van Rooij and Lo,2010; He et al.,2012）。

现有的实证研究基于环境库兹涅茨曲线，研究我国各省份的空气污染问题（Shen and Hashimoto, 2004; Shen, 2006; Liu et al., 2007; Poon et al., 2006; He, 2006, 2009, 2010; Song, 2008）。研究表明，在经济发展的早期阶段，污染是不可避免的，然而随着经济发展达到某个转折点，之后污染情况将有所缓解。世界银行系列报告与相关出版物也检验了排污收费、环境补贴、股权结构、工厂与社会压力的制衡对我国工业污染排污行为的影响。（Wang and Chen, 1999; Wang, 2000, 2002; Wang and Wheeler, 1996, 2000, 2005; Wang et al., 2003; Dasgupta et al., 2001）。He 等（2012）认为，市场化与分权危害了城市环境质量，而全球化则对城市空气质量的提升有益。这些研究无疑提升了学者对我国环境恶化的认识。

自 20 世纪 80 年代起，我国逐渐意识到环境保护的重要性，接连出台一系列环境政策、法规和国家标准，形成了控制与防治污染的环境规制制度体系。环境规制制度按目标可分为两类：一类旨在直接规制工业企业的污染排放（Fang et al.,2009），如“三同时政策”（污染治理设施和工厂新建改建扩建部门同时设计、同时施工、同时验收）、排污收费制度、排污权交易制度和环境影响评价制度；另一类则对城市需要达到的环境质量目标做出了规定，如环境保护目标责任制和环境综合整治定量考核制度等。然而由于内容的不完善与执行力的缺失，法律的作用往往是有限的（Ma and Ortolano, 2000; Van Rooij and Lo, 2010），法律制定与执行之间存在一定差距。这种差距在我国尤为明显，这是因为我国环境法规由中央政府制定（Jahiel, 1998; Zhan et al., 2009; Van Rooij, 2010），而由地方政府执行，且各地执行力受不同文化、制度、组织和环境因素的制约而呈现显著差异（Wang and Wheeler, 1996; Schwartz, 2003; Van Rooij, 2010）。

我国制度的特殊性使其成为研究环境规制执行影响因素的热门对象，国内外学者均对此进行大量实证研究，如 Schwartz（2003）验证了国家能力、政府承诺、公众参与等因素可以影响环境规制执行效果；Van Rooij（2010）则强调中央层面政策、社会压力、当地政府承诺、组织能力、监管主体与经济条件等的重要性。一些研究将工业企业的因素引入其中，认为其作为污染排放的主要来源，将对环境规制执行效果产生一定影响，如 Fredriksson 等（2003）发现分权体制下的政府环境规制强度往往弱于集权制政府，因为政府为了吸引外国投资，或者保障本地区企业的竞争优势，竞相降低环境规制执行的强度。但也有结论相反的研究指出，环境规制的执行动力会因为政府对规制执行的成本和收益的衡量而得到改善，消费者和投资者也会对企业的环境表现予以重视，因此，完善的市场经济建设会使得企业因素不一定对环境规制产生消极的影响（Wheeler, 2001）。还有些研究则将社会力量纳入考察因素中，认为社会和民众从环境规制执行中受益，故其对环境规制执行应有一定的影响。研究发现我国的民间环保团体、舆论监督能够对地方政府的环境规制起到"强度不足，但正在逐渐增加的影响"（Tang et al., 2003）。不过，已有文献中针对社会力量的研究还较为分散，以城市内部或者案例比较研究为主（王羊等, 2012），针对全国城市尺度的定量研究较少。

我们认为，上述因素的区域差异将影响我国城市空气污染水平。本章旨在通过实证研究检验影响空气质量的相关环境规制执行效果，基于此提出一个包含环境规制执行能力、执行压力与执行阻力的三维理论框架，采用最佳代理变量定量测算三个维度指标，并最终通过面板数据回归模型验证其重要性。基于 2001~2011 年 API 每日空气污染指数数据，展示了我国城市空气质量趋势与显著的城市间差异。研究结果表明，区域环境规制执行阻力较弱将有助于促进环境规制执行，从而提升城市空气质量；而区域环境规制执行阻力较强，则不利于环境规制的执行与城市空气质量的改善。

第二节　文献综述与理论框架

环境库兹涅兹曲线刻画了经济发展与污染之间的倒"U"形关系（Grossman and Krueger, 1991）。大量实证研究证实，EKC 现象在中国也存在（Shen and Hashimoto, 2004; Shen, 2006; Liu et al., 2007; Song et al., 2008; Poon et al., 2006; He, 2006, 2009, 2010; He et al., 2012）。经济增长对环境质量有着双向影响，早期经济发展产生的规模效应对环境质量有不利的影响，而经济发展后期的结构与技术效应则有利于环境质量的改善（Grossman and Krueger, 1991）。除此之外，与环境规制有关的制度也可以重新塑造经济发展与环境污染之间的关系（Panayotou, 1997; He et al., 2012）。

自 20 世纪 80 年代初，我国逐步建立了控制与防治污染的环境法规体系（Jahiel, 1997），主要依靠"三条腿"：中央政府、地方政府和外部监督（Economy and Elizabeth, 2005）。其中，中央政府主要承担制定与监督职能，地方政府主要承担执法职能，而非政府环保组织的政策宣传与问责能力则相对较弱（Tang and Zhan, 2008）。因此，在目前政治体系下，环境质量的主要责任方是地方环保部门，其必须确保工厂利用改善污染防治技术，安装废物处理设施，减少有害气体的排放，或征收排放超标费用。同时，其也须监管污染型企业投资污染型企业。可以说，地方环保部门必须保有充分权威以履行其职责（Jahiel, 1998）。

然而事实上，地方环保部门从来都只是一个受限于上级权威，而且是一个人力资金不足的弱势机构（Jahiel, 1998; Lo and Leung, 2000; Ma and Ortolano, 2000）。我国的分权管理制度规定，地方政府每年需向各部门提供年度预算资金，并决定其人员、资源（汽车、办公楼等）分配（Jahiel,1998）。而地方政府往往为保护地方经济，将更多资源（资金与人力）分派给主管经济发展的部门，因此，地方环保部门经常处于被边缘化的地位，而且缺乏资源来执行环境法律（Tang et al., 2003; Van Rooij, 2003）。

环保局最难合作的莫过于那些主管经济发展的部门（Chan et al., 1993）。在我国各地“重增长”的发展道路上，规划、经济、建设委员会与工商业部门等为保护地方经济利益，都不愿认可和执行严格的环保政策（Sinkule and Ortolano, 1995; Jahiel, 1997, 1998; Ma and Ortolano, 2000; Tang et al., 2003）。而地方环保部门面临资金、人员、资源等现实问题，尽量避免惹怒市领导或其他政府机构（Chan et al., 1993; Jahiel, 1997, 1998; Tang et al., 1997; Ma and Ortolano, 2000;Van Rooij, 2006）。尤其当环保局没有地方社区与环境组织支持，或面对试图阻挡其执行环境规制的大企业时，这种问题会更加突出（Dasgupta et al., 2001; Lo and Fryxell, 2005）。

此外，我国某些立法过程可能只考虑少数部门利益而快速推进（Lo, 1995），从而导致缺乏地方合理性：地方行为主体不认同国家制定的环境法规条款（Jahiel, 1998; Van Rooij, 2002），往往会制定自己的环境政策指导下级政府执行，以尽量减少对当地经济发展的不利影响。而这也给地方环保部门带来巨大压力，因为他们需确保其执行不违背当地的经济发展（Jahiel, 1997; Ma and Ortolano, 2000）。

综上所述，在我国自上而下的行政结构和分散的管理体制下，系统的制度安排可能对环境规制的执行产生不利影响。现有研究发现，我国环境规制执行效果存在的显著区域差异，而制度因素成为其中重要的解释因素（Schwartz, 2003; Van Rooij and Lo, 2010）。已有一些研究探讨地方环保部门执行效果的影响因素，包括地方污染的严重程度、所有制结构与企业的偿付能力、市民对污染型企业投诉等（Wang et al., 2003）。我们将影响环境规制执行效果的因素分为三类：地方环保部门环境规制执行能力、来自中央政府与社会的环境规制执行压力，以及来自被规制对象（经济发展部门与企业）的环境规制执行阻力，三者构建本书的理论框架。

一、环境规制执行能力

环境规制执行能力主要指地方环保部门执行环境规制政策所拥有的资源、自身管理水平和地方政府执行环境政策的意愿。我国环境法规由中央政府制定，地方政府执行。尽管有众多法律与政策工具的保障，但现实来看，对环境法规的执行情况不容乐观（Mac bean, 2007; Zhan et al., 2009）。为更好地完成环境规制执行，地方政府需具备充分的资金、人力资源，并激励污染排放者向环境规制政策“妥协”，遵从有利环境质量的规制制度安排（Lo and Leung, 2000）。尽管近几年，几个国家环境保护模范城市（包括大连、珠海、厦门等沿海城市）的地方政府为环保部门提供了强有力的支持，甚至几个传统增长型城市（如广州、武汉、成都等）也开始向环境友好型转变，然而目前我国城市环境管理部门仍普遍面临“缺钱”“缺人”的现象（王羊等, 2012; Swanson and Kugn, 2001），已经严重影响了基层环境政策的执行。此现象在西部省份（如四川省等）尤为严重，其归因于环保部门缺乏当地政府支持以及区域环保意识薄弱等。此外，基层政府羸弱的管理水平也成为我国环境政策顺利推行的障碍（Manion, 1991）。

政府执行环境政策的意愿受环境质量目标在政府执政目标中的重要程度影响。我国地方环境管理体系资金严重不足，经常与经济增长目标相对立（Jahiel, 1997; Tang et al., 1997; Lo and Leung, 2000）。中央政府要求地方财政支持重要的社会服务（如教育、医疗、社会福利等），留给环境保护的资金十分有限，这种情况在财政状况较差的地方政府中更加明显（Wong et al., 1995;Wong，2009）。然而近年来，由于环境问题的日益严重和中央政策重视程度的增加，特别是 20 世纪 90 年代以来的环境质量领导负责制度的执行，地方政府在推进经济发展目标的同时，也开始更多地把环境质量的改善作为执政的目标要求（Lieberthal, 1997）。相关研究表明，加强地方环保部门的环境规制执行能力，如提高其资金、增加其人力资源等，可以帮助其克服执法障碍（Dasgupta and Wheeler, 1996; Ma and Ortolano, 2000），促进环境规制执行的有效性与高效性，从而减少我国城市的空气污染。因此，我们提出第一个研究假说，即 H1：环境规制执行能力提升有助于促进环境规制执行，从而改善城市空气质量。

二、环境规制执行压力

目前我国严重的环境问题已引起中央政府高度重视，与此同时，随着我国国民收入稳步上升，当地居民对环境保护的重视程度也与日俱增。二者共同构成了地方政府执行环境规制所受的压力。首先，中央政府的压力可能来自于地方政府在环境规制执行活动中的表现（Van Rooij, 2006），以及环境质量领导责任追究制度（Lo and Tang, 2006）。在执行活动中，中央政府经常组织全国性的检查并惩治违反污染的行为（Van Rooij, 2002; Economy and Elizabeth, 2004），这对地方政府的环境规制执行具有显著的促进作用（Van Rooij, 2002）。中央政府对环境规制执行的压力在沿海地区比内陆地区更为显著，如中央政府对珠三角地区和淮河地区（以执法不严著称）优先进行额外审查等举措。可见，中央政府的压力会迫使地方政府执行更严格的环保规制。

其次，来自环境上访与投诉、集体行动，以及环境污染的社会矛盾产生的社会压力，促使当地政府采取一定措施。随着我国国民收入与受教育水平提升，人们对生活质量提出更高要求，开始关注环境保护。我国部分城市的实证研究证明（Dong et al., 2011; Lo and Fryxell, 2003），社会压力已经开始影响环境规制的执行。随着环境投诉、请愿以及社会舆论对环保事件关注的增加，其促使地方政府规制执行更有效率，也将投入更多的精力来改善环境质量，而公民投诉的发生率与人均收入和受教育水平密切相关（Dasgupta and Wheeler, 1996; Wang and Wheeler, 2003）。位于在人均 GDP 较高地区的工厂将遭受严格的环境管制。环境管制是实现所有（环境）成本与（经济）利益平衡的结果。城市居民的教育水平也与环境规制执行压力存在强烈联系。一方面，教育水平的提升能够通过推进社会民主、环保意识的提高等途径，来增强对政府环境规制的压力。另一方面，较高教育水平的人往往具有较高的收入水平，对环境质量更加敏感（Antle and Heidebrink, 1995），也更加有能力生活在环境质量较好的地区。但一些针对我国的研究呈现了相反的证据，发现我国的教育水平与环境规制执行之间存在负相关关系（Tang et al., 2003），并认为由于我国公共环境意识的缺失（Dong et al., 2011），接受更多教育的公民反而更加忽视环境质量。理论上，压力对环境规制执行力的影响并不确定，然而市民可以通过中央政府颁布的新法规与政策保护环境，社会与中央政府压力的结合能够促进地方政府执行严格的环境规制。因此，我们提出第二个研究假说，即 H2：环境规制执行压力增加有助于促进环境规制执行，从而提升城市空气质量。

三、环境规制执行阻力

污染排放者只有付出成本，并改变既有的生产、社会活动方式才可能满足政府具体的空气质量目标要求。因此，理性的污染排放者有阻碍环境规制政策执行的动机。在政策领域，获得利益相关者的支持并与其合作对政策的有效实施至关重要。环境政策的实施需要与利益相关者开展合作，如政策制定者、地方政府、被管制企业、非政府环保组织和社会团体等（Jahiel, 1998; Imperial, 2005; Thomas et al., 2003）。近年来，外部利益相关者，如民营企业、民间组织等在我国环境治理过程中扮演着越来越重要的角色（Economy and Elizabeth, 2004; Tang and Zhan, 2008）。我国环境规制执行的阻力主要来自负责经济发展的地方政府部门（Lieberthal, 1997; Ma and Ortolan, 2000）与被监管企业（Wang and Jin, 2002; Van Rooij and Lo, 2010）。首先，“重增长”的发展战略下，地方政府往往以经济发展为首要目标，环境保护与经济发展产生冲突时，往往需要环境保护做出让步（Lieberthal, 1997; Van Rooij, 2002）。各级环保部门很难获得积极支持，甚至很难与经济发展相关的部门开展合作。而以经济、规划、贸易、工业等部门为主的政府部门为担心经济增长减缓（Ma and Ortolan,2000），可能共同商议破坏环境规制的执行，尤其是针对环境影响评价的执行（Lo and Leung, 2000; Ma and Ortolano, 2000）。因此，缺乏制度支持使得地方环保部门在执行严格的环境规制时犹豫不决。

其次，环境规制执行阻力来自企业对环境政策执行的“议价能力”。企业在环境规制中的“议价能力”与以下几个因素有关。第一，企业在城市经济发展中的地位。部分企业对城市经济的较强掌控能力，使这些企业在污染排放上具有较高的谈判地位，如 Wang 和 Wheeler（2003）发现，环境评估中评估有效率对区域环境空气质量、当地环境污染投诉、工厂追求利润的能力、所有制、生产、销售和经济部门等指标十分敏感。一般情况下，如果一个或几个大公司可以主宰城市经济，其负责人也许比市长级别更高。此外，研究发现企业垄断对政府环境管理行为有一定影响，如 Lorentzen 等（2010）发现，控制其他影响因素后，城市中企业的垄断程度影响了政府环境执政行为。垄断企业往往从事石油、电力或者其他制造业等高污染行业，政府由于企业垄断而纵容其污染排放，更加加剧了这些城市的污染。除了经济上的垄断，城市企业对政府执政目标的“贡献”也会影响企业的议价能力，因为运行良好的企业能够促进政府实现最基本的两个目标：经济增长和就业（高鸿业，2001）。

第二，企业与政府的“关系”也是影响政府环境规制执行的重要因素（阎云翔, 1994）。如果企业与政府存在较强的“关系”，环境管理部门也更加倾向于放松规制的执行。理论研究也认为，地方政府与企业间的“关系”纽带，会帮助排污企业规避中央环境政策的规制，从而降低企业的环境绩效（姚圣, 2012），如 Wang 和 Jin（2002）发现，国有企业比民营企业对当地政府环境规制的执行有更强的“议价能力”，由于国企管理人员往往比当地政府有更高政治地位，因此，可以获得更轻的污染处罚，从而不利于污染排放的减少。此外，Swanson 和 Kugn（2001）也指出，乡镇企业与执法部门的“关系”是阻碍我国环境政策有效执行的重要因素之一。

然而，地方经济结构的变化可能会减少企业在环境规制中的“议价能力”。随着经济结构逐渐异质化、垄断企业减少、政府与企业逐渐分离，环境规制的执行阻力会趋向减弱。而企业数量的增加则会造成企业激烈的竞争，企业将寻求一切手段削减成本，从而将导致环境规制的执行变得困难（Van Rooij and Lo, 2010）。综上，我们提出第三个研究假说，即 H3：环境规制执行阻力增大不利于环境规制的执行与城市空气质量的提升（图 5-1）。

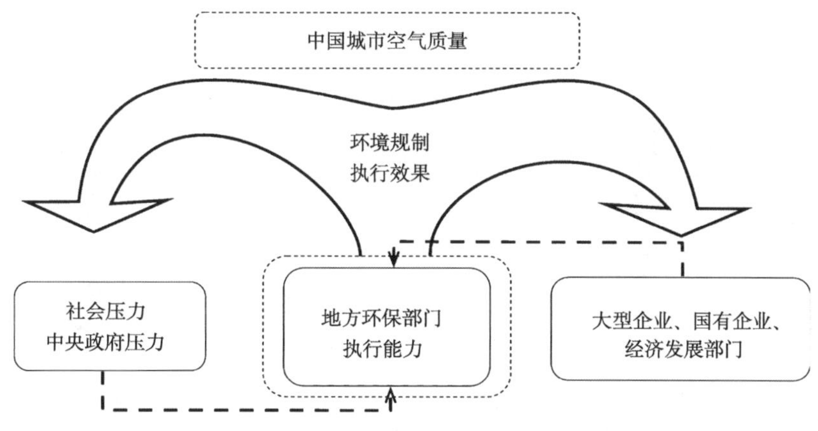

图 5-1　环境规制执行的影响因素分析框架

第三节　中国城市空气质量

一、空气污染指数

执行环境规制目的在于减少污染对城市的危害，空气污染历来都是每个城市环境规制的重要对象，因此，一个城市空气污染的变化情况能够反映地方政府的环境规制执行效果。有多种污染物能够造成空气污染。同一个城市一般有多个监测站点，因此需要将监测数据换算以衡量城市的空气污染状况。我国实践中采用的空气污染指数（API）将空气中首要污染物的浓度按对人类健康影响程度换算成 0~500 的整数。自 2000 年 6 月 5 日起，我国监测了 42 个重点城市每日空气质量状况，并公布了其 API 值。2001~2011 年陆续增加了监测城市数量。到 2011 年年底，已有 120 个城市发布每日空气污染指数（表 5-1、图 5-2）。

表 5-1　我国发布空气污染指数的城市名单

日期	发布 API 城市数量*	新增发布城市
2000-06-05	42	北京、长春、长沙、成都、大连、福州、广州、贵阳、哈尔滨、海口、杭州、合肥、呼和浩特、济南、昆明、拉萨、兰州、南昌、南京、南宁、南通、青岛、汕头、上海、深圳、沈阳、石家庄、苏州、太原、天津、温州、乌鲁木齐、武汉、西安、西宁、厦门、烟台、银川、湛江、郑州、重庆、珠海
2001-06-05	47（5）	北海、桂林、连云港、宁波、秦皇岛
2004-06-04	84（37）	鞍山、宝鸡、长治、常德、赤峰、大同、德阳、抚顺、湖州、济宁、荆州、九江、开封、克拉玛依、柳州、泸州、绵阳、牡丹江、平顶山、齐齐哈尔、曲靖、泉州、日照、韶关、绍兴、石嘴山、泰安、潍坊、渭南、芜湖、扬州、阳泉、玉溪、枣庄、张家界、镇江、淄博
2006-01-01	86（2）	南充、自贡
2011-02-11	120（34）	安阳、包头、保定、本溪、常州、大庆、佛山、邯郸、吉林、嘉兴、焦作、金昌、锦州、临汾、洛阳、马鞍山、攀枝花、三门峡、三亚、台州、唐山、铜川、威海、无锡、咸阳、湘潭、徐州、延安、宜宾、宜昌、岳阳、中山、株洲、遵义

*括号内为新增发布城市数量。

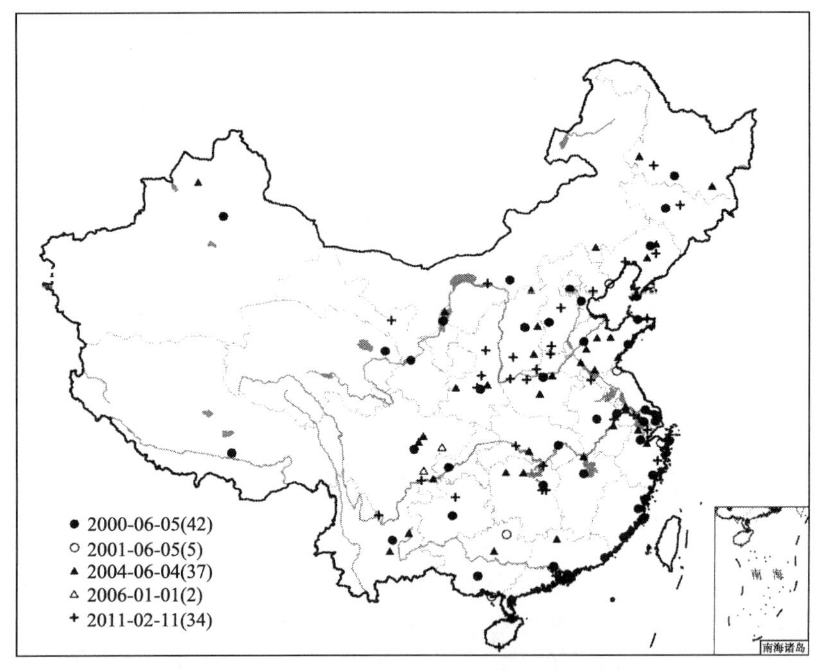

图 5-2　2000~2011 年我国发布空气污染指数的新增城市空间分布

目前的 API 指数涵盖了可吸入颗粒物、二氧化硫、二氧化氮、一氧化碳、臭氧等五种污染物。其中，可吸入颗粒物、二氧化硫、二氧化氮以日均浓度衡量，一氧化碳、臭氧则以时均浓度衡量（表 5-2）。下式为 API 指数的计算方法。其中，PI_p 是污染物 p 的污染指数。I 是最终算得的空气质量指数，C_p 是污染物 p 的日均浓度，BP_{high} 和 BP_{low} 分别代表表中与污染物 p 日均浓度相邻的高、低位值，PI_{high} 和 PI_{low} 分别代表表中与 BP_{high}、

BP_{low} 浓度值所对应的污染指数值。

$$PI_p = \left[\frac{PI_{high} - PI_{low}}{BP_{high} - BP_{low}} (C_p - BP_{low}) + PI_{low} \right] \tag{5-1}$$

API 指数是各污染物 p 的污染指数的最大值，即

$$API = \max\{PI_{SO_2}, PI_{NO_2}, PIPM10, PI_{CO}, PI_{O_3}\} \tag{5-2}$$

根据 API 指数，空气质量可被分为 7 个等级，分别为优（0~50）、良（51~100）、轻微污染（101~150）、轻度污染（151~200）、中度污染（200~250）、中度重污染（250~300）和重度污染（300+）。由于 API 指数的上限是 500（表 5-2），因此，在进行时空变化特征分析时，中位数是一个更好的指标。此外还包括 10%、90%分位 API 指数，以及 API 值大于 150 的天数。

表 5-2　API 指数计算及空气污染指数单个污染物上限值　（单位：$\mu g/m^3$）

API 指数值	50	100	200	300	400	500
PM10	0.05	0.15	0.35	0.42	0.50	0.60
SO_2	0.05	0.15	0.80	1.60	2.10	2.62
NO_2	0.08	0.12	0.28	0.56	0.75	0.94
CO	5	10	60	90	120	150
O_3	0.12	0.20	0.40	0.80	1.00	1.20

二、中国城市空气质量的时空特征与变化

为展示我国城市空气质量的总体变化趋势，我们计算了 2001~2011 年 42 个城市 API 的均值、中位值，以及 API 值大于 150 的天数。同时，使用全样本的城市数据计算相同的指标。结果如图 5-3 所示，在过去十年里，城市空气质量不断改善。42 个城市研究期内的年 API 中位值从 2001 年的 78.81 下降至 2011 年的 63.36，API 值大于 150 的天数则从 24.95 天明显下降至 5.23 天。与此对应，优质空气质量天数（相对于总天数）从 2011 年的 16.22％增加到 2011 年的 25.99%，轻微污染至重度污染的天数（相对到总天数）从 6.84%下降到 1.52％。全样本城市数据具有大体类似的趋势。

然而，不同城市空气质量变化的总体趋势存在明显的差异。如图 5-4 所示，大连、苏州、厦门、广州、昆明等城市的空气质量比较稳定，特别是自 2006 年以来，只有细微波动。例如，大连 2001 年 API 的中位值为 61，2011 年为 59 。昆明两个年份均为 57。一些空气质量较差的城市，如北京、石家庄、太原、重庆、兰州，API 则开始呈现下降的趋势。例如，兰州、石家庄 2001 年的 API 中位值分别为 125 和 126，2011 年则下降为 83 和 71。北京自 2001 年开始为 2008 年奥运会所做的努力颇见成效。2001~2011 年，北京 API 的中位值从 100 下降为 75。部分城市的空气质量则处于恶化状态，这类城市包括宁波、温州等沿海城市，以旅游业闻名的桂林以及新疆的乌鲁木齐。空气质量变化趋势的差异与各地经济、地理和制度因素密切相关。例如，沿海城市普遍奉行重工业化战略，引进化工等重工业，空气污染更加严重。

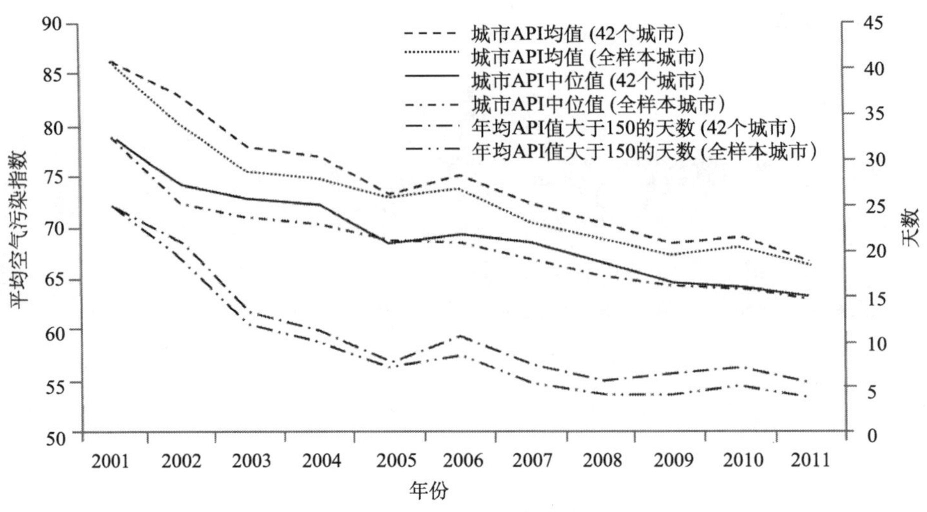

图 5-3　2001~2011 年我国城市空气质量变化的总体趋势

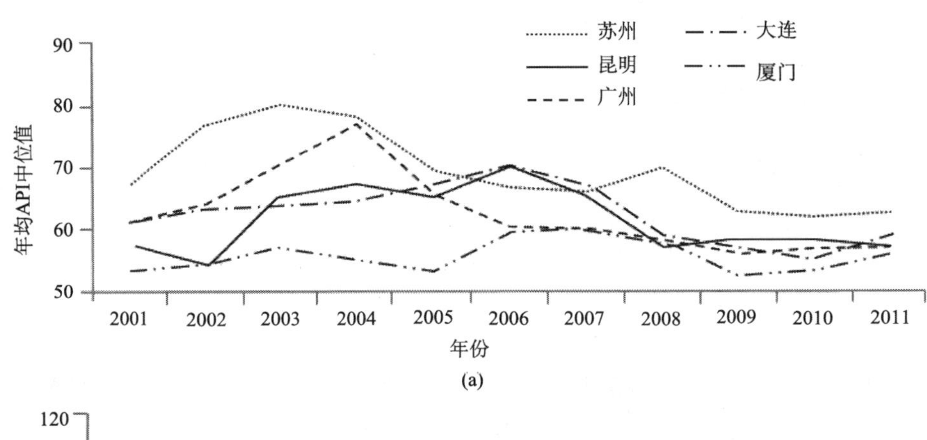

(a)

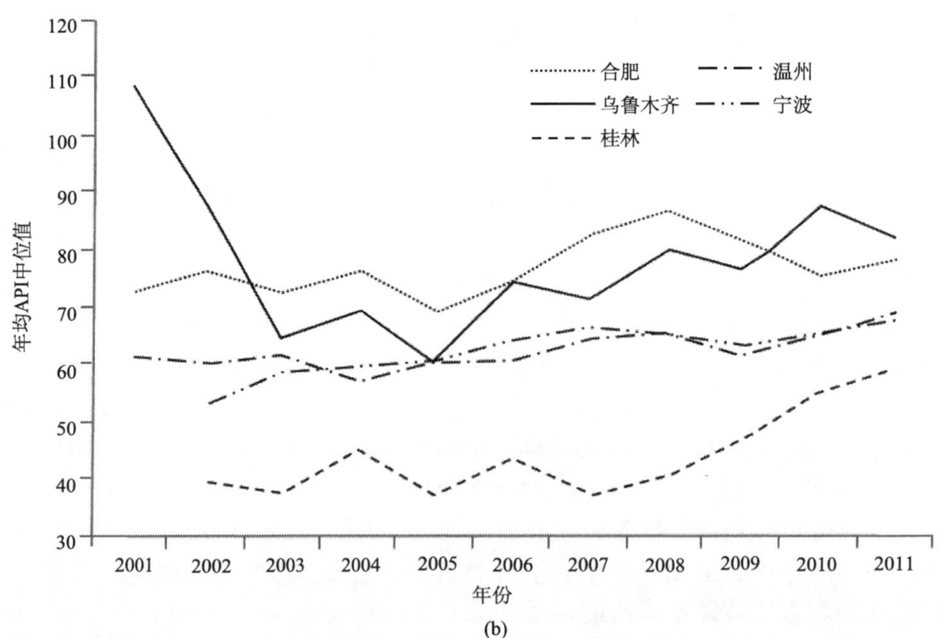

(b)

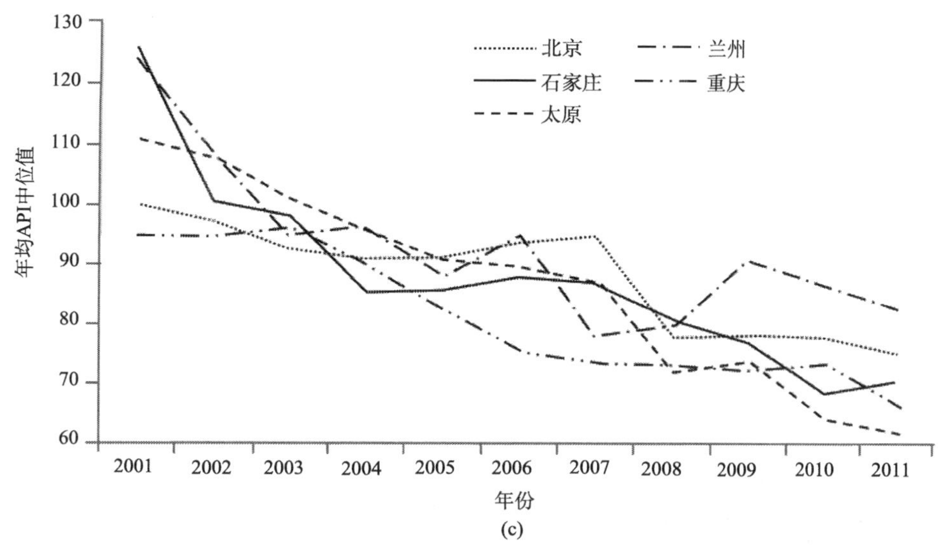

(c)

图 5-4　代表性城市空气质量随时间变化趋势的差异

我国城市之间的空气质量存在显著差异。图 5-5 描绘了 2006 年和 2011 年城市尺度上 API 中位值，以及 10%、90%分位值的空间差异，总体表现出明显的地理分布格局。第一，沿海城市比内陆城市具有更好的空气质量，许多沿海城市 API 的中位值都小于 60。第二，长江以北的城市空气质量差于长江以南的城市。第三，大城市，包括省会城市的空气质量相对较差。最后，内陆和北方城市的差异更加明显。API 的 90%分位值图展示了更严重的空气污染格局，其中南方部分城市也受到严重污染。API 的 10%分位值图类似于中位值图。虽然区域和物理因素是造成我国城市空气质量的空间格局的重要原因，但还存在很多其他因素，识别这些影响空气质量的制度性因素是本书的重点。

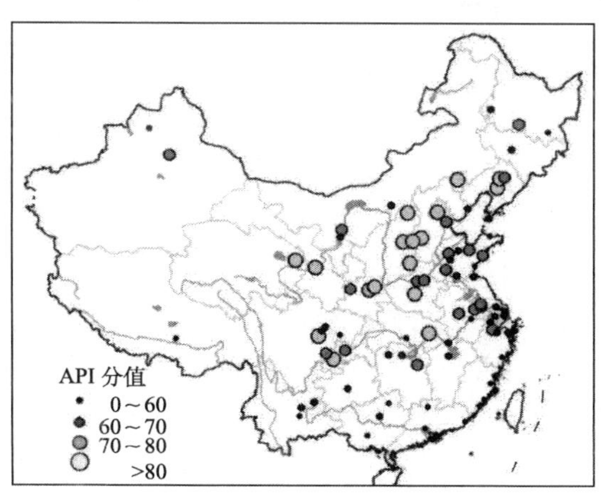

(a) 年API中位值（2006年）

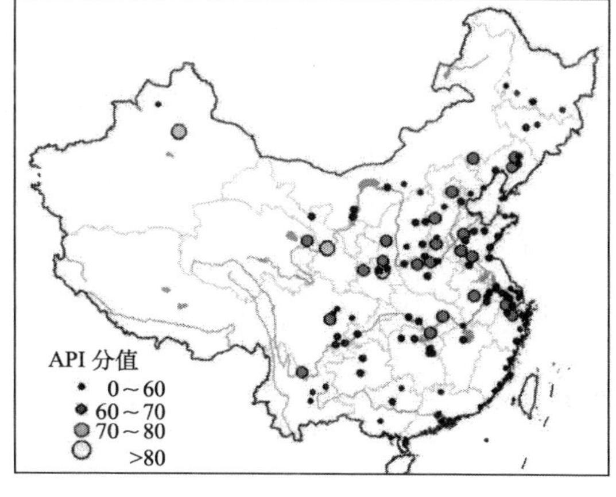

(b) 年API中位值（2011年）

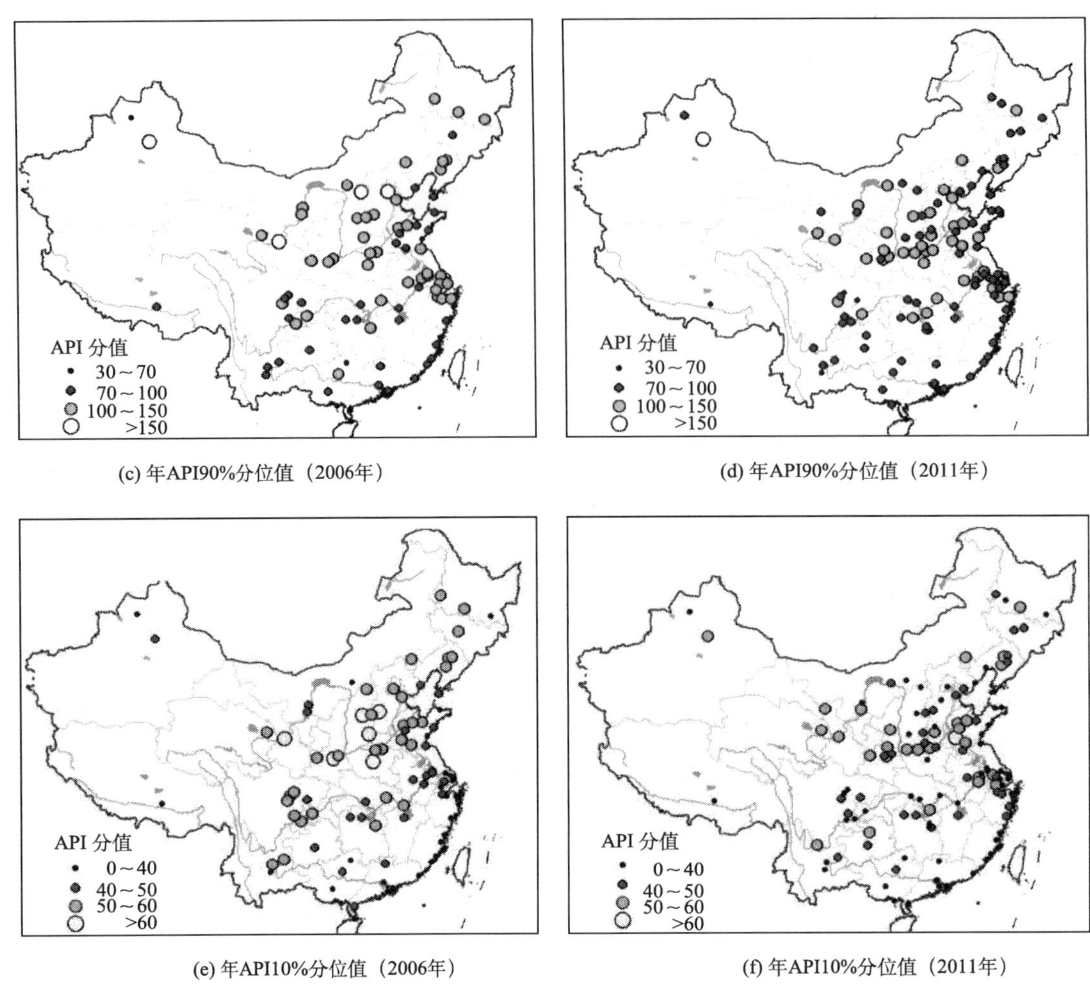

(c) 年API90%分位值（2006年）　(d) 年API90%分位值（2011年）

(e) 年API10%分位值（2006年）　(f) 年API10%分位值（2011年）

图 5-5　2006 年（86 个城市）及 2011 年（120 个城市）城市不同分位空气质量的空间分布

第四节　实 证 研 究

一、变量与模型

为理解我国空气质量的城市间差异并验证研究假说，我们采用 2006~2010 年面板数据构建回归模型，系统研究空气质量的影响因素，重点关注反映环境规制执行能力、执行压力与执行阻力的解释变量对空气质量的影响，同时控制部分自然地理因素。为衡量空气质量，我们研究选取 API 的中位值（API_50）作为主要因变量，此外将 API 的 10%分位值（API_10）和 90%分位值（API_90）作为附加因变量。

第一组自变量为反映环境规制执行能力的代理变量，主要包括城市规模、经济发展水平与人力资源。我们主要采用 POP（城市人口）和 PGDP（人均 GDP）来量化总体执行能力。城市规模对环境保护有一定影响，大城市能够充分运用资源来提升环境与空气质量；然而，空气污染也高度集中在大城市，这意味着经济发展和执行能力的关系可能非线性，只有在经济发展到一定水平时，地方政府才有意愿去执行严格的环境规制。因此我们在模型中引入 SPGDP（人均 GDP 的平方），其与人均 GDP 常被用来验证 EKC 效应（He, 2006,2009; He et al., 2012）。SPGDP 对空气污染的负向影响可以归结为结构和技术效应，作为执行能力的代理变量，预期其系数为负。由于地方政府向地方环保部门提供预算，并给予必要的资源来落实环境规制，因此地方政府的财政支出状况也与环境规制执行能力十分相关（Jathiel，1998）。我们采用 FISC（地方财政支出占财政收入的比例）来衡量财政状况，此比例越高，表明一个城市的财政状况越好，环境规制执行能力越强。FISC 在模型中采用滞后一年来控制其内生性，预期系数预期为负。最后，地方环保部门经常开展各种环保活动，而现实操作却往往由于人员缺乏而困难重重。我们引入每万人中地方环保部门执法的人员数量（EPB）来衡量。由于这一数据只在省级层面可得，因此将其适用于同一个省份所有城市。环境规制执法人员越多，执行能力越强，预期其系数预期为负。

环境规制执行压力有两个来源，中央政府和社会。虽然目前中央政府逐渐重视环境保护，并对地方政府施加压力，然而这一压力难以直接量化。研究年限为 2006~2010 年，正是“十一五”规划的实施期。在“十一五”规划中，中央政府制定了各省节能减排目标，因此，我们用规划目标（EGOAL）来衡量中央政府的压力，并假定同一省城市受到的压力相同。而社会压力则源于当地居民，与经济发展水平和受教育程度相关：拥有较高收入和教育程度的群体往往更关心空气质量。我们引入 CMPL（每万人环境投诉的数量）以及 COLL（每万人大学生的数量）作为社会压力的代理变量，其中，CMPL 在模型中采用滞后一年的形式。由于 CMPL 只有省级数据可得，因此，其适用于同一省市的所有城市。这两个变量系数预期为负。此外，鉴于一些城市正努力发展旅游产业，需要良好的空气质量，从而更激励其施加压力执行严格的环境规制，因此，我们引入一个针对全国重点旅游城市的虚拟变量（TOUR），其系数预期为负。

地方政府执行严格的环境规制时会遇到阻力，其主要与城市的财政状况有关，可能将引发经济增长相关部门的强烈抵制。我们引入了两个变量来量化环境规制执行阻力。首先，由于国有企业与政府机构联系紧密，且比其他类型的企业具有更强的讨价还价的能力（Wang and Wheeler, 2000; Wang and Jin, 2002），因而在国有企业主导经济的背景下，本地环保机构可能面临强大的环境规制执行阻力。在一些不发达的小型和中型城市，少数企业可能从就业、税收、增加值等方面主导经济，地方政府则将会积极保护这些企业。这种主导地位常常给予这些企业在环境规制方面更强的议价能力。我们引入国有企业产值占工业总产值的比例（SOE），以及三个最大的工业企业产值所占的比例（TOP3）来量化执行阻力。强大的执法阻力会导致我国城市的空气质量下降。

最后，还有一系列自然地理因素影响空气质量。在模型中，我们使用海拔、年均降水量、年均风速和年均气温做控制变量，见表 5-3。

表 5-3　变量说明

变量	变量名	具体设置	预期符号
执行能力	POP	城市人口/万人	?
	PGDP	人均 GDP/万元	?
	FISC	财政支出占收入比例	–
	EPB	每万人中在本地环保机构执法的人员数量	–
执行压力	EGOAL	十一五规划中省级节能减排目标	?
	CMPL	每万人环境投诉的数量	–
	COLL	每万人大学生的数量	–
	TOUR	旅游城市虚拟变量	–
执行阻力	SOE	国有企业产值占工业总产值的比例	–
	TOP3	三个最大的工业企业产值所占的比例	
控制变量	ALTITUDE	海拔/masl	–
	RAIN	年均降水量/0.1mm	
	WIND	城市人口/0.1m/s	
	TEMP	城市人口/0.1℃	

二、实 证 结 果

本书首先通过相关分析检验因变量和自变量之间的关系，表 5-4 为相关系数。三个因变量呈显著正相关，但属于中等相关范围内，表明三个因变量的设置是合理的。API_10 和 API_50 的相关系数是 0.87，而 API_10 和 API_90 之间是 0.61。环境规制执行阻力的代理变量与因变量具有预期的相关性，如 SOE 和 TOP3 与 API 正相关。环境规制执行能力和环境规制执行压力的某些变量与 API 则没有预期的相关性，这表明它们的作用显著地受其他因素的限制。而对于自变量之间的相关系数，SOE 和 TOP3 中等相关，相关系数为 0.7031，这符合预期，因为我国典型的大企业一般属于国有企业；两个省级层面的变量 EPB 和 EGOAL 也适度相关，相关系数为 0.68；其他相关系数则都相对较弱。鉴于自变量之间呈中等或弱相关，模型估计中不存在严重的共线性问题。

时间固定效应模型、横截面模型，以及随机效应模型的估计结果如表 5-5 所示。所有模型估计结果均高度显著，且具有很强的解释力。结果表明，自然地理条件对我国城市空气质量有一定影响：雨水较多，风速较高，温度较高的城市更加干净。而在固定和随机效应模型中，年份的虚拟变量也显著负相关，证明了我国城市空气质量的趋势是逐渐改善的。

在控制自然地理条件的显著影响前提下，我们仍可观察到经济、制度因素对提高城市的空气质量的重要性。城市规模对空气质量有显著影响，变量 lnPOP 显著正相关，表明大城市通常空气质量较差。大城市可以提供必要的资源来改善空气质量，但人口、经济活动和交通的高度集中可能会抵消掉环境保护的努力。作为执行能力代理变量，PGDP 及其平方项在所有 API_50 和 API_90 的模型中都几乎不显著。这表明一旦控制了自然地

表 5-4 相关系数矩阵

	API_10	API_50	API_90	lnPOP	PGDP	FISC	EPB	EGOAL	CMPL	COLL	TOUR	SOE	TOP3	lnALT	RAIN	WIND	TEMP
API_10	1																
API_50	0.87*	1															
API_90	0.61*	0.83*	1														
lnPOP	0.04	0.24*	0.30*	1													
GDPP	−0.03	−0.04	−0.14*	−0.34*	1												
FISC	0.05	−0.08	−0.09	−0.35*	−0.12	1											
EPB	0.38*	0.31*	0.22*	−0.07	−0.05	0.05	1										
EGOAL	0.47*	0.45*	0.37*	−0.08	0.10	0.08	0.68*	1									
CMPL	−0.23*	−0.13*	−0.04	0.21*	0.04	−0.15*	−0.29*	−0.25*	1								
COLL	0.09	0.13*	0.08	0.19*	0.17*	−0.11	−0.00	0.04	−0.17*	1							
TOUR	−0.12	−0.05	0	0.12	0.05	0.03	−0.20*	−0.21*	−0.06	0.32*	1						
SOE	0.28*	0.20*	0.25*	0.01	−0.47*	0.12	0.15*	0.05	−0.19*	−0.12	−0.13*	1					
TOP3	0.15*	0.09	0.15*	−0.00	−0.44*	0.001	0.21*	0.11	−0.16*	−0.02	0.04	0.70*	1				
lnALT	0.34*	0.24*	0.24*	−0.20*	−0.31*	0.28*	0.25*	0.25*	−0.27*	−0.04	−0.21*	0.59*	0.43*	1			
RAIN	−0.55*	−0.49*	−0.45*	0.09	0.11	−0.13*	−0.44*	−0.59*	0.24*	0.03	0.12	−0.33*	−0.30*	−0.43*	1		
WIND	−0.13*	−0.15*	−0.16*	0.05	0.22*	−0.25*	0.01	0.10	0.09	−0.02	−0.001	−0.18*	−0.08	−0.34*	−0.03	1	
TEMP	−0.45*	−0.39*	−0.38*	0.12	0.16*	−0.26*	−0.40*	−0.58*	0.29*	0.14*	0.05	−0.35*	−0.29*	−0.44*	0.75*	−0.15*	1

*表示 $p<=0.01$。

表 5-5　模型回归结果

	(1)	(2)	(3)	(4)	(5)	(6)	(7)	(8)	(9)
	API10	API10	API10	API50	API50	API50	API90	API90	API90
lnPOP	−0.605	2.984**	2.185**	2.24	3.995***	4.072***	6.419	5.900**	8.017***
PGDP	−0.323	1.011***	0.302	−0.176	0.567	0.329	0.163	−0.353	0.0779
SPGDP	0.0367**	−0.0595**	0.0085	0.0252	−0.0255	0.0088	0.0269	0.0524	0.0386
FISC	0.361	−0.578	0.209	0.224	−2.281*	−0.102	0.38	−4.920**	−0.109
EPB	−8.674**	2.057	0.759	−12.04**	0.852	−1.025	−27.74***	−0.669	−6.47
EGOAL		0.25	0.913		0.844	1.371*	0	1.948	2.891**
CMPL	0.0789	−0.481	0.0557	0.0804	−0.241	0.0849	0.161	0.573	0.271
COLL	0.0021	0.0004	0.0024	0.00785**	0.0007	0.0037**	0.00929	0.0025	0.00526**
TOUR		−1.482	−3.022		1.688	−1.846	0	6.911	1.164
SOE	0.0245	0.132**	0.0619***	0.0304	0.128*	0.0683***	0.0952	0.226	0.144***
TOP3	−0.0586	−0.128	−0.0538	−0.0417	−0.186**	−0.059	−0.0758	−0.3	−0.0974
lnALT		0.095	0.587**		−0.127	0.366	0	−0.196	1.244
RAIN	−0.0007	−0.0084**	−0.0019*	−0.0001	−0.0086**	−0.00148*	0.00119	−0.0125*	−0.00184*
WIND	−0.227	−0.413**	−0.315***	-0.0169	−0.666***	−0.342**	0.446	−1.396***	−0.343
TEMP	0.0227	−0.0159	−0.0572***	0.0011	−0.026	−0.0612*	0.158	−0.098	−0.104
Y2007	−0.703		−1.309	−1.259		−1.855**	−5.128***		−5.874***
Y2008	−1.941		−3.706**	−2.862**		−4.260***	−6.844***		−8.915***
Y2009	−3.615**		−5.657***	−4.453***		-6.044***	−9.768***		−12.21***
Y2010	−3.942**		−6.592***	−4.759**		−6.640***	−7.313*		−10.23***
Constant	56.55**	45.67***	31.60***	61.40**	59.88***	37.19*	53.18	85.68**	24.72
R-squared	0.856	0.616	0.5	0.846	0.629	0.524	0.857	0.585	0.473
Prob > *F*	0	0		0	0		0	0	
Prob > chi2		0			0			0	
N	390	390	390	390	390	390	390	390	390

注：模型 1,4,7 为固定效应模型；模型 2,5,8 为横截面数据模型；模型 3,6,9 为随机效应模型。 *表示 p<0.10；**表示 p<0.05；***表示 p<0.01。

理因素和制度因素，经济发展与空气质量似乎不相关，在严重污染的城市尤其如此——EKC 效应仅能在 API_10 的横截面模型中观察到。EKC 的研究文献强调技术和结构转型的重要性，但是我们可以认为，技术进步和结构转型是包括在执行能力范畴内的。这还可以解释为经济发展可以理解为对环境规制执行的社会压力（Wang and Wheeler, 2000），较高收入的人群会要求更好的生活环境并对当地政府施加压力以改善空气质量，这种与收入相关的压力更可能发生在环境友好型城市。

上述结果说明，我国经济还没有发展到遏制空气污染的阶段，然而其他变量则证实了环境规制执行能力对空气质量的影响。在 API_50 与 API_90 的截面估计模型中，FISC（地方财政支出占财政收入的比例）系数显著为负，符合预期。地方财政支出的提升有助于地方政府更多投资于环保部门，促使其执行严格的环境规制，从而提升空气质量。此外，从事环境规制执法工作的人员数也对我国城市空气质量有一定影响。固定效应模型中 EPB（每万人地方环保部门执法人员数量）的影响显著为负，说明更多人从事环境规制执法工作将有助于降低 API。充足的工作人员可以保证严格的环境规制执行，正如众多研究指出的，人员缺乏正是导致中国环境规制法律制定与执行差距的原因之一。此结果与 Van Rooij（2003）、Van Rooij 和 Lo（2010）、Schwartz（2003）与 Tang 等（2003）的研究结果一致，支持了本书提出的第一条假说（H1）。

然而总体而言，环境规制执行压力并没有对空气质量造成显著影响。代表中央政府压力的 EGOAL（我国各省“十一五”节能减排目标）变量，其系数在 API_50 和 API_90 的随机效应模型中显著为正，意味着中央政府为污染区域设定了过高的节能减排目标。多数研究认为，环境规制执行问题的根源在于地方政府财政支持并直接管理地方环保部门（Tang et al., 2003; Tilt, 2007; Van Rooij and Lo, 2010），而中央和省级政府检查地方环保举措实施的能力有限（Economy and Elizabeth, 2005）。中央政府经常增加检查与惩治违法行为的力度，然而这类活动可能不能对地方政府产生持续的压力，因此，难以实现提升环境质量的长期目标。可以说，中央政府对环境规制执行的影响较弱是由制度与技术两方面原因造成的。

此外，来自社会的环境规制执行压力也没有显著影响空气质量。在控制其他变量的基础上，CMPL（每万人环境投诉的数量）变量并不显著，意味着更多的环境投诉并没有转化成促使严格环境规制的压力。而意料之外的是，COLL（每万人大学生的数量）变量在 API_50 与 API_90 模型中的系数显著为正，说明城市的受教育水平越高，空气质量会越差。事实上，这些城市主要是以北京、上海、武汉、广州、西安、深圳为代表的大城市，人口集聚与对汽车的依赖使其空气质量日益恶化。对此我们认为，大城市的居民更愿意为个人机会而牺牲居住环境，而给地方政府增添的压力较小。API_10 模型中的 TOUR（旅游城市）变量系数为负，但并不显著。综上，实证结果并不能支持本研究提出的第二个假说，环境规制执行压力不能有效提升我国城市空气质量。

尽管压力的作用不甚乐观，然而研究结果表明，环境规制执行阻力确能削弱环境保护力度，从而对环境规制的执行与城市空气质量的提升产生不利影响。多数模型中，SOEs（国有企业产出贡献率）的系数显著为正，这与众多研究结果相符。国有企业和工厂排污具有正向联系（Wang and Wheeler, 2000; Wang and Jin, 2002; He et al.,2012），其强大的“议价能力”及与地方政府、上级政府的“关系”都使其有更易规避环境规制的执行的能力，因而国有企业控制的城市空气污染更加严重。此外，考虑 SOEs 的情况下，TOP3（排名前三的大企业产出贡献率）的系数在 API_50 的截面模型中变为负。城市最大的企业往往是当地居民对环境投诉的目标，因此大企业关注社会声誉，并渴望与地方政府保持良好关系，从而尽量减少污染排放。同时，这也说明如果一个城市的前三大企业均不是国有企业，其空气质量将会更好。可见，本书提出的第三个假说成立。

第五节　小结与讨论

自 20 世纪 80 年代以来，快速经济增长与日益严峻的环境问题使得我国成为全球关注的焦点。如今，经济转型不仅使我国经济更加开放，对环境保护也提出了更高的要求。我国城市空气污染已成为全球学者关注的热门问题，许多研究都强调结构与技术因素对空气质量的重要作用。然而，在我国自上而下的行政结构和分散的管理体制下，环境问题的根源不只是经济或技术的问题，也在于政治与制度性因素。本书着眼于空气污染环境规制的执行，探讨地方环保部门的环境规制执行能力、来自中央政府与社会的环境规制执行压力、来自被规制对象（经济发展部门与企业）的环境规制执行阻力三股力量对城市空气质量的影响，为我国城市空气质量问题的研究提供了一个制度视角的理解，补充了现有环境问题的研究视角。

本书基于 2001~2011 年的每日 API 数据显示，11 年间我国城市空气质量呈现稳步上升的态势，然而不同城市间差异明显。相比之下，我国内陆与北部地区的城市空气质量较差。而统计结果则表明，地方财政支出的提升与从事环境规制执法工作人员的增加，环境规制的执行越充分，区域环境规制执行能力越强，有利于促进城市空气质量的改善；国有企业的“议价能力”越强及其与政府间“关系”，将增加对污染减排的环境规制执行的阻力，则不利于环境规制的执行与城市空气质量的提升。尽管上级政府与社会各界的压力迫使地方政府保护环境，然而这种压力并没有显著改善我国城市空气质量。

我国环境规制的执行是一个复杂的过程，其涉及了中央与地方政府，以及众多外部利益相关者。在当前制度框架下，经济发展部门有强烈的动机阻碍环境规制的执行，企业也具有强大的“议价能力”以减少环境污染惩罚力度。我们的研究结果表明，积极的环境规制制度安排、环保相关资金与人力资源的扶持将有助于提升城市空气质量。随着我国经济的开放与多元化发展，大型企业的主导地位将逐渐弱化，其在环境规制中的“议价能力”也将相应削弱。同时，随着我国国民收入与受教育水平（环保意识）的提升，对环境保护的社会压力也将迫使地方政府采取更多行动保护环境。由此，本章引申几点政策建议：其一，要加强地方环保部门的资源配置，改变当前环保部门“缺钱少人”的现状；其二，要不断完善环境规制的执行，不因企业的性质、垄断地位而有偏倚；其三，大力进行制度建设，促进社会力量对环境规制的推力与监督。制度因素的改善将伴随社会、结构与技术发展，共同致力于创造我国城市更美好的蓝天。

第六章　产业转移及其环境效应研究

第一节　引　　言

改革开放以来，中国经历了举世瞩目的工业发展。随着工业增长，中国产业集聚、转移的方向与程度发生着深刻变化，工业地理格局经历着深刻重塑（Fan and Scott，2003；Lu and Tao，2009；Wen，2004）。工业空间格局的变化，在静态上表现为产业集聚的不断出现，在动态上表现为区域间产业转移。改革开放以前，为了保证区域平衡以及出于国防安全的需要，国家在内陆省份布置了大量产业。改革开放初期，国家的投资重点迅速转向沿海，特别是珠三角的崛起，使得国家工业经济版图重心集中在南方沿海地区。20 世纪 90 年代以来，长三角的地位逐渐上升，长三角、珠三角开始成为中国工业中心。加入 WTO 后，沿海地区新一轮的高速发展进一步拉大了沿海和内陆之间的经济差异（贺灿飞和谢秀珍，2006）。然而经济活动在沿海地区的高度集聚也引致了诸多问题，包括环境污染、电力短缺、供地不足、劳动力成本上升等（蔺雪芹和方创琳，2008；邱风和朱勋，2007；王家庭等，2012）。同时，全球金融危机也迫使沿海地区重新思考发展模式。近年来，中国空间增长模式呈现出一些新动向，特别是沿海地区产业结构升级换代。广东提出了“腾笼换鸟”的口号，而安徽、湖南等中西部省份纷纷规划产业转移园吸引来自沿海地区的产业（王缉慈，2010），很多产业门类在内陆地区的比例开始上升（Lu and Tao，2009）。

大量研究发现，部分企业已经开始从广东、上海、浙江等沿海省份向江西、湖南、安徽、河南、四川等中西部省份转移（He and Wang，2010；范剑勇，2004；冯根福等，2010；陈建军，2002）。这种产业转移一方面有利于转入地的经济发展、就业扩张、税收增加等，但同时伴随着产业转移工业污染极有可能会因此扩散到生态脆弱的内陆地区，破坏了当地的生态环境，从而降低产业转移对转入地的经济贡献和带来的社会福利，因此，研究产业转移的环境效应就显得尤为重要。与此同时，产业转移带来的工业地理格局的变化将明显作用于中国污染格局的变化。本章将从中国产业转移出发，估算产业转移过程中污染的转入和转出量，探讨由产业转移带来的污染产生量的空间分布问题。以产业地理空间格局的变化研究环境问题，该视角为环境经济地理当中经济活动的环境效应部分的重要研究内容，研究结果不仅可以丰富环境问题的研究视角，同时也可为制定有针对性的吸纳产业转移政策和区域工业污染治理政策提供有益的思路。

第二节　文 献 综 述

本书定义的产业转移为各地区产业的增长与不发生产业转移的增长之间的差距。关于产业转移的研究，已有不同理论从多种视角解释了产业转移的模式、时机和行业差别。“雁阵模式”指发达国家和地区将产业以“雁阵”的次序依次传递给较发达和欠发达地区，针对中国工业转移的分析表明：部分制造业企业已经开始从广东、上海、浙江等沿海省份向江西、湖南、安徽、河南、四川等中西部省份转移（He and Wang，2010；范剑勇，2004；冯根福等，2010；陈建军，2002），并且产业转移的规模和行业类型正在不断扩大。冯根福等（2010）的研究表明，2004 年以来，北京、天津、上海、浙江、广东、福建的产业份额明显下降，安徽、江西、湖南、河南、四川等中西部省份产业份额趋于增加。同时，区域一体化和政府的压力使产业迁移更多地在城市群内部发生。上海和江苏的制造业产业主要向浙江转移，浙江企业首先选择向省内城市转移（范剑勇，2004；陈建军，2002）。广东政府大力鼓励珠三角企业向粤北粤西地区转移（王缉慈，2010）。冯根福等（2010）对比 1993~2000 年和 2000~2006 年中国地区间产业转移特征，大多数资源密集型产业和部分技术密集型产业率先发生转移，劳动密集型产业却并未发生转移。其中，资源密集型产业越过中部地区直接迁往西部地区。范剑勇（2004）发现上海通过转移劳动密集型产业并专业化于资本技术密集型、港口型、都市信息型等极少数产业，浙江正稳步吸收从上海与江苏转移出来的劳动密集型产业。He 和 Wang（2010）对后 WTO 时代中国产业空间的分析表明，一些劳动密集型行业由于集聚不经济率先向中部地区转移。

边际产业扩张论指出劣势产业应优先转移，并将按照资源劳动密集型、资本密集型、技术密集型产业的顺序依次进行（李燕和贺灿飞，2013）。从世界经济发展史来看，各国产业的技术水平也经历了从低到高的演化，主导产业经历“纺织工业—钢铁工业—汽车工业—电子工业—生物工程工业”的演变，要素产业结构则历经“资源密集型产业—劳动密集型产业—资本密集型产业—技术密集型产业—知识密集型产业”的发展过程（陈计旺，1999）。产品生命周期理论认为，当产品处于成熟阶段时，可以将生产转移到更具比较优势的国家和地区。在产品生产初期，新产品需要大量知识、技术的投入，而发达地区具有知识和技术的比较优势。随着产品生产技术的成熟，产品的竞争主要体现在生产的竞争，成熟产品的生产功能将转移到劳动力成本较低的地区。当生产技术比较成熟时，通过标准化的技术即可完成生产，对资本的要求也开始下降，生产进一步向欠发达地区转移。产品生命周期理论较好地刻画了生产从中心地区向外围地区再向偏远地区（欠发达地区）迁移的过程。

与此同时，一些学者开始关注产业转移所带来的经济效应。一方面，产业转移将带来区域产业规模、结构和技术的变化。例如，陈刚和陈红儿（2001）研究发现产业转移对转入地将带来要素注入、技术溢出、关联带动、优势升级、结构优化、竞争引致和观念更新等效应。而要素的注入、技术的溢出将有助于承接区经济的增长，实现区域经济发展的规模效应。另一方面，产业转移也将为承接区带来产业结构的调整。王先庆（1998）认为产业转移不仅会使转移方自身产业结构得到优化促使产业内部联系有机化，而且会优化承接方产业结构。然而，产业转移也可能对转入地造成负面影响。目前，发生产业转移的产业大多属于劳动密集型产业，有的甚至是技术含量很低的简单组装装备。生产工人的劳动强度高、工资低、缺乏劳动保护，容易造成职业病。另外，产业转移过程中伴随着严重的环境问题，越来越多的学者开始关注产业转移所造成的环境效应，认为产业转移过程中，尤其是一些环境污染型企业的迁入可能危害区域长远的发展（魏后凯等，2010）。目前的研究主要从“污染避难所”假说出发，大部分研究结果还是承认存在污染密集产业转移的现象，实证研究对 PHH 表示支持（Cole and Elliott，2005；Levinson and Taylor，2008；Xing and Kolstad，2002），但部分研究则否认了“污染避难所”假说（Tobey，1990；Van Beers and Van Den Bergh，1997）。

产业转移的环境效应可分解为规模效应、结构效应和技术效应（Grossman and Krueger,1995）。规模效应指由于产业转移带来的产业总产出的增加从而引起的污染排放增长；结构效应指产业转移带来区域产业结构的变化从而改变污染的排放规模，在总产出相同的情况下，污染产业比重较大的区域，污染排放总量也会相对较多；技术效应指产业转移可能将带来区域生产技术和治污技术的改变，生产相同产出所排放的污染物将存在较大的差距。从更微观的机制来看，产业转移主要通过产业集聚所带来的正外部性，实现资源集约利用（共享治污设备、污染废弃物的深度利用等）和环境集中治理（梁琦，2004），从而促进环境质量的提高。但同时，产业的集聚也意味着污染在集聚地的集中排放，排放规模增大，即使治理效率有所提升也仍然会造成区域环境质量的下降（Virkanen，1998）。针对产业转移引起的区域产业规模、结构和技术效应变化所带来的环境效应，大量学者进行了实证研究。Levinson（2007）将 1970~2002 年美国工业污染中的四种主要污染物排放量的减少分解为规模效应、结构效应和技术效应，发现 1972~2001 年美国污染排放量下降的主要原因是技术变化。规模、结构和技术效应共同导致污染物排放量减少了 60%，而规模效应导致污染物排放量增加了 87%，结构效应和技术效应分别导致排放量减少了 57%和 90%。

近年来，中国学者也试图通过环境效应分解来研究中国工业地理变化的环境效应。例如，张少华和陈浪南（2009）基于 1997~2005 年中国 33 个工业行业的面板数据，发现环境污染是规模效应、技术效应、结构效应，以及要素禀赋等共同作用的结果。成艾华（2011）引入环境效应分解模型，对 1998~2008 年中国工业 SO_2 减排的动态效应进行实证研究，结果表明，工业减排的技术效应占主导作用，而结构效应不太明显。尹向飞（2011）将环境变量引入柯布-道格拉斯生产函数，利用 1985~2008 年中国第二产业数据进行分析，发现促使污染密度降低的因素分别为技术效应、资本深化、规模效应和收入效应。唐德才（2009）从工业化、产业结构与环境污染的关系出发，建立行业和区域的面板数据模型，发现产业内部结构的变动会给环境污染密度带来不同的影响。闫逢柱等（2011）运用 2003~2008 年中国制造业两位数行业数据和面板误差修正模型，考察产业集聚发展与环境污染之间的关系，发现短期内产业集聚有利于降低环境污染，但长期内产业集聚与环境污染之间不具有显著的因果关系。

由于中国各区域产业基础、结构等的差异，产业转移所带来的环境效应也具有显著的区域差异。目前，关于中国产业转移带来的环境效应的研究还较少，本章在排除区域产业增长的基础上，研究中国产业转移的区域差异，并细分不同工业的转入与转出，研究工业转移过程中带来的污染转入与转出。研究结果将有利于认识转型期中国产业转移的规律特征，也更有助于合理地制定符合区域可持续发展要求的产业转移政策。

第三节 产业转移引发的污染产生量测算方法

由于区域产业自身的增长本身会引发一系列的污染改变，因此，在计算产业转移造成的污染时，应排除区域产业自然增长部分所产生的污染。在要素投入一定的情况下，企业的产出增长与企业的生产率增长有关。因此，可假设同产业内的企业技术效率与全国平均水平相等。由于污染产生强度与技术水平完全相关，即可假设各省份污染产生强度与全国该产业污染产生强度相等，设基期为 t–1 期，地区 i 产业 j 在 t–1 期产出为 $Y_{t-1,ij}$，在 t 期产出为 $Y_{t,ij}$。各地区产业增长率与全国平均水平相等，即 $\dot{Y}(0)_{t,ij}=\dot{Y}_{t,j}$（此处的标记 0 表示未发生转移的假想情况，上标"·"表示增长率），产出量为 $Y\left(0\right)_{t,ij}=U_{t-1,ij}\bullet\left(1+\dot{Y}_{t,j}\right)$。故不发生产业转移时地区 i 在 t 期的工业总产值：

$$Y\left(0\right)_{t,i}=\sum_{j}Y\left(0\right)_{t,ij} \tag{6-1}$$

产业 j 在 t 期的污染生产强度为污染产生总量与总产值之比：

$$\tau_{t,j}=P_{t,j}\ /\ Y_{t,j} \tag{6-2}$$

由于污染生产强度与技术水平相关，此处假设各省份污染生产强度与全国该产业污染生产强度相等。因此，地区 i 产业 j 在 t–1 期的污染排放为 $\tau_{t-1,j}\cdot Y_{t-1,ij}$，$t$ 期(不发生产业转移的相对情况)的污染排放 $\tau_{t,j}\cdot Y\left(0\right)_{t,ij}$。故在不发生产业转移时，地区 i 污染量的总变化为

$$\Delta P\left(0\right)_{t,i}=\sum_{j}\tau_{t,j}\cdot Y(0)_{t,ij}-\sum_{j}\left(\tau_{t-1,j}\cdot Y_{t-1,ij}\right) \tag{6-3}$$

将上式按 Grossman 公式（ Grossman and Krueger，1995）粗略分解：

$$\begin{aligned}\Delta P\left(0\right)_{t,i}&\approx\left(Y(0)_{t,i}-Y_{t-1,i}\right)\sum_{j}\tau_{t,j}\bullet\frac{Y\left(0\right)_{t,ij}}{Y\left(0\right)_{t,i}}+Y(0)_{t,i}\bullet\sum_{j}\tau_{t,j}\bullet\left(\frac{Y(0)_{t,ij}}{Y(0)_{t,i}}-\frac{Y_{t-1,ij}}{Y_{t-1,i}}\right)\\&\quad+Y(0)_{t,i}\sum_{j}\left(\tau_{t,j}-\tau_{t-1,j}\right)\bullet\frac{Y(0)_{t,ij}}{Y(0)_{t,i}}\\&=\Delta P(0)_{l}+\Delta P(0)_{S}+\Delta P(0)_{t}\end{aligned} \tag{6-4}$$

上式的分解即得到产业增长引发的环境效应的规模、结构和技术因素。其与 ΔP（0）$_{t,i}$的比值即表示各因素的作用强度，即 ΔP（0）$_{l}$/ΔP（0）、ΔP（0）$_{s}$/ΔP（0）、ΔP（0）$_{t}$/ΔP（0）分别代表区域产业增长引发的环境效应的规模、结构和技术分量系数。

在不计外资流入的情况下，产业转移表现为各地区各产业实际产出与不发生产业转移时的理论产出的区别。以 $\upsilon_{t,ij}$ 表示从 t–1 到 t 期，地区 i 产业 j 的产业转移量，则有：

$$\upsilon_{t,ij}=Y_{t,ij}-Y\left(0\right)_{t,ij}=Y_{t,ij}-Y_{t-1,ij}-Y_{t-1,ij}\dot{Y}_{t,j} \tag{6-5}$$

当 υ<0 时，产业 j 转出地区 i；υ>0 表示产业 j 转入地区 i。地区 i 第 t 期的产业移入量为：$I_{t,i}=\sum_{j}\upsilon_{ij},(\upsilon_{ij}>0)$；地区 i 第 t 期的产业移出量为：$E_{t,i}=\sum_{j}\left|\upsilon_{ij}\right|,(\upsilon_{ij}<0)$

则产业转移量 $\upsilon_{t,ij}$ 为

$$\upsilon_{t,ij}=Y_{t,ij}-Y(0)_{t,ij}=\sum_i Y_{t,ij}\frac{\left(Y_{t,ij}-Y(0)_{t,ij}\right)}{\sum_i Y_{t,ij}}=\sum_i \mathrm{Y}_{t,ij}\left(\frac{Y_{t,ij}}{\sum_i Y_{t,ij}}-\frac{Y_{t-1,ij}\cdot\left(1+\dot{Y}_{t,j}\right)}{\sum_i Y_{t,ij}}\right)$$

$$=\sum_i Y_{t,ij}\cdot\left[\frac{Y_{t,ij}}{\sum_i Y_{t,ij}}-\frac{Y_{t-1,ij}\cdot\left(1+\dot{Y}_{t,j}\right)}{\left(\sum_i Y_{t-1,ij}\right)\cdot\left(1+\dot{Y}_{t,j}\right)}\right]=\sum_i Y_{t,ij}\cdot\left[\frac{Y_{t,ij}}{\sum_i Y_{t,ij}}-\frac{Y_{t-1,ij}}{\sum_i Y_{t-1,ij}}\right] \tag{6-6}$$

净转移为：$\upsilon_{t,i}=\sum_j \upsilon_{ij}$

因此，i 地区 j 产业转移量实际上等于转移前后 i 地区 j 产业占全国 j 产业份额差值与转移后 j 产业总产值的乘积。同时，每一年产业转移后的地方产业结构将是下一年产业转移前的基准条件，该方法的计算结果与相对份额法的产业转移度量结果具有一致性。故 t 期地区 i 产业 j 的污染转移量为

$$\rho_{t,ij}=\upsilon_{t,ij}\cdot\tau_{t,j} \tag{6-7}$$

式中，$\tau_{t,j}$ 为产业 j 在 t 期的污染生产强度；$\upsilon_{t,ij}$ 为产业转移的数量（产出量），则 t 期地区 i 随产业转移的污染量为

$$\Delta P(\text{indfix})_{t,i}=\sum_j \rho_{t,ij} \tag{6-8}$$

由于产业转移以转入、转出分别衡量，因而污染转移也应当分别计算。故转入污染总量为

$$\Delta P(\text{indfix,im})_{t,i}=\sum_j \upsilon_{t,ij}\cdot\tau_{t,j},(\upsilon_{ij}>0)=I_{t,i}\left(\sum_j\frac{\upsilon_{t,ij}}{I_{t,i}}\cdot\tau_{t,j}\right)=I_{t,i}\cdot \mathrm{AI}_{t,i},(\upsilon_{ij}>0) \tag{6-9}$$

转出总量为

$$\Delta P(\text{indfix,em})_{t,i}=\sum_j\left|\upsilon_{t,ij}\right|\cdot\tau_{t,j},(\upsilon_{t,ij}<0)=E_{t,i}\left(\sum_j\frac{\upsilon_{t,ij}}{E_{t,i}}\cdot\tau_{t,j}\right)=E_{t,i}\cdot \mathrm{AE}_{t,i},(\upsilon_{ij}<0) \tag{6-10}$$

式中，$I_{t,i}$ 和 $E_{t,i}$ 分别为转入、转出的经济规模，$\mathrm{AI}_{t,i}$ 和 $\mathrm{AE}_{t,i}$ 分别为转入、转出的污染系数。因此，地区 i 污染生产量的转移总量为 $\sum_t \Delta \mathrm{P}(\text{indfix})_{t,i}=\sum_t\sum_j \rho_{t,ij}$。其中，转入总量为 $\sum_t \Delta\mathrm{P}(\text{indfix,im})_{t,i}$，转出总量为 $\sum_t \Delta P(\text{indfix,em})_{t,i}$。

产业转移后，i 地区改变的污染生产量：

$$\Delta P(\text{tran})_{t,i}=P_{t,i}-P_{t-1,i}-\Delta P(0)_{t,i} \tag{6-11}$$

式中，P（tran）$_{t,i}$ 为地区 i 的污染量的变化；$-\Delta P$（0）为除去产业增长引发的环境效应；$\Delta P(0)$ $\Delta P(\text{tran})_{t,i}$ 为区域产业自身增长所引发的环境效应。理论上应有 $\Delta P(\text{indfix})_{t,i}=\Delta P(\text{tran})_{t,i}$，即地区 i 产业转移引起的污染产生量等于去除产业增长引起的污染产生量后实际污染产生量的变化。

第四节　数据来源及处理

本书数据来自中国工业企业数据库，此数据库涵盖了中国所有国有工业企业和规模以上的非国有工业企业。统计指标包括企业的工业总产值、部分年份的工业增加值、企业的行业分类、所属地域等。2001 年加入 WTO 之后，外商投资逐年增加，而本书所有研究均不考虑 FDI 影响。另外，由于行业分类标准的变化，考虑到行业分类标准 GB/T 4754—2002 的连续性，本书选取 2003~2009 年时间段，以保证行业统计的一致性。本章基于全国分行业的工业品出厂价格指数，将所有的数据调整至 2005 年不变价格水平。污染数据主要来源于历年《中国城市统计年鉴》相关环境污染排放数据。

在统计年鉴中仅气体污染物包含去除量的统计[①]，以此可计算污染物产生量，因此，我们采用气体污染物的产生量衡量产业转移的环境效应。气体污染物主要包括 SO_2 和烟尘。其中，烟尘作为黑炭的主要组成部分，除了危害健康外还是短期气候变化因子的一部分（UNEP，2011），其环境效应复杂，另外，烟尘的生产受电力行业影响过大，意味着对产业转移引发的烟尘转移分析时电力行业的权重过大。因此，我们选择作为典型的区域污染物 SO_2（Shaw et al., 2010; Gao et al., 2011）产生量衡量产业转移的环境效应，其影响尺度也接近省际尺度。

企业污染物的排放量由企业生产过程的污染物产生和污染物治理两个过程决定。企业将生产要素加工生产后，在得到最终产出（Y）的同时生产副产品污染物（P），P 即为污染物产生量。污染物产生量 P 经过污染治理过程，去除污染物量 P_r 后得到排入环境的量，即污染物排放量 P_e。因此，$P=P_r+P_e$，即污染物产生量为污染物去除量和污染物排放量的总和。在下文分析中，我们将以污染物产生量 P 而非排放量 P_e 衡量产业转移的环境影响。

第五节　中国产业格局变化与污染转移

一、中国产业转移现状

为全局地展示各省份[②]在研究期间内产业的总体转移趋势，计算出各地区研究期间总的产业转移数量 $\Sigma_t I_{t,\ i}$（转入）和 $\Sigma_t E_{t,\ i}$（转出）。由图 6-1 可见，2003~2009 年，中国工业主要转出地是上海、广东、浙江、北京、山东和江苏，而主要转入地为山东、江苏、辽宁、河南和四川。从全国格局来看，最核心城市和经济中心，如北京、上海、广东和浙江，产业转出成为其产业转移变迁的主要趋势，产业转出数量远远大于转入数量，产业向外扩散。而内陆地区的内蒙古、河南、四川、安徽、江西、湖南等省份，产业转入数量远远大于转出数量，是主要的产业转移承接地。而沿海的江苏、辽宁、山东、福建等省份，产业转出和转入量都比较大，说明这些地区正在经历着较为剧烈的产业结构调

① 去除量是指报告期内企业利用各种废气治理设施去除的气体污染物。

② 本章研究范围仅限于中国大陆地区各省份，不包括台湾省、香港和澳门特区，下同。

整。比较特殊的两个省是山西和黑龙江，均出现较强的产业转出态势，但其也可能与这两省采掘业在全国份额的下降有关系。

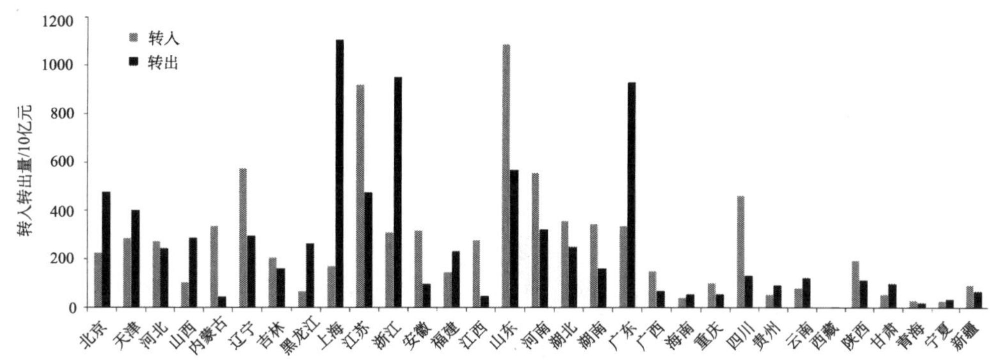

图 6-1　2003~2009 年中国各省份产业转出与转入量

根据产业转移理论，产业从经济中心，沿经济梯度向外围和边缘地区依次转移。首先发生转移的行业应当是资源密集型产业，之后劳动密集型、资本密集型和技术密集型依次发生转移。我们对各省份产业转入和转出进行细分，限于篇幅，主要展示转移份额较大的几个主要省份的主要转入和转出产业。由表 6-1 可知，上海转出产业主要为生产工艺较为成熟，且占中国产业份额较高的交通运输、冶金、电气、设备制造等技术、资本密集型产业，其中不乏污染严重的黑色冶金、化工、石化、食品、纺织等产业；转入产业总量和类型均很少，以电力类产业为主，而电力类产业也主要以满足城市经济活动的电力供应等行业为主。江苏转入和转出的产业均较多。除通信设备、计算机制造业外，转入产业的结构较重，如电气机械、交通运输设备、黑色冶金、仪器仪表化工。污染强度很高的黑色冶金、有色冶金、化工等工业也有大量转入。除了通用设备制造业外，转出产业较为轻型，如纺织、塑料、金属制品、皮革等，同时，这部分产业污染较为严重。江西和四川的转入产业远多于转出产业，转入产业以设备制造、冶金等重工业为主。不同的是，四川的转入工业中轻工业所占比例较高。

表 6-1　2003~2009 年中国部分省份产业转移情况

省份	转入	转出
上海	电力、热力的生产和供应业（0.1378%），烟草制品业（0.0377%）	交通运输设备制造业（–3.5052%），黑色金属冶炼及压延加工业（–2.9122%），通用设备制造业（–1.5608%），电气机械及器材制造业（–1.2849%），金属制品业（–1.0097%），通信设备、计算机及其他电子设备制造业（–0.9433%），石油加工、炼焦及核燃料加工业（–0.8607%），化学原料及化学制品制造业（–0.7552%），纺织业（–-0.7329%），非金属矿物制品业（–0.6644%），纺织服装、鞋、帽制造业（–0.532%）

续表

省份	转入	转出
江苏	通信设备、计算机及其他电子设备制造业（5.1228%），电气机械及器材制造业（2.3821%），交通运输设备制造业（1.8371%），黑色金属冶炼及压延加工业（1.3956%），仪器仪表及文化、办公用机械制造业（0.9342%），化学原料及化学制品制造业（0.868%），纺织服装、鞋、帽制造业（0.582%），有色金属冶炼及压延加工业（0.4283%）	通用设备制造业（–1.2284%），纺织业（–0.7471%），塑料制品业（–0.4851%），金属制品业（–0.4462%），农副食品加工业（–0.4437%），皮革、毛皮、羽毛（绒），及其制品业（–0.4272%），食品制造业（–0.3555%），非金属矿物制品业（-0.334%），煤炭开采和洗选业（–0.2361%）
江西	有色金属冶炼及压延加工业（0.9613%），电气机械及器材制造业（0.6539%），非金属矿物制品业（0.4609%），化学原料及化学制品制造业（0.4094%），纺织业（0.2946%），通信设备、计算机及其他电子设备制造业（0.2766%），纺织服装、鞋、帽制造业（0.2621%），农副食品加工业（0.2431%）	交通运输设备制造业（–0.201%），黑色金属冶炼及压延加工业（–0.1099%）
四川	通用设备制造业（0.6871%），农副食品加工业（0.5727%），非金属矿物制品业（0.4246%），煤炭开采和洗选业（0.3943%），金属制品业（0.3915%），塑料制品业（0.2929%），纺织业（0.2922%），专用设备制造业（0.2813%），通信设备、计算机及其他电子设备制造业（0.2653%），皮革、毛皮、羽毛（绒）及其制品业（0.2622%），石油和天然气开采业（0.2553%），饮料制造业（0.2313%），化学原料及化学制品制造业（0.2254%），电气机械及器材制造业（0.2155%）	黑色金属冶炼及压延加工业（–0.4038%），有色金属冶炼及压延加工业（–0.207%）

注：括号中数字为转移量占全国总转移的比例。

二、产业增长引起的污染变化

由于产业增长率和排放强度具有行业差异，加上各地区产业结构不同，研究分行业产业增长造成的环境效应，将更有利于理解产业转移引起的污染产生量的空间分异。图 6-2 为 2003 年、2006 年和 2009 年主要工业行业 SO_2 产生总量和产生强度。总体而言，各行业在研究期间的污染产生强度均出现了下降。按污染产生强度计算，污染强度最大的行业包括电力、热力的生产和供应、有色金属冶炼及压延加工、有色金属矿采选、非金属矿物制品、石油加工炼焦及核燃料加工、造纸及纸制品业、化学原料及化学制品制造业等。由于电力、热力的生产和供应行业产值过大，图 6-2 未包含该行业。2003 年，电力、热力的生产和供应产生 SO_2 达 969 万吨，占当年全国 SO_2 总产生量的 60%。除此以外，有色金属冶炼及压延加工、石油加工炼焦及核燃料加工、化学原料及化学制品制造业、非金属矿物制品、造纸及纸制品业、有色金属采选和纺织也是 SO_2 产生量较大的行业。这七个行业与电力行业污染产生总量占全国的 95%以上。

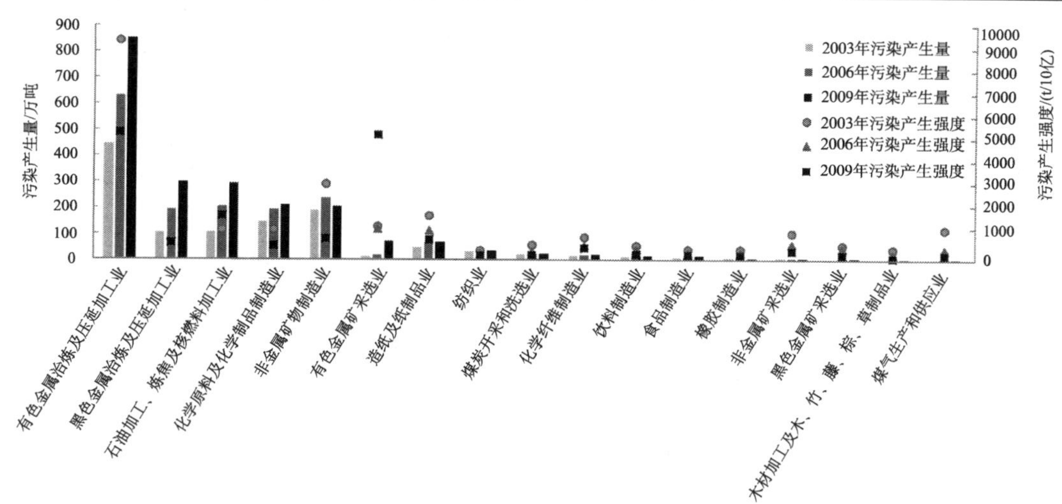

图 6-2　2003 年、2006 年和 2009 年主要污染行业的污染生产量（不包含电力行业）

在不考虑产业转移的情况下，将产业增长引起的环境效应的差异分解为产业规模、产业结构和各产业污染强度的差异。同时，假设全国各产业内技术不存在空间差异，因此，污染强度及变化也可认为是不存在空间差异的。虽然各省份产出总量各不相同，但产出的增大对环境污染的影响方向是恒定的。在控制结构、技术后，产出增大，则污染增大。因此，产业结构的省份间差异是产业增长的环境效应空间差异的最主要因素，并取决于各省份基期的产业结构。按照上文的分解方法进行计算，以 2009 年为例，图 6-3 表示 2008~2009 年各省份因产业增长引发的环境效应 $\Delta P(0)_{t,i}$ 及结构因素在其中所占的比例 $\Delta P(0)_s/\Delta P(0)_{t,i}$。

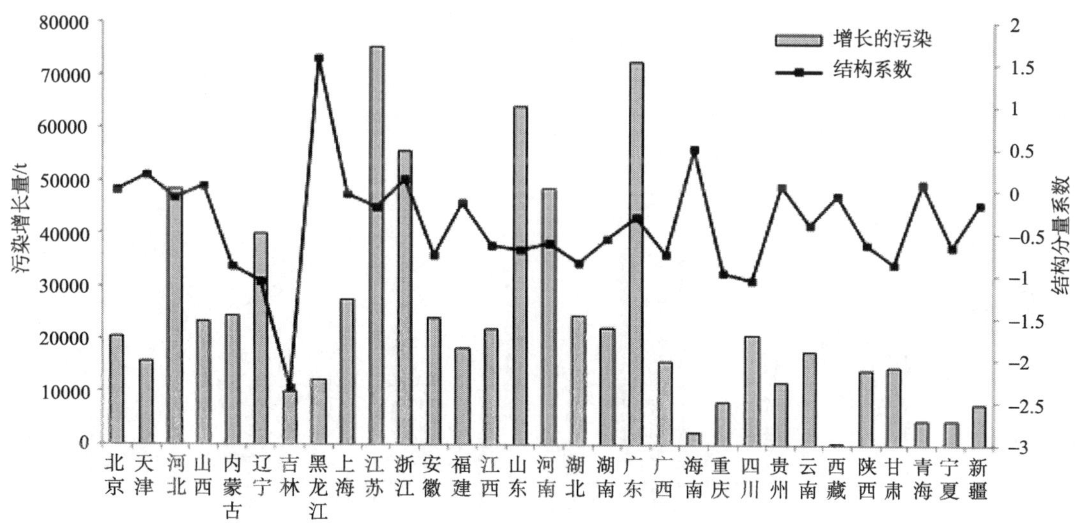

图 6-3　2008~2009 年各省份产业增长引发的环境效应和结构分量系数省份差异

环境效应的大小与各省份经济总量密切相关。江苏、浙江、山东和广东的经济总量位居全国前列，四个省因产业增长每年新增产生 5.5 万吨 SO_2。此外，河南、河北、辽宁等省份也因产业增长也新产生大量 SO_2，这主要与上述省份的产业结构有关。上述省份不仅拥有较大的经济规模，同时产业结构中污染行业的比例也相对较大。然而，各省份产业结构变化对其污染增长的贡献各不相同，结构分量系数 $\Delta P(0)_s/\Delta P(0)_{t,i}$ 小于 0，说明在产业总体增长的过程中，产业结构有利于环境改善；大于 0 则说明在总体增长的情况下，产业结构不利于环境改善。2008~2009 年大多数省份结构系数为负，仅有天津、山西、黑龙江等少数省份的系数为正，说明其产业结构中污染强度高的行业比例较大，且这些污染行业具有较高的增长率。

三、随产业转移发生的污染转移

为了展示研究期间的污染转移总量，我们计算得到历年污染转出总量和转入总量。由于电力热力行业污染生产能力远远超过其他产业，行业内部污染产生强度差异巨大，较难满足严苛的假设，为防止包括电力行业权重过高带来的分析结果偏差，我们总转移计算中不包括电力行业的产业转移对各地区污染生产能力的影响。各地区污染转移数据采用 2003~2009 年数据的加总。

据图 6-4 可知，研究期间转出污染生产量较多的省份包括上海、浙江、山西、山东、广东、北京等，普遍为经济体量巨大，产业升级换代较为明显的省份。山西污染转出量最多主要是因为采掘业在行业规范调整过程中，产业份额不断下降。转入 SO_2 生产量较多的省份包括山东、江西、河南、江苏、内蒙古和广东。改革开放以来，山东的产业结构主要以重工业为主，而随着新一轮产业结构的调整，山东作为产业转入的重要区域，其转入产业主要以化学原料及化学制品制造、纺织、交通运输设备制造、石油加工、

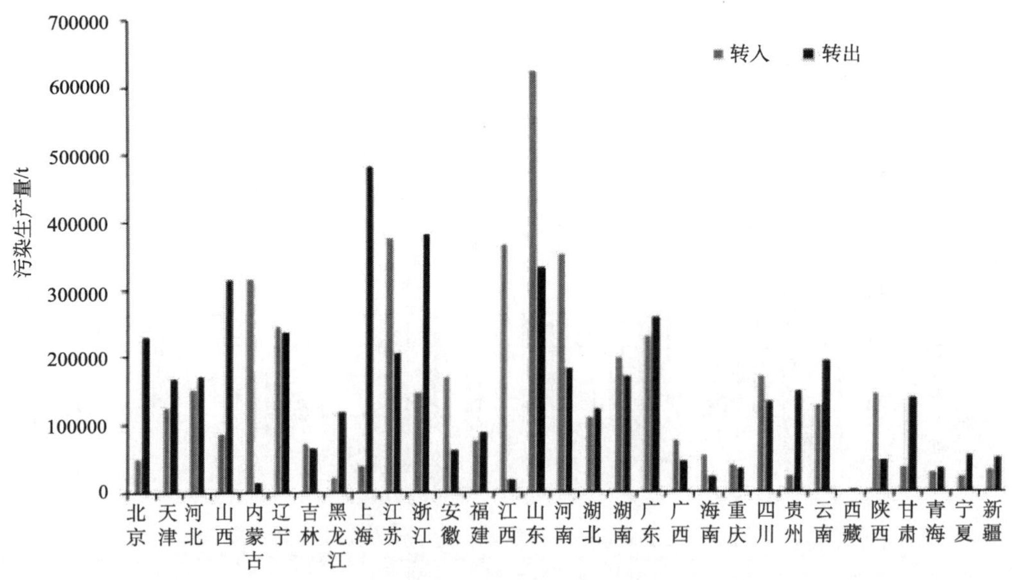

图 6-4　产业转移带来的污染生产量转移的省份分布

炼焦及核燃料加工等污染密集型产业为主。而江西、河南主要以承接东部沿海产业转移，非金属矿物制品、有色金属冶炼及压延加工等污染大的产业转入比例较大。就全国来看，最发达地区中，北京、上海、浙江等地的污染生产量转出远远高于转入，体现了较为明显的产业结构调整方向。

将污染转出量减去转入量，得到研究期间污染净转移量。由图 6-5 可以看出，污染转移具有明显的梯度特征。处于第一梯度的浙江、广东、福建、天津和北京等省份净转出量大于净转入量，表现为污染的净转出；第二梯度的广西、湖南、四川、重庆、江西、河南、辽宁等省份表现为污染的净转入；第三梯度的贵州、云南、宁夏、甘肃、青海等省份表现为污染的净转出，相对于第二梯度省份，第三梯度的产业转移规模较小，污染转入量也相对较小。

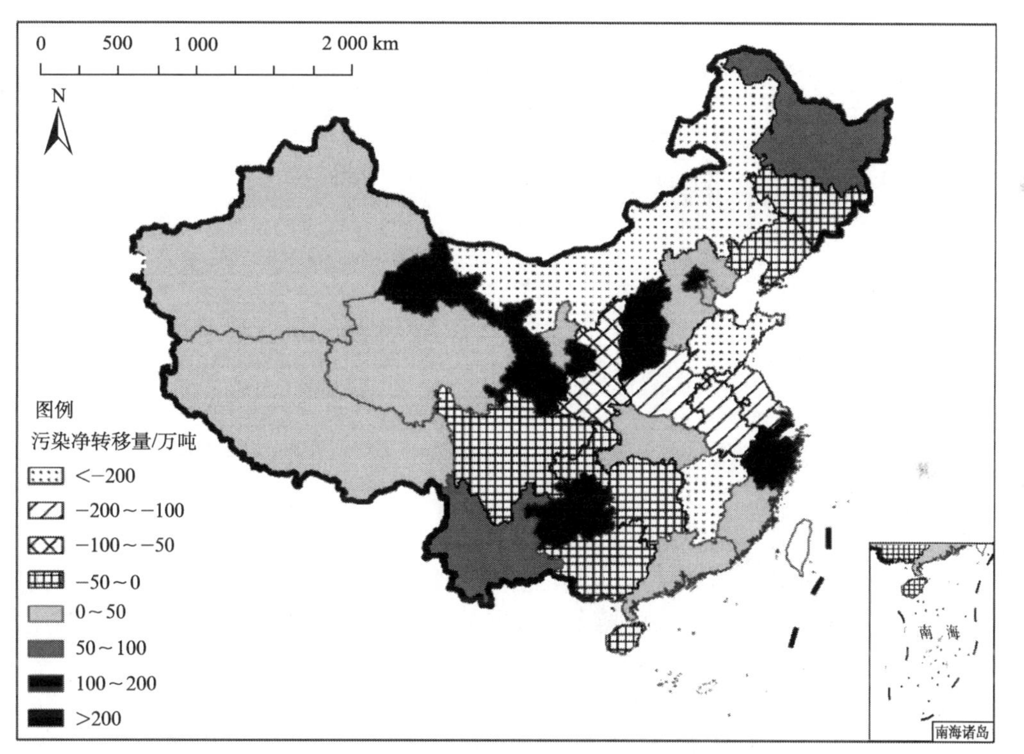

图 6-5　污染净转移量空间分布

由于各行业污染强度的差异，再加上各行业所存在的行业异质性，下文将分别选取造纸、石化、化工、非金属、钢铁等典型产业进行分析，分别计算其在研究期间的污染转移情况。

四、各行业随产业转移的污染

造纸业是污染轻工业的代表，随产业转移的污染主要从浙江、上海、广东和黑龙江转出，而向河南、湖南、四川等中西部省份和辽宁等地转入（图 6-6）。特别是，河南集中了大部分随产业转移而排放的 SO_2。污染的转移也体现了各省份产业结构调整的方向。例如，大量广东的污染密集型产业有转出的趋势，体现了广东的产业发展方向。改革开放以来，珠三角的“三来一补”政策，吸引了大量的污染密集型企业入住。而随着珠三角经济的迅猛发展，人们对工业污染危害和环境保护的重视程度骤增，政府也不断加大环保工作力度，“腾笼换鸟”等产业转型升级政策试图将重度污染型企业外迁或关闭，而造纸业正是产业升级过程中重点迁出的产业之一。

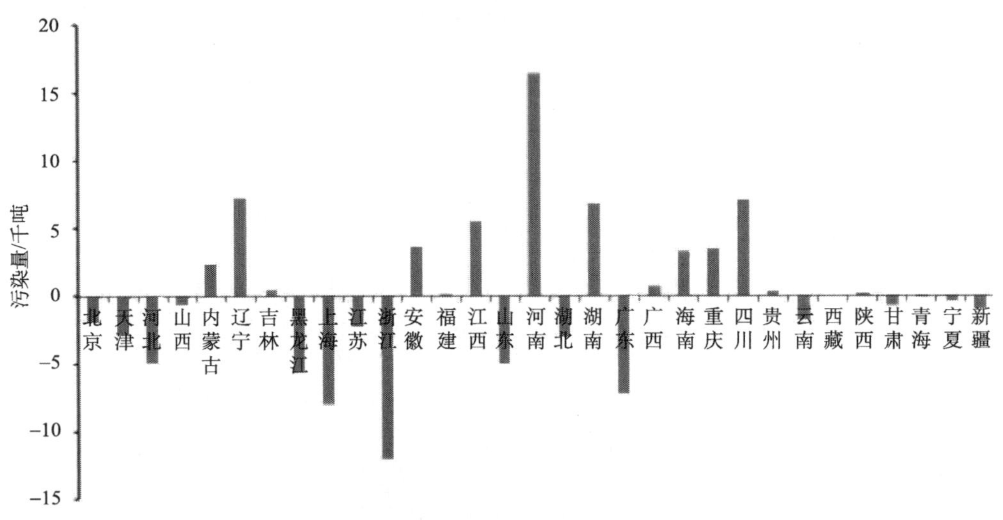

图 6-6　随造纸业转移的污染量省份分布

石油加工、炼焦及核燃料加工业和化学原料及化学制品业的污染转移轨迹类似，污染主要随着辽宁、上海、黑龙江的石油加工、炼焦及核燃料加工，以及广东、北京、天津的化学原料及化学制品业的转出而转出（图 6-7）。山东是传统工业大省，纺织、机械、化工、冶金、建材是传统优势产业，在全国经济转型、发达省份产业结构不断调整的过程中，承担了大量污染产业的转入，尤其是纺织、石油加工、炼焦及核燃料加工、化学原料及化学制品、非金属矿物制品和黑色金属冶炼等高污染行业转入较多，产业大量转入的同时也带来了大量的污染。海南也有大量石油加工、炼焦及核燃料加工污染的转入。近年来，海南开始着力发展石化产业，一批重大石化项目已经建成投产，尤其是东方工业区成为了海南第二个油气化工产业园区，石化工业份额不断增加。

非金属制品业主要包括水泥、石灰等，是一类转移能力较大的行业，外资比例较低，污染强度大，技术水平均匀而成熟，因此，重点分析非金属制品的产业转移的环境效应也更为贴近实际。研究期间非金属制品业主要迁出省份有广东、上海、江苏和浙江等最发达地区，迁入地区主要是河南、辽宁等地。该产业格局的调整也体现了全国产业调整的重要方向（图 6-7、图 6-8）。钢铁业（黑色金属冶炼与压延）污染转移能力和非金属制品不同，污染主要从上海、北京和山西等传统钢铁生产大省迁出，转向河北、天津和江苏等沿海的非经济中心省份。钢铁产业需要考虑原材料的进口及市场等因素（陆大道，1990；徐康宁和韩剑，2006）。因此，即使上海、北京等城市以调整产业结构为动机迁出钢铁业，其污染也主要迁入江苏、河北等具有良好港口交通条件的地区，体现了产业特性对产业转移的影响。

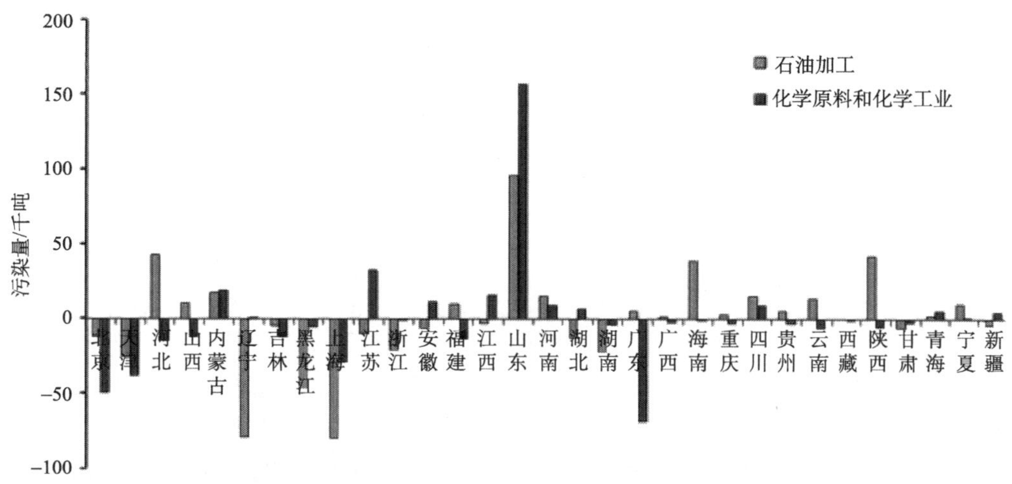

图 6-7　随石化、化工工业转移的污染量省份分布

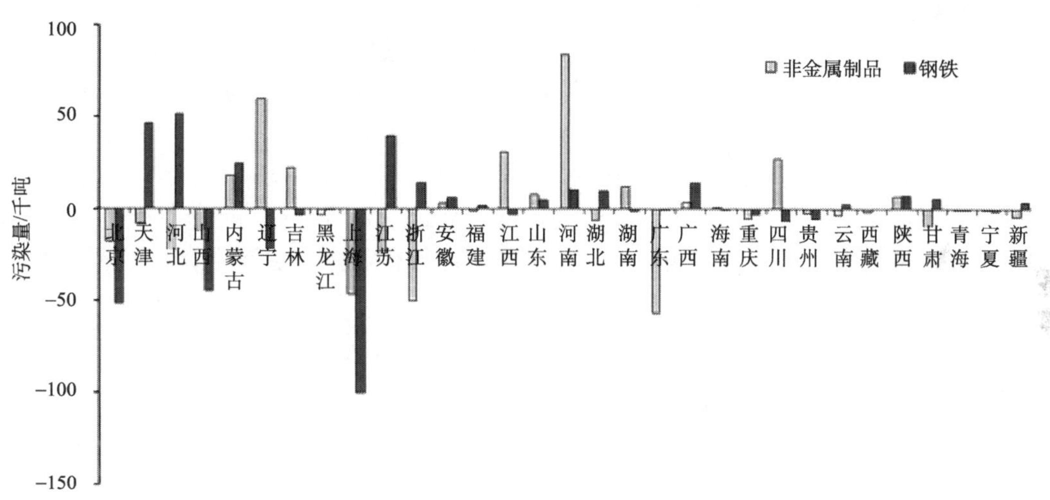

图 6-8　随非金属制品与钢铁业转移的污染量省份分布

第六节　小结与讨论

我们基于 2003~2009 年全国两位数产业的污染数据和分省的两位数行业工业总产值，研究产业转移及其带来的环境污染。在排除区域产业增长带来的环境污染后，计算伴随各省份产业转移过程中带来的污染转入和转出量。研究发现：①2003~2009 年，中国各省份正在经历较为剧烈的产业调整，产业转移的梯度特征明显。产业转移主要从最发达地区转出，向周边沿海以及中部地区转移为主。②产业增长带来的环境污染目前主要受

到产业规模的影响，产业增长带来的环境效应较多集中在沿海产业规模总量较大的发达地区。然而，各省份产业结构变化对污染增长的贡献各不相同。③产业在不同地区的转移促使污染生产在不同地区之间的重新分配。与产业转移特征相同，污染转移也呈现梯度转移特征。2003~2009 年，转出污染生产量最多的省份是上海、浙江、山东、山西等。而转入污染生产量最多的省份是山东、江苏、江西和河南。④不同产业污染转移的模式不同。造纸等较为轻型的产业主要向内陆地区转移，而石化、钢铁等产业则更主要在沿海地带重新分布。

总的来说，近年来，中国产业空间格局进行了较为明显的结构调整，伴随产业结构调整，产业转移也带来了污染的重新分配。在经济转型的关键时期，伴随着产业转移带来的工业污染开始扩散到生态脆弱的内陆地区。然而，以污染转移为目的的产业转移不仅降低了产业转移对当地的经济贡献，反而不利于其经济的可持续发展。因此，结合当地实际，在产业转移过程中，转入地政府也应提高环保意识，加大环境的管理力度，促进企业通过技术创新来降低对环境的影响，避免重蹈先污染后治理的覆辙，防止产业转移成为“污染避难所”假说的新途径。另外，从长远来看沿海地区应该建立合理的污染型企业退出、转型机制，政府应通过产业升级促使产业向产业链和价值链高端发展，以产业升级促进产业结构的调整。

本书从产业格局变化来研究产业转移带来的环境效应，但环境效应不仅仅是一种或者几种产业转移所带来的污染物排放的结果，还包括土地污染、植被破坏、资源滥采、气候变化等。在当今的制度条件和时代背景下，工业污染排放引发的环境效应仍是环境问题的重要内容，也将持续的成为经济地理学者研究环境问题的重要议题，对这一议题的理解也有利于从可持续发展的视角认识产业转移过程中所存在的问题。受制于数据可获得性，本书对产业的划分较为粗略，忽略了两位数行业内部各行业的差异，这也是今后可以改进及需要进一步探索的地方。

第三篇

经济活动之环境干预

第七章　污染密集型产业地理分布研究

第一节　引　言

改革开放以来，随着工业的增长，中国产业集聚、转移方向与程度发生着深刻变化，工业地理格局经历着深刻重塑（Fan and Scott, 2003; Lu and Tao, 2009; Wen, 2004），产业转移的环境效应成为热门的研究。污染密集产业包含的行业较多，产业转移过程中的影响因素各异，部分污染密集型产业出于原材料成本的考虑，将污染密集型产业布局在原料产地。污染密集型产业多为资本、技术、劳动力要素密集型产业（Cole and Elliott, 2005），部分污染产业布局在资本、技术优越以及劳动力成本较低的地区。再有，近年来随着全球化影响的不断深入，沿海地区港口条件不断改善、开放范围也不断地扩大，部分产业开始利用国外原料，加之产品出口的需求，污染密集型产业也更多的布局在沿海地区，以节约成本并获取国外市场（金煜等，2006）。近年来，随着各地环境意识的提高，部分地区环境规制的加强，许多研究发现，我国污染密集型产业由经济发达地区迁移到欠发达地区（沈静等，2012；仇方道等，2013；肖宏，2008）。环境规制导致的“污染避难所”假说可能将显著影响污染密集型产业的地理分布。研究污染产业的地理布局及其影响因素，其也是经济活动面临环境问题的响应，即经济活动的环境干预。将环境要素引入区位研究，其也是经济地理研究环境问题的重要视角，研究结果不但可以解释污染产业发展演化的一般规律，同时也能为转型期制定合理的污染产业转移政策提供有益思路，以更好的实现区域可持续发展。

近年来，已有大量关于产业区位的研究。贺灿飞等（2008）在省际尺度对中国两位数制造业分布进行研究，发现政策和制度因素、劳动力素质和成本、规模经济、自然资源和区位通达性，对我国制造业省际分布具有重要影响，但不同类型产业的地理分布影响因素差异较大。总的来说，资源型产业倾向于靠近资源产地，消费性产业则倾向于靠近消费市场。目前，按照污染密集型分类研究产业地理分布格局的文献还比较少，仅有的研究也只是针对某个特定的省份或城市，如仇方道等发现技术创新、产业结构是驱动污染密集型产业由苏南、苏中向苏北转移的主要因素，政府调控是影响污染密集型产业转移的主要手段（仇方道等，2013）。沈静等（2012）以佛山陶瓷产业为研究对象，发现环境管制是影响污染产业区位变化的重要因素。之后，其利用 2000~2009 年广东 21 个地级市的统计数据，发现环境管制是促使污染密集型产业由珠三角地区向非珠三角地区转移的重要因素（沈静和魏成，2012）。高爽等（2012）发现 2003~2008 年环境规制是无锡污染密集型制造业区位选择的重要因素。仅针对某个产业或者以污染产业整体作为研究对象，掩盖了污染密集型产业异质性所导致的差异。同时，目前的研究大多将这种格局局限于环境规制上，对产业本身的属性少有涉及。因此，研究污染密集型产业的地理分布格局，一方面，将丰富经济地理关于环境问题的研究视角，同时也丰富了区位问题的研究成果；另一方面，对于污染产业地理分布格局的研究，可以为环境和区域产业政策的制定提供参考依据。

第二节　文献综述与理论分析

传统的资源禀赋论强调自然资源、劳动力、技术等外生资源禀赋对产业区位的影响，而新贸易理论引入规模报酬递增、不完全竞争市场、产品差异化等因素，认为规模经济和市场规模效应导致产业地理集中（贺灿飞和朱彦刚，2010）。新经济地理模型则将产业区位完全内生化，强调交通成本与规模经济的相互作用，认为运输成本和规模经济的权衡是产业集聚的根本原因（Krugman, 1980，1991）。传统的资源禀赋因素和新经济地理因素加上污染产业所特有的环境成本等将共同决定污染产业的地理分布格局。

受要素禀赋的影响，一个重要假说——要素禀赋假说（factor endowment hypothesis，FEH）认为比较优势主要来源于相对要素禀赋的差异。资本充裕、技术先进的地区将专业化生产资本、技术密集型产业，而资源密集型地区将专业化生产资源密集型产业。而生产的资本密集度与污染强度具有显著的正相关关系（Cole, 2003）。因此，在市场化条件下，污染密集型产业将会更多的选择资本等密集的发达地区。但同时，部分污染产业也是资源密集型产业，因此这类产业将更多的分布在原料、能源地（Mani and Wheeler , 1998）。Kim（1995）发现资源禀赋可解释美国各州特定产业的就业规模。而随着全球化带来的国际贸易等的不断发展，沿海地区市场需求不断扩大、交通条件也不断改善，加上对国外原料的依赖不断增强，部分污染密集型产业大多选择布局在沿海地区，来靠近国际资源和国际市场，获取比较优势。例如，我国造纸业从欧美等国家进口大量废纸。2013 年，美国为我国最大进口废纸来源地，进口数量占我国废纸进口总量的 44.5%，从欧盟 28 国进口废纸 799.3 万吨。另外，污染密集型产业产品不仅需要满足本国的需求，还有出口国际市场的需求。杨汝岱和朱诗娥（2013）发现地理距离对企业出口到每个市场的每种产品的单位价格有显著正的影响。可见，离港口的距离越近将越有利于获取海外原材料以及增加出口产品的价格竞争力，其在一定程度上表现出交通发展尤其是沿海港口等对资源依赖的替代。

“污染避难所”假说是环境规制对污染密集型产业地理分布影响的重要理论依据，该假说认为环境标准较低的地区在污染密集型产业上具有比较优势，市场化会使这些地区专业化生产污染密集型产品，由于地区的人均 GDP 与环境规制严格度具有高度相关性（张可云等，2009），而欠发达地区正成为新的“污染避难所”。目前很多研究发现，随着经济发达地区环境规制日益严苛，很多污染产业更多的迁移到欠发达地区（沈静等，2012；仇方道等，2013；肖宏，2008；魏玮和毕超，2011；未良莉等，2010）。张可云等（2009）利用 2004~2007 年 31 个省份环境污染排放数据和制造业分省数据，发现东部沿海发达地区与中西部欠发达地区相比在治污方面有较强的优势；同时，污染密集型产业的布局从环境规制力度大的省份向环境规制力度小的省份转移（傅帅雄等，2011）。从而进一步证明环境标准成为污染产业转移的一个重要推动力。魏玮和毕超（2011）利用 2004~2008 年转移产业中新建企业的面板数据，发现环境规制对污染新成立企业具有重要影响，且对重污染型企业的影响要大于对轻污染新成立企业的影响，且该影响会随着企业资本密度的提高而降低。李玉楠和李廷（2012）研究发现环境规制对我国污染密集型产业出口贸易的影响是显著的，出口量和环境规制强度之间呈现出“U”形的关系，而在现有经济水平下大多数制造业处于拐点左侧，环境规制强度的提高仍不利于产业发展和出口贸易。然而，目前也有部分研究认为环境规制并不是其空间格局调整的影响因素。由于部分污染密集型产业对技术、资源等要素的依赖性，环境规制可能并不是成为其发生转移的重要力量，而只是产业份额调节的中间力量。

一部分学者从贸易的角度探讨环境规制和要素禀赋对产业空间格局的影响。Copeland 和 Taylor 等（1994）首次构建了比较优势由要素禀赋效应和环境规制效应差异共同决定的理论模型。Antweiler 等（2001）首次采用跨国面板数据，研究发现避难所效应和要素禀赋效应都成立，对外贸易有利于环境质量的改善。Cole 和 Elliott（2003）发现环境规制、资本和劳动力要素比较优势对 SO_2 的集聚、排放都具有重要影响。傅京燕和周浩（2011）采用 1998~2006 年中国 30 个省份的面板数据，研究发现对外贸易引致的“污染避难所”效应成立，要素禀赋效应不成立（傅京燕和周浩，2011）。

综上所述，要素禀赋、经济全球化与环境规制对污染密集型产业地理分布格局的影响作用是彼此抵消、相互制约的（图 7-1）。另外，交通通达性、集聚经济、区域经济发展和区位条件等对产业区位的选择都具有重要作用（贺灿飞等，2008）。除此之外，产业属性特征等也具有显著的差异。那么，要素禀赋、经济全球化，以及环境规制是否对中国污染产业地理分布格局产生影响？其影响机制是什么？产业异质性对其有怎样的影响？本书主要利用 1998~2008 年中国污染密集型产业数据，描述其空间格局演变，并采用 2003~2008 年的面板数据，分析要素禀赋、全球化和环境规制对污染密集型产业地理分布的影响。

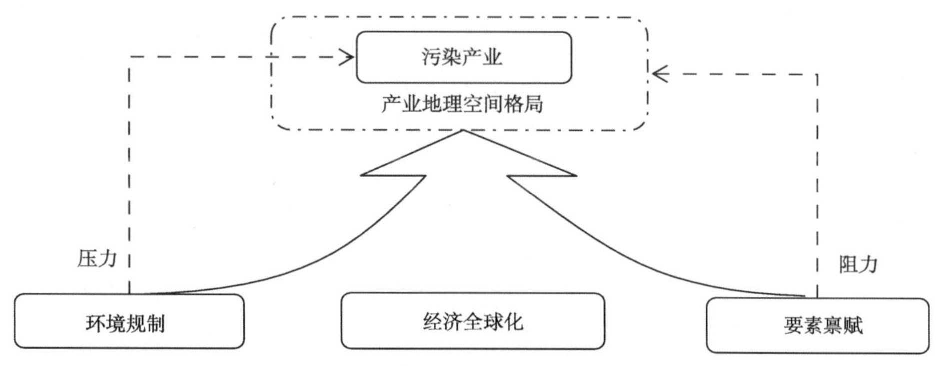

图 7-1　污染密集型产业地理分布的分析框架

第三节　污染密集型产业的时空演变特征

一、污染密集型产业定义

关于污染密集型产业，不同学者对此的界定提出了不同的方法，有学者依据产业的环境治理成本来衡量（Tobey, 1990），也有学者依据单位产值的污染排放衡量（赵细康，2003），还有利用排放规模来衡量（Becker and Henderson,2000）。为保证研究的可持续性与可比性，我们采纳国务院颁布的《第一次全国污染源普查方案》中对污染产业的划分。考虑到电力、燃气及水的生产和供应的特殊性，我们选择其中 10 个重点污染行业，分别为造纸及纸制品业（SIC 22）、农副食品加工业（SIC 13）、化学原料及化学制品制造业（SIC 26）、纺织业（SIC 17）、黑色金属冶炼及压延加工业（SIC 32）、食品制造业（SIC 14）、皮革毛皮羽毛（绒）及其制品业（SIC 19）、石油加工/炼焦及核燃料加工业（SIC 25）、非金属矿物制品业（SIC 31）以及有色金属冶炼及压延加工业（SIC 33）。

二、数 据 来 源

我们主要基于 1998~2008 年《工业企业普查数据库》，分别提取出 1998 年和 2003~2008 年行业代码与本书所选择的污染密集型产业行业代码一致的所有企业。由于 1998 年的产业分类按照 1994 年的国民经济行业分类（GB/T4754—1994 制造业），而 2003~2008 年的产业分类按照 2002 年的分类（GB/T4754—2002 制造业）划分。我们按照 2002 年的行业标准进行分类，并对 1998 年的产业分类以及行政区划进行相应调整。其余数据则来自《中国城市统计年鉴》和《中国区域经济统计年鉴》。

三、污染密集型产业的时空变化

（一）省级层面

改革开放以前，为保证区域发展平衡以及出于国防安全的需要，在内陆省份布置了大量产业，我国制造业地理分布相对均衡。改革开放以来，沿海省份的区位和制度优势逐渐突显，吸引了大量外商直接投资；与此同时，大量资本和劳动力加速在沿海聚集，制造业逐步转向沿海省份。中国制造业地理格局经历了 20 世纪 80 年代的分散多元化、90 年代来趋于地理集中专业化的发展（Becker and Henderson, 2000）。1998 年污染密集型产业在经历了地理集中专业化发展后，主要集中在江苏、广东、山东、浙江、上海等地区，江苏、广东、山东集中了全国 33.58%的污染密集产业。西藏、海南、青海和宁夏等西部城市由于本身产业基础薄弱，污染密集产业分布较少。到 2003 年，污染密集型产业在 1998 年的基础上进一步集聚，但广东、上海等部分沿海省份污染密集型产业份额有所下降。到 2008 年，山东、广东、江苏和浙江由于污染产业基数较大，污染产业份额仍处于前列，但格局发生了较大的变化。首先，2003~2008 年的空间结构调整相对于 1998~2003 年更加剧烈；其次，东部沿海省份污染密集型产业经历了较大的调整，山东污染密集产业进一步发展，占全国污染密集产业的 15.6%。上海、广东、浙江和北京污染密集产业份额不断下降。与此同时，和广东相邻的广西、江西和湖南的污染产业比例都在增加；与北京、天津相邻的内蒙古、河北、江西等地污染密集型产业份额不断增加；与上海、浙江、江苏相邻的安徽、山东和河南等地污染密集型产业份额不断增加；最后，西部省份包括四川、陕西、云南、重庆和青海的污染密集型产业份额也有一定程度的增加，体现了明显的产业结构调整方向（图 7-2）。

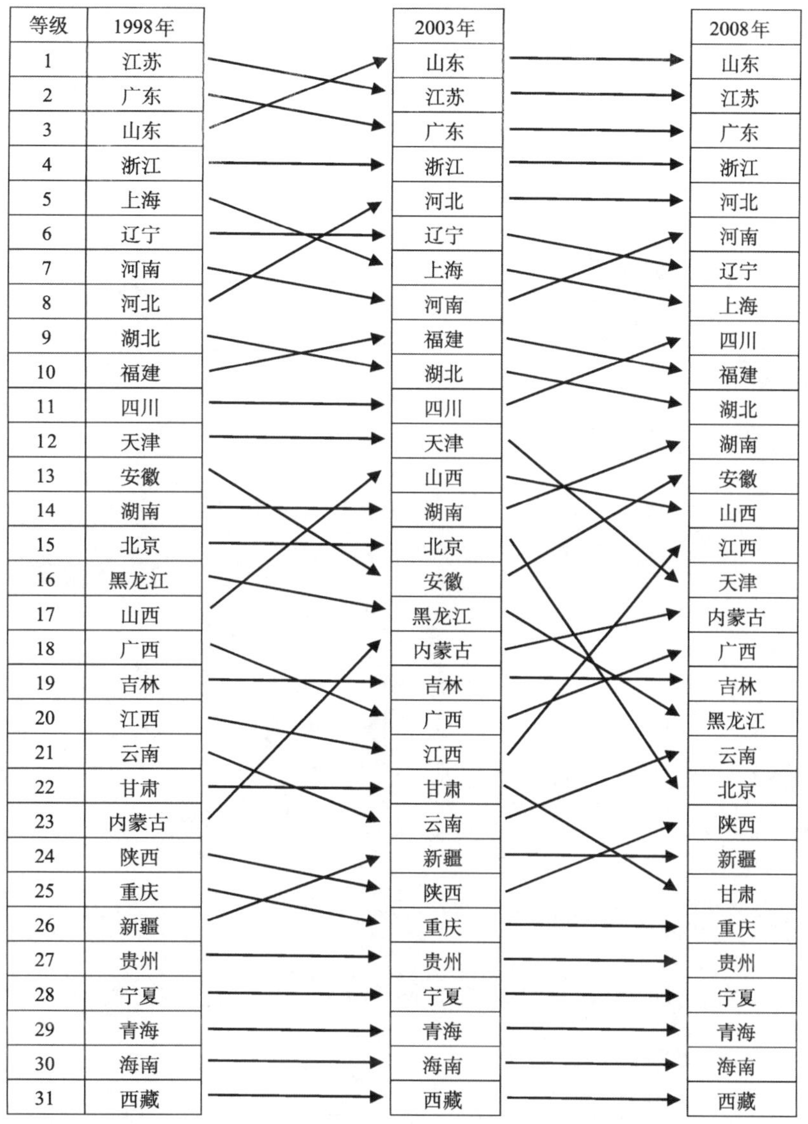

图 7-2　1998 年、2003 年和 2008 年污染产业省份比例变化

从具体的产业来看，造纸业在河南、海南、江西和辽宁等省份不断增加，这些地区同时也是产业技术较为发达和劳动力充裕的地区；山东、河南、浙江和江苏的化学原料及化学制品业由于产业资本、技术较为雄厚，其产业份额不断增加，而广东、北京、天津等地的产业份额不断下降；纺织产业作为东部沿海浙江、江苏、广东等省份的优势产业，其份额不断下降，而山东、河南、江西和四川等劳动力丰富及环境要求相对较弱的中、西部城市成为纺织业崛起的新地域；随着沿海地区生产成本的上升，皮革毛皮及其制品行业主要从浙江、江苏、广东及上海等地区向河北、河南、四川和福建等劳动力及

原材料，以及出口便捷的地区迁移。石油加工、炼焦及核燃料加工业作为原材料依赖性产业，山东、江西、陕西和河北等工业基础发达、能源动力充裕的地区产业份额增加较大（图 7-3、图 7-4）。

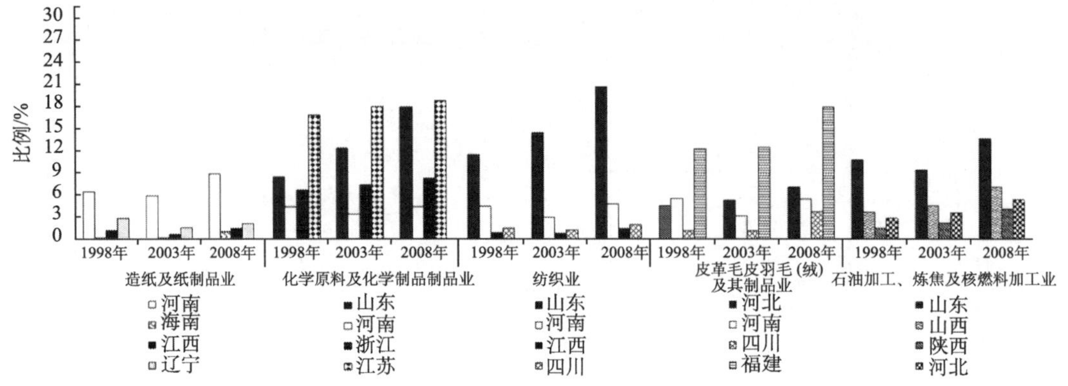

图 7-3　污染产业增加额排名前 4 省份

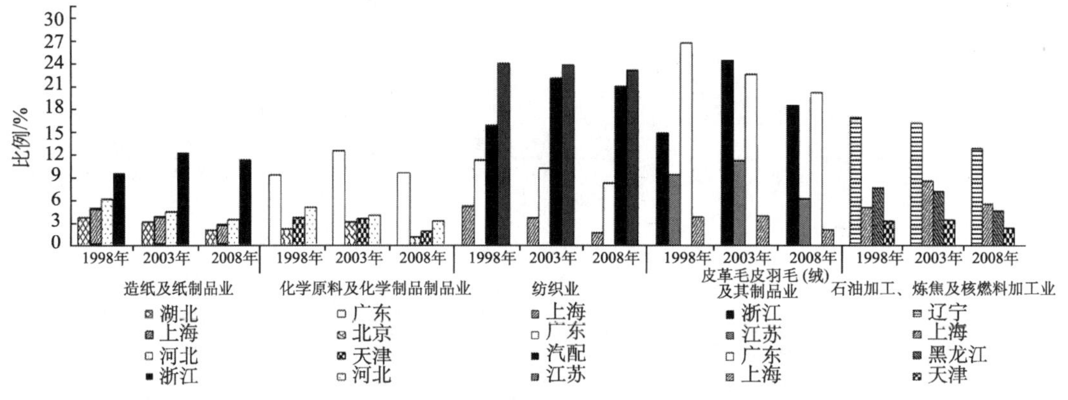

图 7-4　污染产业减少额排名前 4 省份

（二）地级市层面

将污染密集型产业中的企业数据累加到城市层次，由图 7-5 可知，1998 年，污染密集型产业多分布在山东半岛、长三角和珠三角等经济发达的地区；到 2003 年，污染密集型产业进一步集中，并向环京津冀地区、山东半岛地区、长三角地区集聚。到 2008 年，污染密集型产业已扩展至中西部地区，尤其集中在环山东半岛，以及山西和河南北部地区。对于新成立的污染产业的企业（图 7-6），污染产业新企业开始在中部地区，以及西部的四川、重庆等地区集中。由于产业基数较大，2008 年污染产业企业仍多集中在东部沿海地区尤其是山东半岛和长三角地区，但相对于 2003 年，新成立的污染型企业数量有明显的下降。由于两位数污染密集型产业所包含的类别较多，二位数产业下属三位数产业中也存在非污染产业，因此，分产业以三位数污染密集型产业的新成立企业数进行实证分析，对于揭示污染密集型产业地理分布的变化更有说服力。

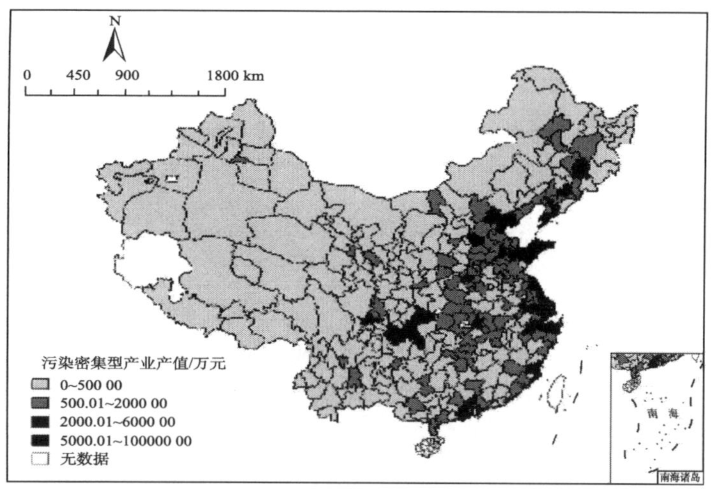

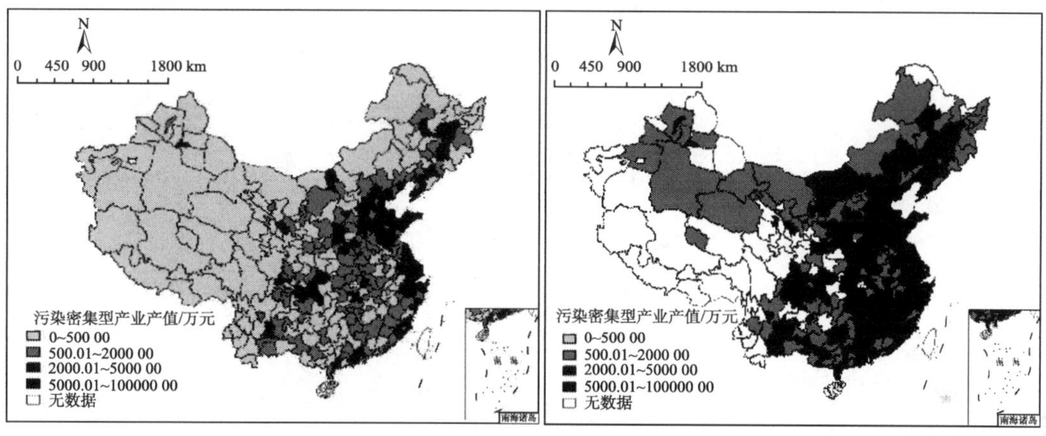

图 7-5　1998 年、2003 年和 2008 年污染产业产值变化空间分布

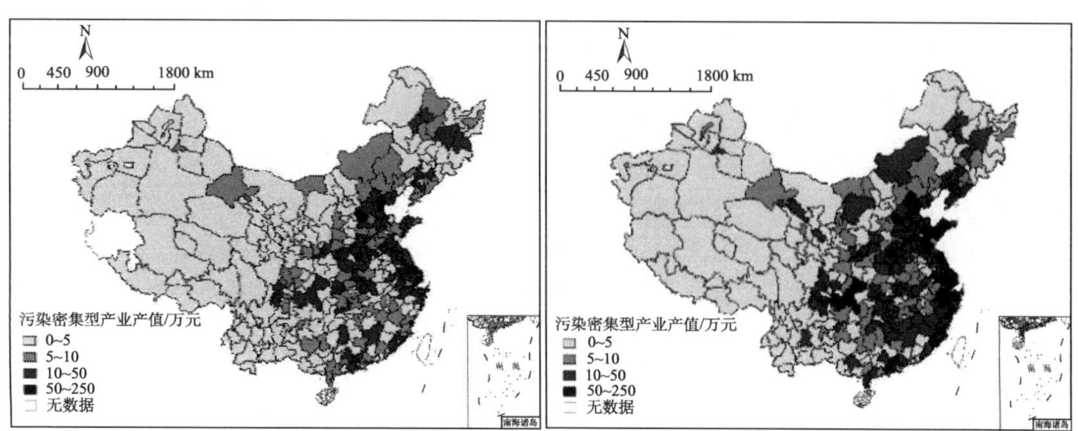

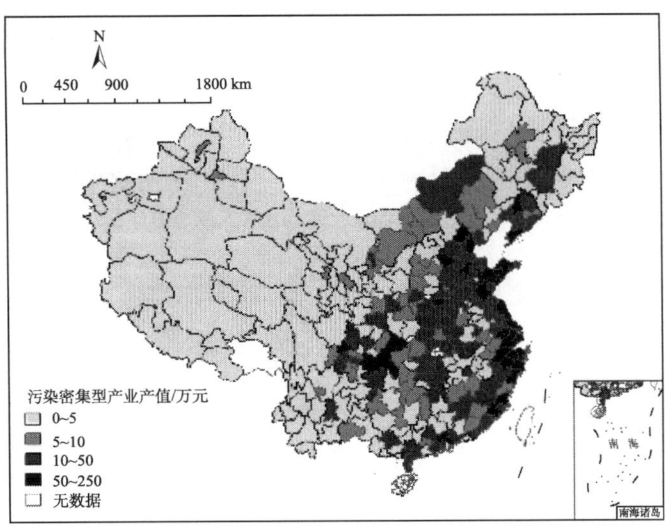

图 7-6　1998 年、2003 年和 2008 年污染产业新成立企业数变化空间分布

第四节　模型的设定与变量选择

一、模型设定及变量选择

考虑到污染密集型产业本身对资源、资本、技术水平等的较高要求以及环境规制造成的环境成本的约束，为进一步探讨污染密集型产业地理分布格局的变化，我们引入反映要素禀赋、经济全球化和环境规制的特征变量，采用新企业成立率为解释变量，通过计量模型来研究污染产业空间变化的影响机制，模型定义如下：

$$\text{NewFirm} = \beta_0 + \beta_1 \text{EF} + \beta_2 \text{Global} + \beta_3 \text{ER} + \beta_4 \text{AGG} + \beta_5 \text{Tra} + \beta_6 \text{Trans} + \beta_7 \text{Location} + \varepsilon \tag{7-1}$$

式中，NewFirm 为区域新企业成立率；EF 为区域要素禀赋；Global 为经济全球化；ER 为环境规制；AGG 为集聚经济；Trans 为交通基础设施；Location 为区位控制变量。

（一）要素禀赋（EF）

区域要素禀赋的富裕程度，对污染产业的影响大多体现在劳动力、资本、技术和资源要素上。因此，我们选择资源禀赋、资本要素禀赋、技术要素禀赋和劳动力要素来衡量要素禀赋对污染型企业区位的影响。其中资源禀赋（NR）按照徐康宁和王剑（2006）的方法，选取采掘业从业人员数占当地从业人员总数比例来反映资源的丰裕程度。在中国的行业统计口径下，采掘业中包含煤炭、石油、天然气、金属和非金属矿采选业等与资源直接关联的细分行业，能够较为准确地代表当地自然资源的状况（方颖等，2011）。资本要素禀赋选择企业固定资产净值年平均余额城市加总占 GDP 的比例来衡量；技术要素禀赋根据杨汝岱和朱诗娥（2013）的计算方法，由企业全要素生产率加权求和得到城市全要素生产率，权重为企业的从业人数。劳动力要素采用企业数据库中职工的平均工资水平衡量区域的劳动力成本的差异。

（二）经济全球化（global）

在全球化的过程中，占领国际市场，以及获取国外原材料开始成为企业区位选择的重要因素。我们采用国际市场潜力和到港口的距离分别衡量国际市场潜力特征，以及国际原材料获取成本。国际市场潜力是计算距离衰减后加和的出口交货值，计算公式如下：

$$P_{f_i}=\begin{cases}f_i, d_i=0\\ \dfrac{f_i}{d_i}, d_i\neq 0\end{cases} \tag{7-2}$$

式中，f_i为区域i的出口交货值；d_i为区域i到最主要进出口口岸的最近距离。

（三）环境规制（ER）

污染密集型产业，环境规制力度是本书最为关注的变量。不同的污染产业对环境规制的敏感性存在显著差异（Jaffe et al., 1995），在环境规制指标的选择过程中，内生性是必须考虑的问题。我们将主要考虑环境规制与工业布局之间的内生性，即污染行业比例高的省份可能更倾向放松规制。对此，选择上一期的环境规制力度作为解释变量。我们分别选取 SO_2去除率和废水排放达标率衡量不同污染物排放要求，其同样也反映区域环境规制的强度。

（四）控制变量

由于不同城市存在的异质性，在重点关注要素禀赋、经济全球化与环境规制影响的同时，需要对区域的异质性进行控制。Fredriksson 等（2003）认为区域之间可能存在一些无法观察的异质性，如果不能将这些异质性恰当地纳入模型，则可能会导致企业区位决策与环境规制强度变量之间的伪回归。我们选择影响区域产业集聚经济、道路基础设施，以及城市区位来控制城市异质性。某个城市同类产业的数量越多，集聚所带来的溢出效应也就越大，新企业入驻的概率也就越大。集聚经济以城市该产业的企业数除以城市企业总数来衡量。很多实证研究发现大部分企业会选择基础设施较完善的地区，我们以公路里程数来刻画道路基础设施水平。具体变量设置见表 7-1。

新企业的区位选择主要受预期利润的影响，由于预期利润并不能直接观察到，但是每年每个城市新企业的成立是可以观察到的。故因变量有左截取的特点，其值在门槛值（0）及其以下被截断。因此，我们采用最大似然估计的 Tobit 模型进行估计，其可以避免应用 OLS 时对非线性假设以及可能导致的 OLS 估计系数偏误（Tobin，1958）。为了纠正行业特征和城市行业规模对成立率的影响，分别采用企业成立数（NFN）和该行业新企业成立总数与城市该行业企业总数的比例（NFR）表示城市污染型企业吸纳能力。

表 7-1　解释变量定义及符号

变量		定义	时间	预期符号
新企业成立率	$NewFirm_{ijt}$	区域 i 产业 j 第 t 年新企业成立数据/区域 i 第 t 年总的企业数	2003~2008 年	
要素禀赋	NR	采掘业从业人数占总从业人数比	2002~2007 年	+
	Cap	企业固定资产净值年平均余额/GDP	2002~2007 年	+
	Tech	城市生产率	2002~2007 年	+
	Labour	职工平均工资	2002~2007 年	−
全球化	GMarket	出口交货值加权的国外市场潜力	2003~2007 年	+
	Port	1/到港口的最短距离		+
环境规制	SO_2	SO_2 去除（去除量/总量）	2002~2007 年	−
	Water	工业废水排放达标率（达标量/总量）	2002~2007 年	−
控制变量	Agg	集聚经济	2003~2007 年	+
	Road	公路里程	2003~2007 年	+
	East	东部城市	2003~2007 年	
	Mid	中部城市	2003~2008 年	

$$y_{i,t}^{*} = \beta_{0} + \beta' X_{i,t-1} + \varepsilon_{i,t} \tag{7-3}$$

$$\text{NewFirm}_{i,t} = \begin{cases} y_{i,t}^{*}, & \text{if } y_{i,t}^{*} > 0 \\ 0, & \text{if } y_{i,t}^{*} \leqslant 0 \end{cases} \tag{7-4}$$

式中，$y_{i,t}^{*}$ 为非直接观察到的潜在变量；β_0 为区域与时间固定效应；$X_{i,t-1}$ 为解释变量集；β' 为相应的估计参数；$\varepsilon_{i,t}$ 为随机误差。另外，污染型企业所受到的环境规制压力与该城市污染型企业数量有关，污染型企业越多，城市为保证环境质量可能会提高环境成本。因此，我们构建 Heckman 二阶段模型，前者用于第一阶段的 Probit 模型，表示一个城市是否有污染产业新企业的成立，如果有则取 NF=1，否则取 NF=0。后者用于第二阶段模型，表示城市污染型企业成立率。为了纠正行业特征和城市行业规模对成立率的影响，分别采用企业成立数（NFN）和该行业新企业成立总数与城市该行业企业总数的比例（NFR）表示城市污染型企业吸纳能力。

由于部分城市数据的缺失，经调整共 279 个城市（含 4 个直辖市）进入样本。由于要素禀赋、国际市场和环境规制对产业空间格局的影响也较难在当期反映，我们使用上一年的要素禀赋变量和市场数据作为原变量的工具变量。在变量的预处理过程中，对相关经济数据调整为 2003 年不变价格，并对连续变量进行 log 处理。为了更好约束污染产业的定义，我们通过汇总 2004 年《工业经济普查数据库》中的企业排污费，选择上述 10 个污染密集型行业中排污费最高的典型三位数行业，分行业进行实证分析。为体现不同行业特性，最后选择造纸（222），基础化学原料制造（261），棉、化纤印染精加工（171），炼焦（252）和皮革鞣制加工（191）五个三位数行业。

二、模型统计结果分析

依据上述分析，我们主要采用新企业成立率来衡量污染产业的地理分布格局的变化，对变量进行相关性分析发现，变量间相关性都不大，估计结果见表 7-2。要素禀赋变量中自然资源禀赋（NR）和资本要素（Cap）均不显著。表明靠近原材料产地对于污染密集型企业影响较小，不过这可能也与企业的规模以及企业所属产业类别等有关。技术要素显著为正，与预期相符，即污染密集型产业对技术要素有较高需要。在前文描述分析中也可以发现，污染密集型产业较多的转移到山东、河南、江西和河北等工业基础较为发达的地区，同时，这些地区靠近东部沿海工业基础发达的地区，技术的传播转移也具有地理上的便捷性。劳动力的工资水平（labour）为负，表明大多污染密集型产业企业更多的选择劳动力成本较低的地区，这与传统贸易理论中强调劳动力的重要性具有一致性（贺灿飞等，2008）。

经济全球化变量中，Gmarket 为正，表明污染密集型产业较多的受国际市场的影响，获得较大的国际市场成为影响污染密集型产业地理分布的重要因素。到港口的距离不显著，表明在生产的过程中，国际原材料的替代作用对污染密集型企业影响较小。不过这也与产业类型以及企业在不同的发展阶段有关。

环境规制变量废水处理达标率与 SO_2 排放达标率都显著为正，与预期相反，表明污染密集型企业反而选择废弃物处理严格的地区，但 $Water^2$ 和 ${SO_2}^2$ 都显著为负，表明环境规制与污染密集型企业成立率存在倒“U”形关系，这与李玉楠研究的污染密集型产业出口与环境规制的倒“U”形关系较为一致（李玉楠和李廷，2012）。环境规制对污染型企业区位的选择具有阈值效应。在一定的阈值之前，企业将会选择环境规制较严格的地区，而这些地区可能具有较好的污染处理基础设施以及相对成熟的污染治理水平等，但在超过处理标准阈值以后，企业则需要投入更大的环境成本以达到规定的排放标准。将 SO_2 处理率和废水处理率与技术交叉，SO_2*Cap 和 Water*Tec 显著为负就表明环境规制对于污染密集型产业的影响与当地的技术水平，以及资本要素富裕度有关。企业更倾向于选择技术水平较高和环境规制较高的地区。在技术水平不变的情况下，环境规制越大，污染型企业成立率越小。

另外，不同的要素对不同规模企业的影响也具有显著差异。由于大企业样本数量较小，将企业数据库中的大、中规模企业合并。在分企业规模的回归模型中，小企业对于成本的反应更为敏感，技术要素、劳动力成本和环境规制水平对其影响较大。不论是大企业还是小规模企业，环境规制变量（Water）均为正，表明严格的环境规制更容易吸引企业的入驻。然而，上文讨论指出，其也可能与环境规制强弱以及区域的技术水平有关，具有较高污染处理率的城市，其较好污染处理基础设施也有利于降低污染型企业污染物处理成本。而对于不同的行业在不同的阶段，影响其区位选择的因素也具有显著的差异。为了避免城市对于污染型企业的吸纳能力以及行业特征对区位要素的影响，采用 Heckman 两阶段模型研究在不同阶段影响污染型企业地理分布的影响因素，结果见表 7-2。

表 7-2　Tobit 回归计量结果

	Newfirm	Newfirm	Newfirm	Newfirm	大规模企业	小规模企业
NR	−0.368		0.373	0.440	3.280	-6.323^{**}
Cap	−0.676		0.350	3.643	0.0934	−0.0562
Tech	0.129^{***}		0.128^{***}	0.419^{***}	−0.0351	1.560^{***}
Labour	-0.144^{***}		-0.117^{***}	-0.317^{**}	-0.0594^{**}	-0.152^{***}
Gmarket	0.0519^{**}		0.0532	0.230	6.478^{**}	3.830^{*}
Port	0.0746		−0.0553	−2.715	−8.010	11.67
Water	0.204^{***}	0.484^{***}		0.773^{***}	1.288^{**}	2.087^{***}
SO_2	0.0687^{**}	0.129^{***}	0.180		0.432	0.836^{***}
$Water^2$		-11.75^{***}				
$SO_2{}^2$		−3.221				
SO_2*NR			-447.0^{***}			
SO_2*Tec			5.451			
SO_2*Cap			-377.9^{**}			
SO_2*Lab			−6.387			
SO_2*Port			36.24			
SO_2*Market			−0.937			
Water*NR				−98.39		
Water*Tec				-32.96^{***}		
Water*Cap				−483.9		
Water*Lab				18.87		
Water*Port				295.0		
Water*Market				−18.74		
Agg	0.125^{***}	0.124^{***}	0.125^{***}	0.125^{***}	0.0655^{***}	0.106^{***}
Road	0.620^{***}	0.668^{***}	0.589^{***}	0.635^{***}	0.0703^{***}	0.0562^{***}
East	0.0028^{***}	0.0033^{***}	0.0030^{***}	0.0029^{***}	0.0022^{***}	0.0025^{***}
Mid	0.0023^{***}	0.0028^{***}	0.0025^{***}	0.0023^{***}	0.0016^{***}	0.0020^{***}
Industry dummy	included	included	included	included	included	included
Year dummy	included	included	included	included	included	included
_cons	-0.0180^{***}	-0.0188^{***}	-0.0171^{***}	-0.0228^{***}	-0.0174^{***}	-0.0208^{***}
LR chi2	4728.76	4628.04	4733.40	4738.30	1701.20	4119.53
Log likelihood	8603.54	8553.18	8605.86	8608.31	1238.02	7342.45
N	16500	16500	16500	16500	33000	16500

*表示 $p < 0.1$；　**表示 $p < 0.05$；　***表示 $p < 0.01$。

在总样本模型中，资源禀赋（NR）在第一阶段显著为负，但是对于企业成立率来说，其显著为正；然而技术要素（Tech）在不同的阶段与资源要素相反，即污染型企业在第一阶段，区位选择受技术要素影响较大，而资源密集的城市将吸引较多的污染密集型企业。劳动力要素在两个阶段均显著为正，更加验证了污染密集型产业对劳动力巨大需求。Port 在第一阶段显著为正，表明污染型企业的成立对国际原材料的需求较大，这与 NR 显著为负做了很好的补充。Gmarket 以及 Water 和 SO_2 在两个阶段与 Tobit 模型一致，不做重复说明。

由于两位数污染行业中也可能包含三位数非污染行业，选择五个三位数行业 Heckman 两阶段模型回归结果见表 7-3。造纸业第一阶段模型中资本要素（Cap）和技术要素（Tech）显著为正，即在区位选择时会首先考虑技术和资本密集的区位。这主要是因为造纸业属于技术和资本密集型行业，造纸行业设备投资约占总投资额的 60%，百元产值占用固定资产额与冶金、石油、化工行业相近。另外，造纸工业的水、能源、物料的消耗较高，在第二阶段中，资源要素（NR）显著为正，环境规制（Water）显著为负，即区域的原材料、能源供应、环境成本是企业选择的另一重要考虑因素。Port 变量显著为正，造纸业中上游纸浆制造业与下游的印刷业有着密切的联系，产业联系也可能成为造纸产业各功能部分区位选择的重要因素。因此，靠近港口分布的特征也反映了其对国际纸浆等原材料的需求，以及下游技术要素密集型纸品制造的需求。

基础化学原料制造的上游主要是原油、煤炭、原盐等大宗商品，本身主要作为生产下游衍生化工产品的中间投入。其在区位选择时，主要考虑技术要素的重要影响。然而在不同的阶段，对要素禀赋的需求也有所不同。在第一阶段中该类企业主要考虑技术要素，但在第二阶段中，可能处于技术挤出等因素，技术要素越密集的区域，成立率反而越低。而环境规制也主要对其第一阶段起到促进作用。棉、化纤纺织及印染精加工的主要原材料为棉花，其与本书设置的资源要素禀赋变量当中的要素可能存在挤出效应，因此，该行业企业反而选择 NR 小的区域。但在第二阶段，NR 越大，企业的成立率越大，这主要是因为 NR 越大，可为其提供低成本的能源动力等。同时，由于我国棉、化纤纺织的出口量较大，因此，其也将选择国际市场潜力较大的区位。炼焦行业资源消耗高，其对资源、能源需求较大，将主要选择靠近能源产地。皮革鞣制加工的原材料主要为皮资源，NR 资源越丰富的地区，往往也是农副产品丰富地区，在该行业的第二阶段其表现出跟随资源密集型城市。同时，Water 变量为负，即也存在环境规制的倒“U”形关系。

第五节　小结与讨论

本书利用 2003~2008 年工业企业普查数据，以污染密集型产业及其新成立企业为研究对象，探讨在此年间，污染密集型产业地理分布的空间特征。研究发现，首先，我国污染密集型产业正在进行着剧烈的空间结构调整，上海、广东、浙江和北京污染密集产业不断转出，山东及中部地区开始成为污染密集型产业新的集聚地。其次，不同污染产业转移的模式不同。造纸等较为轻型的产业主要向内陆地区转移，而基础化学原料等技术密集型产业则更主要在沿海地带重新分布。不同要素对于企业成立的影响具有显著的差异。技术以及劳动力成本成为企业区位选择的重要影响因素。相较于资源要素的可得性，受全球化的影响，国际市场潜力对企业区位选择的影响更大。而对于污染密集型产

表 7-3　分行业新企业成立区位选择 Heckman 两阶段模型

	总样本		造纸（222）		基础化学原料制造（261）		棉、化纤纺织及印染精加工（171）		炼焦（252）		皮革鞣制加工（191）	
	newfirm	NF	newfirm	NF	newfirm	NF	newfirm	NF	newfirm	NF	newfirm	NF
NR	1.646***	−184.4***	1.637***	15.26	0.351	−225.3*	2.568**	−360.3**	5.332***	116.3	3.168***	−95.77
Cap	−0.852	-9.884	−1.883	−386.7	−0.718	466.4**	−0.299	74.60	−1.204	24.58	0.827	−454.2
Tech	−0.0390*	33.94***	0.0503	55.30***	−0.136**	31.49***	−0.0931	48.55***	0.244*	9.427	−0.0921**	1.748
Labour	−0.149***	−22.77***	−0.0845*	−21.88**	−0.125**	−43.43***	−0.26***	−39.51***	−0.664***	−49.56***	−0.0830*	−23.60
Gmarket	0.0429*	9.625***	0.0387	10.37	0.0233	20.72*	0.134**	40.51***	0.644	1.223	0.0386	9.471
Port	−0.0166	45.45**	0.126	165.2**	0.266	−13.06	0.194	171.1**	−6.051*	−196.5	−0.481*	184.8**
Water	−0.0832	50.91***	−0.427***	52.40**	0.0198	79.26***	−0.0985	115.8***	−0.0112	77.49**	−0.696***	83.58**
SO_2	0.0677**	10.85**	0.0134	13.09	0.047	21.28	0.138	42.15***	−0.0602	4.484	−0.046	−10.63
Agg	0.116***	20.79***	0.115***	37.87***	0.105***	18.36***	0.117***	20.44***	0.156***	20.14***	−0.045	103.2***
East	0.298	0.575***	−0.132	0.576***	−0.0618	0.601***	−1	0.356***	2.24	0.318*	−2.96***	0.753***
Mid	0.806***	0.411***	0.619	0.290**	0.804	0.422***	−0.856	0.343***	0.5	0.0900	−2.75***	0.504*
Road		159.3***		252.5***		220.9***		117.0**		237.9***		159.6***
_cons	−0.0009	−2.803***	0.0029	−3.400***	0.003	−2.698***	0.003	−3.298***	−0.006	−2.279***	0.019***	−3.315***
Year	included	included	included	included	included	included	included	included	included	included	included	included
是否有选择效应	是		是		是		是		是		是	
Wald chi2	2144.36		186.72		354.03		700.91		71.48		114.71	
rho	0.70		0.54		0.42		0.64		0.73		−0.98	
sigma	0.005		0.003		0.0048		0.0064		0.0074		0.0021	
N	16500		1650		1650		1650		1650		1650	

*表示 $p < 0.1$；　**表示 $p < 0.05$；　***表示 $p < 0.01$。

业具有重要影响的环境规制，环境规制与污染型企业的成立具有倒“U”形关系。另外，不同规模的污染型企业，其地理分布影响因素也不同。小企业相较于大企业来说，对成本更为敏感，原材料的可得性、技术要素、劳动力成本等对其影响更为显著。最后，不同行业的企业在不同阶段，要素需求也有所差异。

总的来说，近年来，中国污染密集型产业地理分布格局经历了较为明显的调整，而伴随产业空间结构调整，也带来了污染的重新分配。因此，在经济转型的关键时期，以产业升级为主导的污染密集型产业结构的调整，对我国产业发展具有极其重要的作用。本书从新企业成立区位选择的视角来研究污染密集型产业地理分布变化，然而新企业的成立从来不只是受到一种或者几种要素的影响。但在当今的制度安排和时代背景下，由要素禀赋、全球化和环境规制影响的污染密集型产业空间结构调整，将会持续地成为重要的研究议题。对其理解也有利于从可持续的视角认识产业空间结构调整所带来的环境问题。由于数据等的限制，我们仅选择国务院公布的污染密集型产业，而对于三位数产业的选择也仅依靠2004年的排污费数据，较为粗略，这也是今后需要改进的地方。

第八章　污染型企业更倾向于布局在行政区边界吗

第一节　引　　言

过去30年，中国的经济增长令世人瞩目。然而，经济高速增长的同时，生态环境也急剧恶化。显然，这种以环境为代价的粗放发展模式是不可持续的。对污染产业的过度依赖已经对地方、区域甚至全国尺度的生态环境造成了严重破坏，产生了深远的社会影响。成都、厦门、昆明和大连的PX项目都引发了大型群体性事件；而北京、天津、石家庄等城市的严重雾霾也已成为热议话题。在众多的环境问题中，区域性污染，因其治理难度大、影响范围广而备受关注。过去几年，环境问题专家和政府管理部门尝试用各种措施来治理区域性环境污染，然而目前为止，这些努力的前景尚不容乐观。

在第二章的论述中，作为地理学界的新兴研究领域，环境经济地理的研究内容主要包括：①经济活动的环境效应；②经济活动的环境干预。在第二类环境经济地理研究内容中又包含：环境对经济决策过程等经济活动的影响和区域面临环境问题的环境治理。其中，环境治理的研究专注于在不断变化的社会、经济和政治背景下，如何来有效地进行环境管理，协调不同利益集团的诉求。例如，Affolderbach（2011）研究了加拿大不列颠哥伦比亚省、澳大利亚塔斯马尼亚原始森林的多起环境争端，并基于此提出了一个环境博弈框架。Johnes（2013）对比研究了温哥华、墨尔本和纽约的城市气候变化管理，发现不同层级政府间的合作是环境政策有效实施的重要保证。然而，这种跨行政管理单元的政府合作在三个案例中都未曾提及。目前，也有一些文献研究以环境规制为主导的环境管理效果（Dowell et al., 2000; Damodaran, 2002; Mutersbaugh, 2005）。然而，由于环境规制本身难以量化，这些研究多是运用案例研究方法定性地讨论环境标准对单个企业的影响，仅有少数研究定量探讨了环境规制对区域或全国层级产业空间布局的影响。我们试图定量地研究中国环境分权管理背景下污染型企业的区位特征，研究结果可以在一定程度上丰富环境规制的定量研究成果。

环境污染具有区域性特征。由于环境污染物会在一定范围内扩散，因此，环境污染的负外部性也不仅仅局限于污染源所在地（Hatzipanayotou et al., 2002）。环境污染的扩散范围与行政区划的范围不一致，也为环境管理增加了难度。中国的环境管理体系是高度分权的，实行“纵向分级、横向分散”的结构。中央的环保部负责全国性环境标准和法规的制定，而地方环保局则负责环境规制的具体实施。由于环保局同时受到环保部和地方政府的双重管理，地方环境规制的实施很大程度上受地方政府意志的影响。尤其是跨边界的一些污染治理，受污染地区的政府并不一定对实际排放污染物的污染型企业具有行政管理权，而污染型企业所在地的政府也不一定有动机去制止企业排污行为。

跨区域污染需要在财政和环境双重分权的背景下来理解。一方面，一些大型污染型企业由于能创造就业、促进本地经济增长并为本地带来财政收入，因此受到地方政府欢迎。另一方面，大型污染型企业排放的污染物会导致本地环境恶化，引发本地居民的不满，激发社会矛盾，从而影响地方政府官员的政绩，甚至可能阻碍地方官员的晋升。在这种矛盾下，一个可能的途径是通过区内环境制度的差异引导污染型企业布局在行政区域边界，这样既能使污染物扩散至相邻行政区，减少留在本区的污染物，又能保住税收和 GDP，最终达到地方政府的“最优污染量”均衡。那么，这种污染“边界效应”在中国是否存在呢？我们试图通过构建地方政府环境规制强度的决策模型，来分析地方政府在本区域经济增长与环境污染危害之间的权衡过程，用中国污染型企业的区位和生产数据来展示 2008 年中国污染型企业的地理布局，最后运用计量模型验证理论模型中的污染“边界效应”假设，并对结论进行讨论。

这种研究具有理论和现实意义。理论上能丰富在环境领域的区域竞争研究和区域可持续发展的理论框架，有助于理解跨边界污染的形成机制。从现实角度看，这种研究则能验证当下中国是否存在污染型企业选址的“边界效应”，并为政府制定环境政策提供更多依据。

第二节　文献综述和理论分析模型

一、区域竞争与地方保护主义

中国的分权化是 20 世纪 80 年代经济转型的一大特征。经济转型后，三大权力被下放给地方政府：①地方财政和税收权力；②投资和融资权力；③管理地方企业的权力（Li, 2003）。地方政府获得了干预地方经济的重要权力，对本地的经济发展负责，更助长了区域间竞争的升级。财政分权和官员晋升压力进一步强化了地方保护主义——地方政府具有很强的意愿来借助行政权力保护本地企业和经济利益。许多研究都证实了地方保护主义的存在，认为地方保护主义是增加政府财政收入、促进本地经济增长的有效策略（Yin and Cai, 2001）。也有研究分析了地方保护主义对贸易、企业区位和区域发展的影响。例如，Poncet（2005）的研究表明，地方保护主义会阻碍区域一体化，导致市场分割和阻碍区域间商品和资本的流动。

在分权政治体系中，地方保护背景下，区域间竞争行为非常普遍。尤其在强调经济增长的发展中国家，经济领域的区域竞争现象十分显著。为了增加本地工业产出，创造就业和提高经济水平，地方政府运用各种手段来竞争投资（Ferreira and Facchini, 2005; Markusen et al., 1995; Richter and Wellisch, 1996; Levinson, 1996; Kunce and Shogren, 2005; Kunce, 2002; McAusland, 2002）。

地方政府进行地方保护的常见手段之一是对企业提供各种形式的补贴，如对外资企业、经济特区内的企业和高新技术企业的税收减免；对特定产业提供的低息贷款和增值税退税以及进口退税等；对国有企业和工业园区企业提供廉价土地；基于企业出口表现的现金补偿等（Barbieri et al., 2012）。除了以上的补贴，以环境规制为代表的规制手段也是地方政府进行区域竞争的重要工具（Oates and Schwab, 1988; Van Long and Siebert,

1991; Rauscher, 1994）。

二、污染型企业区位：集聚效应 V.S.边界效应

（一）集聚效应

对大多数发展中国家的地区而言，经济增长是区域发展的首要目标。在这一目标下，地方政府将重点投资置于最有效的区域以促进经济高速增长和地方收入增加。区域发展存在循环累积效应，新产业的进入能带动区域实现劳动力的增加、服务需求的提高，以及新技术的发展，并形成新的产业联系。在正反馈作用下，原有产业基础好的区域，经济增长不断加速，并吸引更多企业入驻（Myrdal,1957）。卡恩提出了区域乘数的概念，用来描述每单位额外投资对区域增长的贡献（Kahn,1931）。不同地区的区域乘数存在差异，经济规模更大、人口更多、专业化程度更高的地区区域乘数更大（Shi, 2013）。因此，可以认为在现有工业基础更好、本地劳动力供给更充分的地区，相同的工业投资能带来更快的经济增长。而这些地区往往是区域的中心城市。小城市的区域乘数较小。此外，中国频繁进行行政区划调整，那些位于边界的镇、县存在被划入邻近省市的可能性。这也使得省、市级地方政府不愿意将投资放到边界地区（Zhen et al., 2010; Li and Wu, 2014）。

从企业家的角度来看，集聚外部性强的产业集群和大型城市对产业更具有吸引力。集聚经济的形式包括专业化经济和多样化经济。专业化经济也叫本地化经济，由马歇尔（1890）提出，强调经济活动的外部规模效应。同一产业的企业集聚在一起，通过分享劳动力市场和中间产品市场，获得专业化的生产性服务和产业内知识溢出，降低成本从而获得更高利润（Van Oort et al., 2012）。本地化经济的强弱取决于本地的经济基础，因此，不同产业、不同区域的本地化集聚外部性大小不同（Duranton and puga, 2000）。城市化经济指企业在大城市中享受到的产业间规模经济。不同产业的集聚意味着企业能以更低成本快速地获取金融、法律、网络等生产者服务，降低交易费用，提高生产效率。同时，产业间的知识溢出也被认为是区域创新和经济增长的重要动力（Harrison and Glasmeier, 1997）。总而言之，无论是本地化经济还是城市化经济，集聚经济都是企业区位选择的重要影响因素，也是本地经济增长的动力（Head et al., 1995; Du et al., 2008; Chen et al., 2014；Martin and Ottaviano, 1999; Davis et al., 2014; He and Pan, 2010）。

（二）边界效应

环境是典型的公共品。环境污染会产生高昂的社会成本，具有负外部性。由于无法做到对排污行为的完全监督，因此，环境污染的私人成本并不能充分反映社会成本。以利润最大化为目标的企业，缺乏将环境污染的外部性内部化的动机，可能会选择“搭便车”来超排、偷排污染物。对于想要降低本地环境污染成本，同时又希望留住企业的地方政府而言，将污染型企业布局在行政区边界是最优的策略，因为这样能使部分污染物扩散至相邻行政区，降低本地承担的污染危害。对于污染型企业而言，行政边界处的环境监管力度较弱，在行政区域的边界处的排污，企业的排污成本低，可以以较低的环境

成本获得更大的污染排放量。

已有不少实证研究验证了环境污染“边界效应”的存在。Tanguay 和 Marceau(2001）构建模型来对比环境集权和分权制度对污染型企业选址的影响，发现在完全信息的情况下，分权有利于企业选择最优区位；而在信息不完全时，环境分权则可能妨碍企业做出最优决策。Helland 和 Whitford（2003）使用美国在 1987~1996 年污染物排放名录进行研究，发现位于州边界的县，空气和水污染物的排放量显著高于其他县，证实了行政管辖权是影响排污行为的重要因素。Gray 和 Shadbegian（2004）重点调查造纸企业的污染行为，选取了分布在美国 38 个州的 409 家造纸企业，研究 1985~1997 年的污染排放与邻近县的关系，发现与其他州毗邻的造纸厂会排放更多的废气和废水。Sigman（2005）对美国河流水质监测数据的进行研究，发现若河流上游流经的州拥有授权（具有自主制定环境政策和执行环境监测的权利），将导致其下游的河流水质指数下降 4%，这证实了各州之间利用环境外部性从而导致跨行政区域河流污染的现象。事实上，政府通常通过差异化的环境规制和环境规制执行力度来促使污染型企业到行政区域边界选址。Konisky 和 Woods（2010）考察了 1990~2000 年美国各县对《清洁空气法案》执行情况，发现国际边界上的县的环境政策执行力度显著更弱。

随着社会的不断进步，尽管经济增长仍然是多数发展中国家和地区的主要目标，环境和健康等指标在政绩考评的过程中也得到了更多的重视。地方政府制定了各种环境政策和标准来规制本地的污染型企业。而对污染型企业而言，排污成本的不断提高使得环境规制成为污染型企业选址的重要决策因素。在分权化的环境管理制度下，各地的环境规制强度存在显著差异。即便同样的环境标准，各地的执行力度也不尽相同。那么，污染型企业会如何来应对这种差异化的环境规制呢？对于这一问题，学界一直没有得到一致的结论。

“污染避难所”假说认为，当交易成本足够低时，经济活动会从环境规制严格的地区转移至环境制度宽松的地区。早期的研究认为，在“污染避难所”假说下，地方政府会纷纷降低环境标准来竞争污染性资本，从而形成“逐底竞争”的格局（Cumberland, 1979; Esty, 1996; Esty and Geradin,1997; Barrett, 1994）。相反，另一些研究认为，地方政府会提高本地环境标准，以防止污染性资本进入辖区，即“避邻效应”（Not-in-my-backyard）。经济学家 Grossman 和 Kruger（1991）最早研究了北美自由贸易协定对环境质量可能造成的影响，发现环境污染与人均收入符合倒 U 形曲线关系。Panayotou（1993）进一步证实了这种倒“U”形的关系，并借用库兹涅茨曲线将之命名为“环境库兹涅茨曲线”。尽管目前环境分权对区域污染的影响效应研究还没有统一的结论，但环境规制是政府吸引或阻止污染型企业进入的有效工具却是毫无疑问的。

集聚效应和搭便车效应是影响污染型企业区位的两股作用方向相反的力量。集聚效应将污染型企业吸引至行政区中心：地方政府希望企业在区域乘数大的城市投资来获得更大的经济增长，并且企业也希望在大型城市或工业区选址来享受集聚外部性。搭便车效应将污染型企业吸引至行政区边界：地方政府需要对辖区内的环境质量负责，因此，希望将污染型企业都布局到行政区边界来减少自己行政区的污染，而污染型企业也希望到环境规制宽松的区位选址来降低污染成本（图 8-1）。

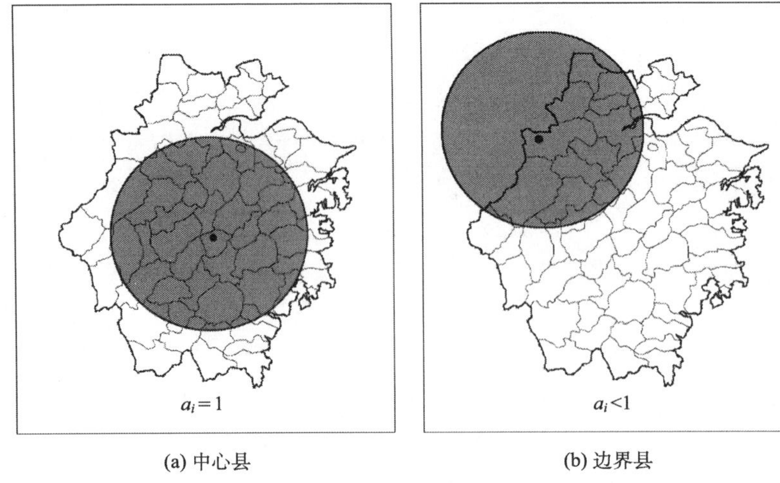

(a) 中心县　　(b) 边界县

图 8-1　污染型企业的边界效应

在中国，行政边界地区往往是经济发展相对落后、集聚效应较弱的地区。中国的省级行政区划多是按照“随山川形变”的原则以自然界的高山河流为界，因此，边界附近的区县地形条件都相对恶劣，不利于吸引工业投资。此外，中国频繁的行政规划调整使得地方政府不愿意将大型投资布局在边界地区（Zhen et al., 2010）。本书将在区域间竞争和环境管理分权的背景下，选择省级边界来验证在中国是否存在环境污染的“边界效应”。中国的政治管理层级分为中央和地方政府两级，省（直辖市、自治区）级政府是最高层级的地方政府。同一层级的地方政府竞争十分激烈（张五常，2009）。有研究发现，省级行政单元之间的地方保护主义非常严重，但县级政府间的地方保护则不那么显著（Bai et al., 2004; IIe and Zhu,2007），因此，多数分权研究也都关注省级行政单元之间的竞争。

三、理论分析模型

我们通过构建一个环境规制强度决策模型，来展示中心县市与边界县市的相对环境规制强度。经典的联邦主义模型是基于本地市民的支持与反对构建的，适用于美国这样的直选国家（Magat et al.,2013; Helland and Whitford, 2003）。在中国自上而下的行政结构下，地方官员由更高层级的政府任命，其晋升与否取决于该官员在原岗位的表现。过去对官员政绩的评价基于地区经济增长这一单一指标，21 世纪以来，考虑环境质量的绿色 GDP 也成为官员政绩考核的主要内容。因此，我们的模型以地方政府发展目标函数为基础进行构建，该目标函数体现为本地经济增长与环境污染之间的权衡，如下：

$$T=G-b*P \tag{8-1}$$

假设一个省下辖 z 个县级行政区，每个县的人口为 n_i，该县代表性厂商的最优产量为 m_i。污染排放标准由省级政府制定，即每个县允许的最大排污量 s_i。环境规制越严格，s_i 越小，企业的排污成本更高，本地居民承受的污染损害越小。代表性污染企业的排污成本是单位产出排污量的函数 $t\left(\frac{s_i}{m_i}\right)$，排污成本随着 s_i 的增加而降低，$t'(s_i/m_i)>0$ $t''\left(s_i/m_i\right)<0$。省域总人口、总工业产出和总污染水平是省内各县之和：

$$N=\sum_i^z n_i \quad M=\sum_i^z m_i \quad S=\sum_i^z s_i \tag{8-2}$$

额外的企业进入区域带来的投资会刺激本地的经济增长，这种增长的大小由区域乘数决定。区域乘数取决于本地的发展水平，人口众多、工业体系完善的大城市区域乘数大，人口规模小、工业结构单一的小城市，额外投资带来的经济增长较小。我们的模型中假设每个县的区域乘数 e 是该县人口 n_i 和工业产值 y_i 的函数：

$$\mathrm{G}=\sum_i^z G_i=\sum_i^z e(n_i,y_i)m_i \tag{8-3}$$

宽松的环境规制在吸引更多的污染型企业入驻、创造可观的经济增长的同时，也会对本地居民的福利造成损害。对每个市民而言，因环境污染造成的福利损失 $v(s_i)$ 是当地污染排放量 s_i 的函数。受“搭便车”效应的影响，不同区位县市排放的污染物留在本省的比例也不同。我们引入变量 $a_i\in(0,1]$ 来代表各县排放的污染留在本省的比例。县的区位越接近省的边界，a_i 越小；县的区位越接近省的中心时，a_i 越趋近于 1（图 8-1）。只有留存在本省的污染物才会造成本省居民的福利损失。

$$P=\sum_{j=1}^N P_j \qquad P_j=\sum_{i=1}^Z v(a_i s_i) \tag{8-4}$$

假设来自各县的污染物（留存本省的部分）$a_i s_i$ 均匀地扩散至全省，那么全省居民遭受的福利损失也相同。为简化计算，我们假设福利损失函数 $v(s_i)$ 为线性可加总的一次齐次函数，$\sum v(s_i)=v(\sum s_i)$, $v(\lambda s_i)=\lambda v(s_i)$。那么：

$$P=\mathrm{N}*\sum_i^z v(a_i*s_i)=\sum_j^z n_j*\sum_i^z a_i*v(s_i) \tag{8-5}$$

最后，目标函数可以表达为

$$T=\sum_j^z e(n_j,y_j)*m^*(s_i)-b*\sum_j^z n_j*\sum_i^z a_i*v(s_i) \tag{8-6}$$

分两步来求解最优的环境规制强度 s_i。首先，代表性企业的利润最大化函数为

$$\max_{s_i}\left(m_i-m_i*t\left(\frac{s_i}{m_i}\right)\right) \tag{8-7}$$

得到企业的最优产量 m_i^*：

$$\mathrm{F.O.C}\quad m_i^*=m_i^*(s_i) \tag{8-8}$$

将最优产量 m_i^* 代入省级政府的目标函数后，可得到：

$$\max_{s_i} G\left(m_i^*(s_i),n_i,y_i\right)-b*P \tag{8-9}$$

$$\mathrm{F.O.C\ w.r.t}_{s_i}: G'\left(m_i^*(s_i),n_i,y_i\right)*m_i^*(s_i)-b*P'(s_i)=0 \tag{8-10}$$

式中，$P'(s_i)$ 为 $P(s_i)$ 的导数。

推导的重点是环境规制变量 s_i 和县域的区位 a_i 的关系，因此，运用比较静态分析来求解各变量与 s_i 的关系。分析过程如下：

$$\frac{\mathrm{d}s_i}{\mathrm{d}b}=\frac{P'(s_i)}{\gamma} \tag{8-11}$$

$$\frac{\mathrm{d}s_i}{\mathrm{d}n_i}=-\frac{m_i'^*(s_i)*\dfrac{\mathrm{d}G'(m_i^*(s_i),n_i,y_i)}{\mathrm{d}n_i}}{\gamma} \tag{8-12}$$

$$\frac{\mathrm{d}s_i}{\mathrm{d}y_i}=-\frac{m_i'^*(s_i)*\dfrac{\mathrm{d}G'(m_i^*(s_i),n_i,y_i)}{\mathrm{d}y_i}}{\gamma} \tag{8-13}$$

$$\frac{\mathrm{d}s_i}{\mathrm{d}a_i}=\frac{b*s_i*P'(a_is_i)}{\gamma} \tag{8-14}$$

$$\gamma=(\frac{\mathrm{d}G'(m_i^*(s_i),n_i,y_i)}{\mathrm{d}m_i^*(s_i)}*m_i'^*(s_i)+G'(m_i^*(s_i),n_i,y_i)*m_i''^*(s_i))-P''(s_i)<0 \tag{8-15}$$

各变量与 s_i 的关系见表 8-1。

表 8-1　各核心变量与环境规制强度 s_i 的关系

以下变量值增加	与 s_i 变化量的关系
n	不确定
b	–
a	–
y	+

事实上，现实中 s_i，即环境规制和执行力度，是不能直接观测到的。但当市场达到均衡时，污染型企业的区位和生产决策可以充分反映环境规制成本。更大的 s_i 意味着更宽松的环境规制，其将会吸引更多的污染型企业，从而产生更多的污染产值。基于以上分析，我们提出四个研究假说。

（1）H1：边界区县的环境规制更弱，搭便车效应更强，因此，污染型企业数量更多，污染产值更高。

（2）H2: 人口规模越大的区县环境规制越强，污染型企业数量更少，污染产值更小。

（3）H3: 本地工业规模越大的区县，集聚效应越强，污染型企业更多，污染产值更大。

（4）H4: 对工业发展越重视的省市，环境规制越宽松，污染型企业可能越多，污染产值越大。

第三节　污染型企业跨边界分布及其特征

一、数据来源及处理

在实际数据收集过程中，环境规制和执行力度不能直接观测到，我们采用污染型企业的数量和污染型企业的产值来反映环境规制的严格程度。由于学术界对污染行业的划分一直存在争议，我们采用中国环保部公布的国控污染源企业名单作为污染型企业样本。中国环保部基于企业前一年的排污情况，发布国控重点污染源企业名单。每年有超过8000家废水排放和废气排放企业上榜。上榜企业的排放量之和占全国所有普查企业污染排放量的65%。国控污染源企业名单仅提供了企业名称和法人代码，需要将污染源企业名单与拥有企业完整信息的工业企业库配对才能进一步研究企业的选址、生产等行为。然而，目前有效的工业企业库数据只能更新到2008年。受到数据的限制，本书所使用的数据为2009年国控污染源企业数据与2008年制造业企业库数据匹配后得到的横截面数据。横截面数据的构建过程分为三步。

首先，我们用法人代码和企业名称将2009年国控重点污染源数据与2008年规模以上企业库数据匹配来获取污染型企业的详细信息。在总共7660家废水和废气国控重点污染源企业中，共有5641家企业成功匹配，匹配率为73.6%。经检验，未匹配成功的企业主要为未达到统计规模（年产值500万元以上）的小企业。由于小型企业并非地方政府的主要关注对象，因此，未匹配成功的企业不会对研究结论造成较大影响。在5641家企业中，有921家能源供给行业企业、162家采掘业企业和4558家制造业企业。考虑到能源供给行业和采掘业选址的特殊性，我们仅选取制造业污染型企业作为最终计量分析的样本。

其次，基于污染型企业所在的区县对企业数量、产值等进行加总，得到全国各区县的污染型企业数量、产量、税金、利润和从业人数等数据。将县级数据与2009年县市社会经济统计年鉴中各县的社会经济指标匹配。由于北京、天津、上海和重庆这四个直辖市行政区域面积较小，区县级单位也较少，不适合用于验证本书中的边界效应，计量模型的样本去除了四个直辖市。

最后，基于ArcGIS 10.0对2403个县级单位的边界属性进行识别，如果区县位于省域边界则设置“Border”变量为1，否则为0。

样本污染型企业的成立经历了三个高潮，最近一个高潮发生在20世纪末。1990年以来，伴随着中国经济的腾飞，大量企业成立。超过一半的污染型企业成立时间在1997年以后，成立数量最多的一年是2003年。原因之一是2003年以后成立的企业生产规模还达不到规模以上企业的门槛，同时与产量高度相关的污染排放量规模也还不大。另一个原因是2000年以后，随着国家对环境保护的重视，新成立的企业面临更严格的环境标准，使用的设备和生产流程都较以前企业更清洁环保。故在统计上，进入国控重点污染源名单的企业数量更少（图8-2）。

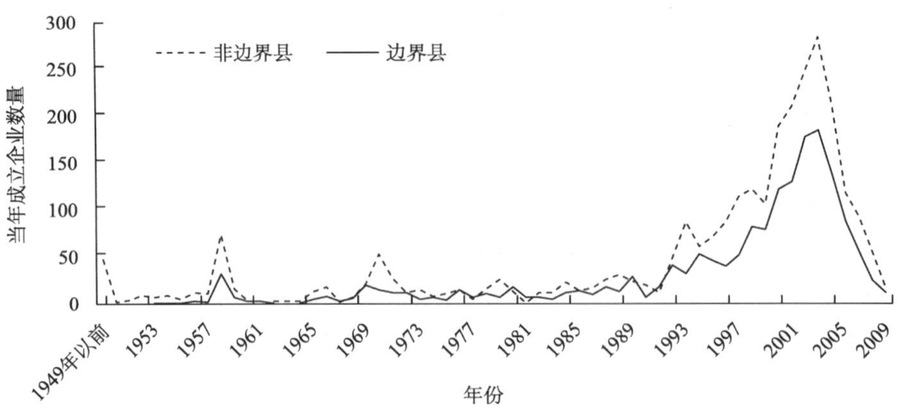

图 8-2　样本污染型企业成立时间

二、污染型企业的地理分布

研究样本包括全国 2403 个区县地理单元（包括县、县级市、市辖区，直辖市除外），其中 1134 个位于省边界。样本地理单元共包括 4558 个属于制造业的国控污染源企业，其中 1834 个为废气污染型企业，2724 个为废水污染型企业（表 8-2）。从样本数据情况来看，边界区县与非边界区县在发展水平上存在明显差异。边界区县的污染型企业数量更少，污染型企业贡献的总产值、税收和从业人数也更少。非边界县市普遍更发达，GDP、人口数量、社会消费品零售总额、财政收支等指标都高于边界县市。而省边界县市由于多位于自然条件相对恶劣的山区，社会经济发展水平相对落后。从区域的角度看，尽管在东中西三个区域中，西部土地面积最大，县级单元数量也最多，但是西部的污染型企业数量、产值、税收和企业从业人数都最小。由于中国西部整体发展水平相对落后，工业发展仍然集中在沿海地区，西部的各项社会经济指标与东部和中部存在较大差距。

这 4558 家污染型企业分属 26 个两位数制造业行业。其中，有色金属冶炼和压延加工业（SIC 32）和石油加工、炼焦和核燃料加工业（SIC25）两个行业的污染产值最大（附表 A）。这两个行业是典型的重工业，为其他经济部门提供主要的生产资料，在地方工业发展过程中扮演着至关重要的角色，是许多地方重点打造的支柱产业。但这两个产业同时也是污染严重的污染密集型产业，在多个研究中被列为污染物排放强度前五位的行业（Low and Yeates, 1992; Lucas et al., 1992）。非金属矿物制造业（SIC 31）行业的废气污染型企业最多，其他拥有超过 100 家废气污染型企业的行业包括：有色金属冶炼及压延加工业（SIC 32），化学原料及化学制品制造业（SIC 26），石油加工、 炼焦及核燃料加工业（SIC 25）和造纸与纸制品制造业（SIC 22）。废水污染型企业数量最多的行业依次为：造纸与纸制品制造业（SIC 22）、化学原料及化学制品制造业（SIC 26）、农副食品加工业（SIC 13）、纺织业（SIC 17）、饮料制造业（SIC 15）和食品制造业（SIC 14）。

表 8-2　样本数据概况

	所有区县	边界		区域		
		边界区县	非边界区县	东部	中部	西部
样本区县数量	2403	1134	1269	825	612	966
污染型企业指标						
企业数量	4558	1761	2796	1681	1591	1285
废气	1834	701	1133	533	735	566
废水	2724	1060	1663	1148	856	719
企业产值/百万元	10396.6	3242.2	7154.3	6303.4	2420.7	1672.5
废气	5244.5	1664.5	3579.9	3158.7	1221.7	864.1
废水	5152.1	1577.7	3574.4	3144.7	1199.1	808.4
企业应缴税金/百万元	19.0	5.2	13.8	10.0	6.0	3.0
废气	9.7	2.3	6.8	4.9	3.1	1.6
废水	9.3	2.9	7.0	5.0	2.9	1.3
年平均从业人数/千人	8.2	2.3	5.9	4.1	2.5	1.6
废气	3.7	1.0	2.7	1.8	1.2	0.8
废水	4.5	1.3	3.2	2.4	1.3	0.8
社会经济指标						
平均 GDP/亿元	124.64	112.96	135.07	224.06	99.60	55.59
平均人口/万人	50.99	49.14	52.64	62.21	58.26	36.80
平均社会商品零售总额/亿元	40.44	34.57	45.68	72.20	34.28	17.21
平均财政收入/亿元	7.58	6.91	8.18	14.46	5.72	2.89
平均财政支出/亿元	13.44	12.54	14.25	20.19	11.84	8.70

从企业所有制角度看，私营污染型企业的数量最多，但国有污染型企业的污染产值最大（图 8-3）。与其他所有制的企业相比，国有企业的规模更大、成立时间更长。国有企业主要集中在重工业，所有国有污染型企业中，石油加工、炼焦及核燃料加工业的产值占 38.6%，有色金属冶炼及压延加工业产值占 42.2%。这两个行业同时高居环保部公布的高污染行业榜首，贺灿飞等（2012）的实证研究也发现国有企业与工业污染的正相关关系。

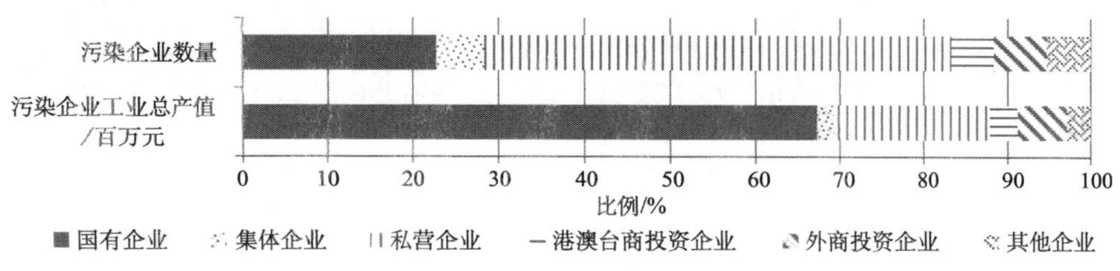

图 8-3　不同所有制污染型企业比例

值得关注的是，不同产业的污染型企业对边界的偏好也有明显的不同（图 8-4）。有色金属冶炼及压延加工（SIC 32）、纺织（SIC 17）和专用设备制造（SIC 36）等行业明显更集中在中心区县，而金属制品业（SIC 34）等则更偏好边界区县。在所有 26 个制造业行业中，仅有 5 个行业的废气污染型企业和 6 个行业的废水污染型企业产值更集中在边界区县。因此，从污染型企业加总的产值来看，集聚效应仍然主导着污染型企业的区位决策行为，“边界效应”并不明显。

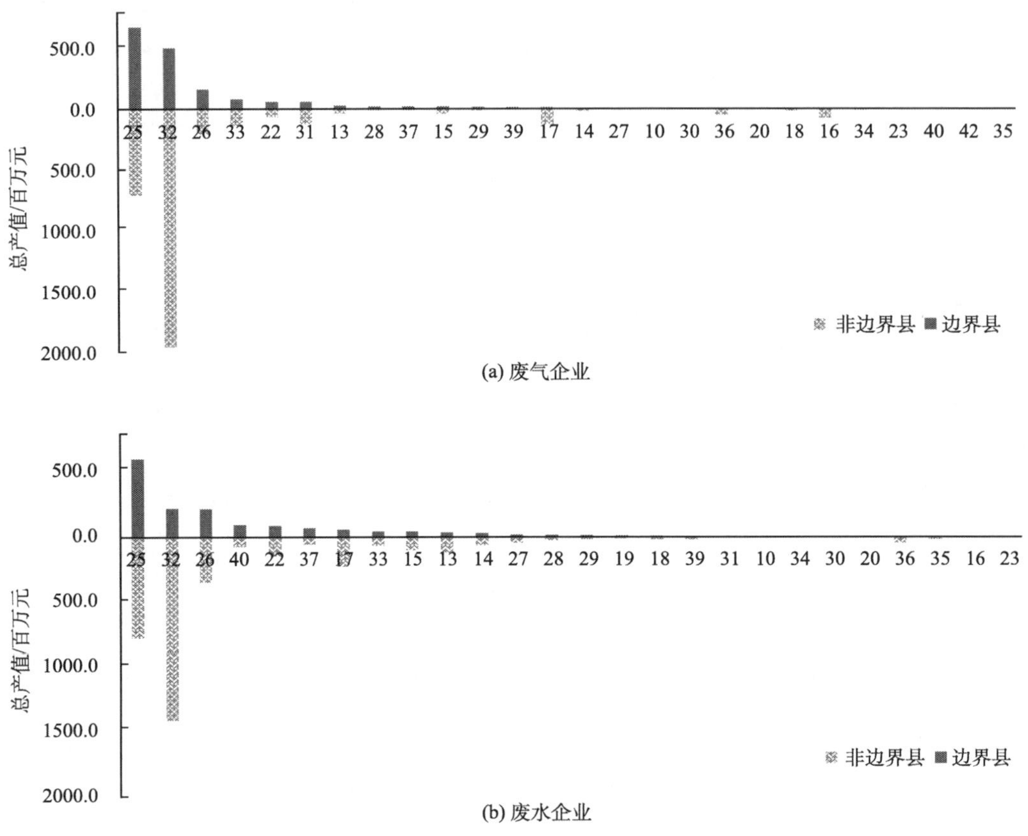

图 8-4　分行业（SIC）污染型企业工业总产值

污染型企业平均规模与其区位也有明显的关系，由图 8-5 可以发现在石油加工、炼焦及核燃料加工业（SIC 25），橡胶制品业（SIC 29），电子设备制造业（SIC 39）和运输设备制造业（SIC 37）等行业，边界区县的平均企业规模更大。大企业可以享受企业内规模经济，减小对外部规模经济的依赖，因此，大企业选址在集聚效应较弱的边界区县，甚至可以同时获得两种效应所带来的收益。

为了进一步探索边界效应是否存在，我们在地图上展示各县级地理单元中污染型企业数量和产值。废水污染型企业（图 8-6（a））和废气污染型企业（图 8-6（b））有截然不同的地理分布特征。废水污染型企业在南方和沿海地区居多，主要集中在岷江、长江、珠江和松花江等主要河流的中下游；废气污染型企业则更多集中在北方地区。从污

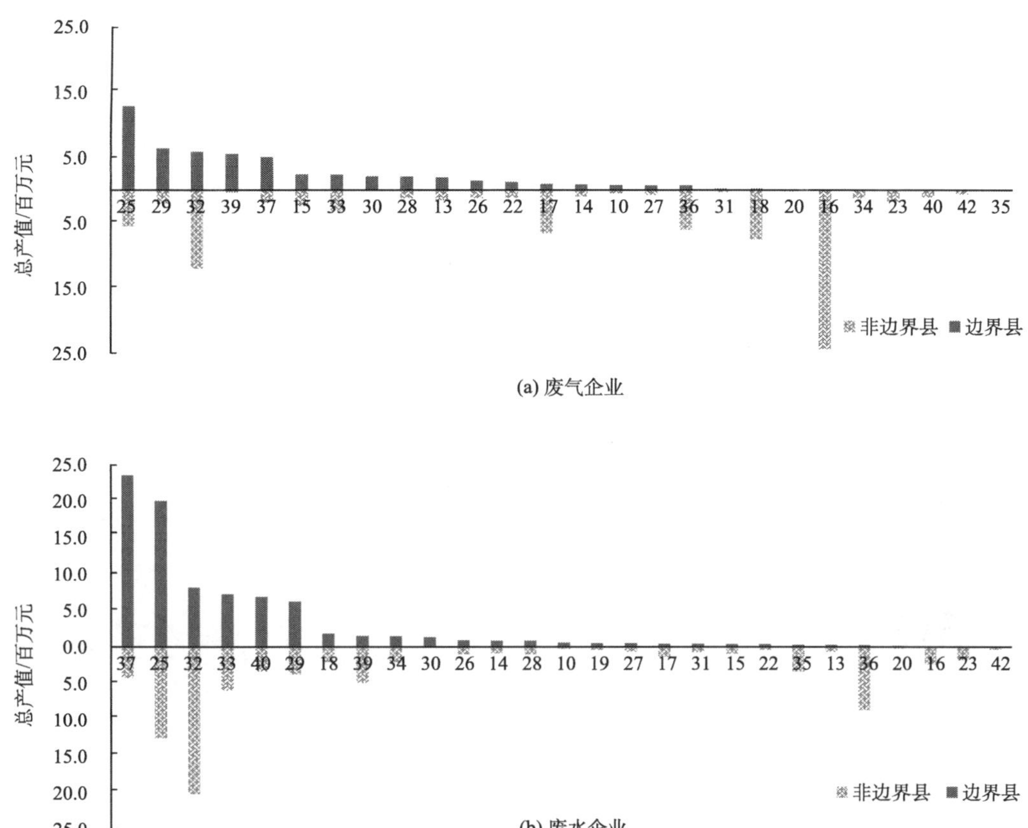

图 8-5　分行业污染型企业平均工业总产值

污染企业数量（废气）

0

1

2

2~5

>5

省边界

南海

南海诸岛

(a) 废气

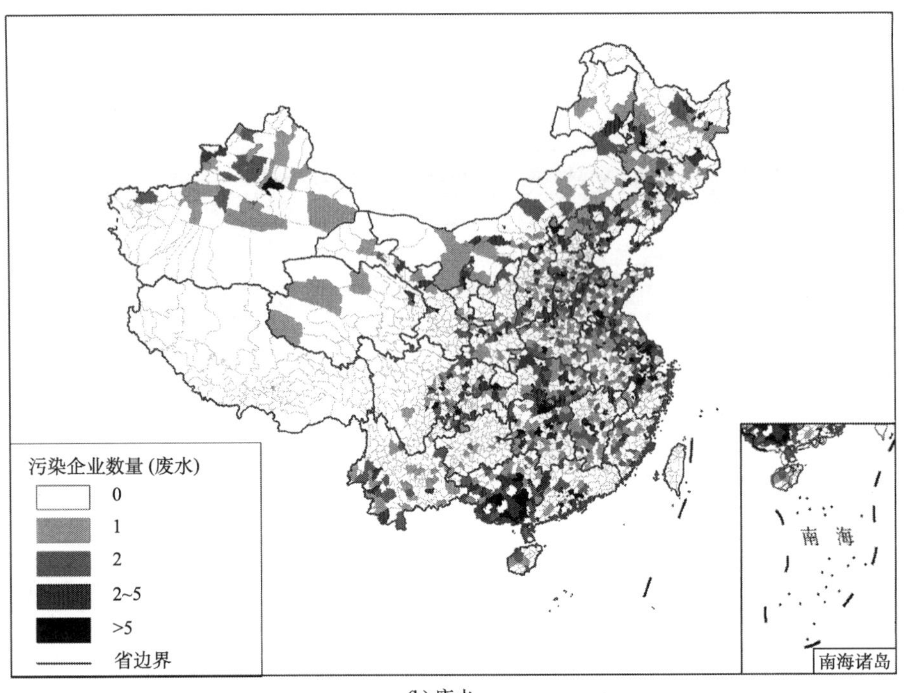

(b) 废水

图 8-6　污染型企业数量空间分布

染产值的地理分布可以看出（图 8-7），不仅在甘肃、青海、内蒙古和云南等西部省份，在河南和广西等中、东部省份也存在较明显的边界效应。图 8-8 展示了污染产值在河南和广西各区县的分布，污染型企业产值明显地集中在边界县市。

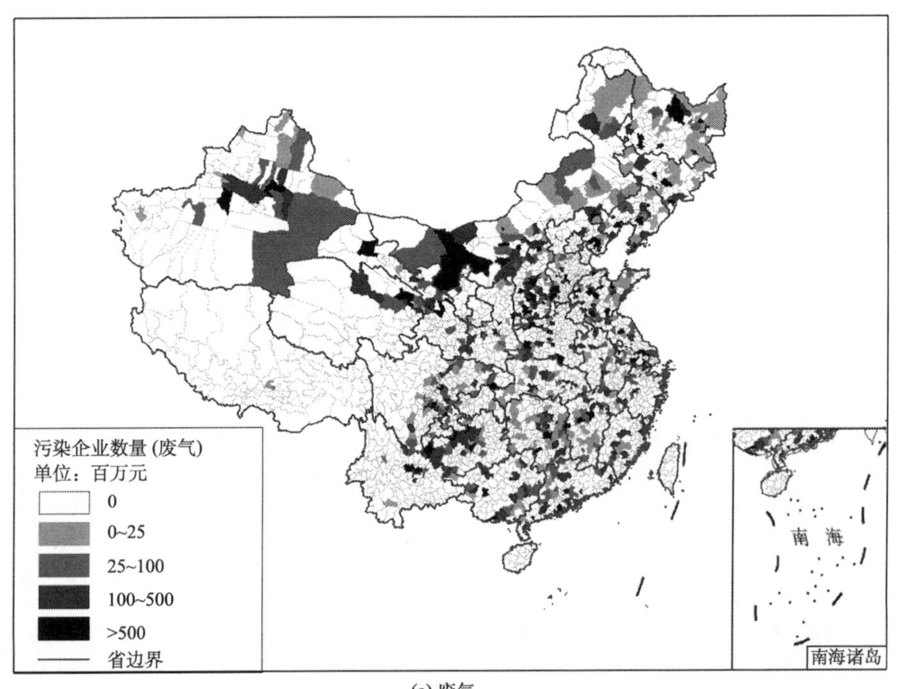

(a) 废气

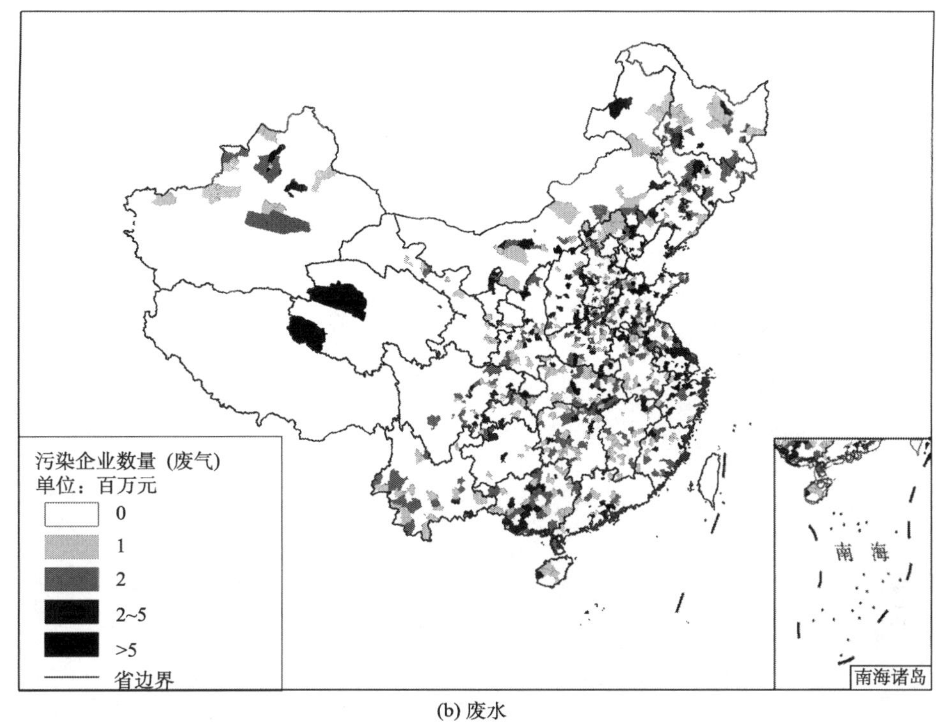

(b) 废水

图 8-7　污染型企业产值空间分布

(a) 河南　　(b) 广西

图 8-8　边界效应：河南和广西污染型企业工业总产值空间分布

从统计上看，县级污染型企业产值与本地 GDP 和人口有显著的正相关关系，且与 GDP 的相关系数更大（图 8-9）。污染产值与本地 GDP 对数的相关系数在非边界区县为 0.539，而在边界区县为 0.4838；污染产值与人口对数的相关系数在非边界区县为 0.4531，而在边界县市为 0.3930。这意味着集聚效应在边界区县对污染型企业的影响更弱。这种边界与非边界区县的差距可能源于“边界”效应对集聚效应的抵消。因此，下文将通过计量模型来检验边界效应和集聚效应的影响差异。

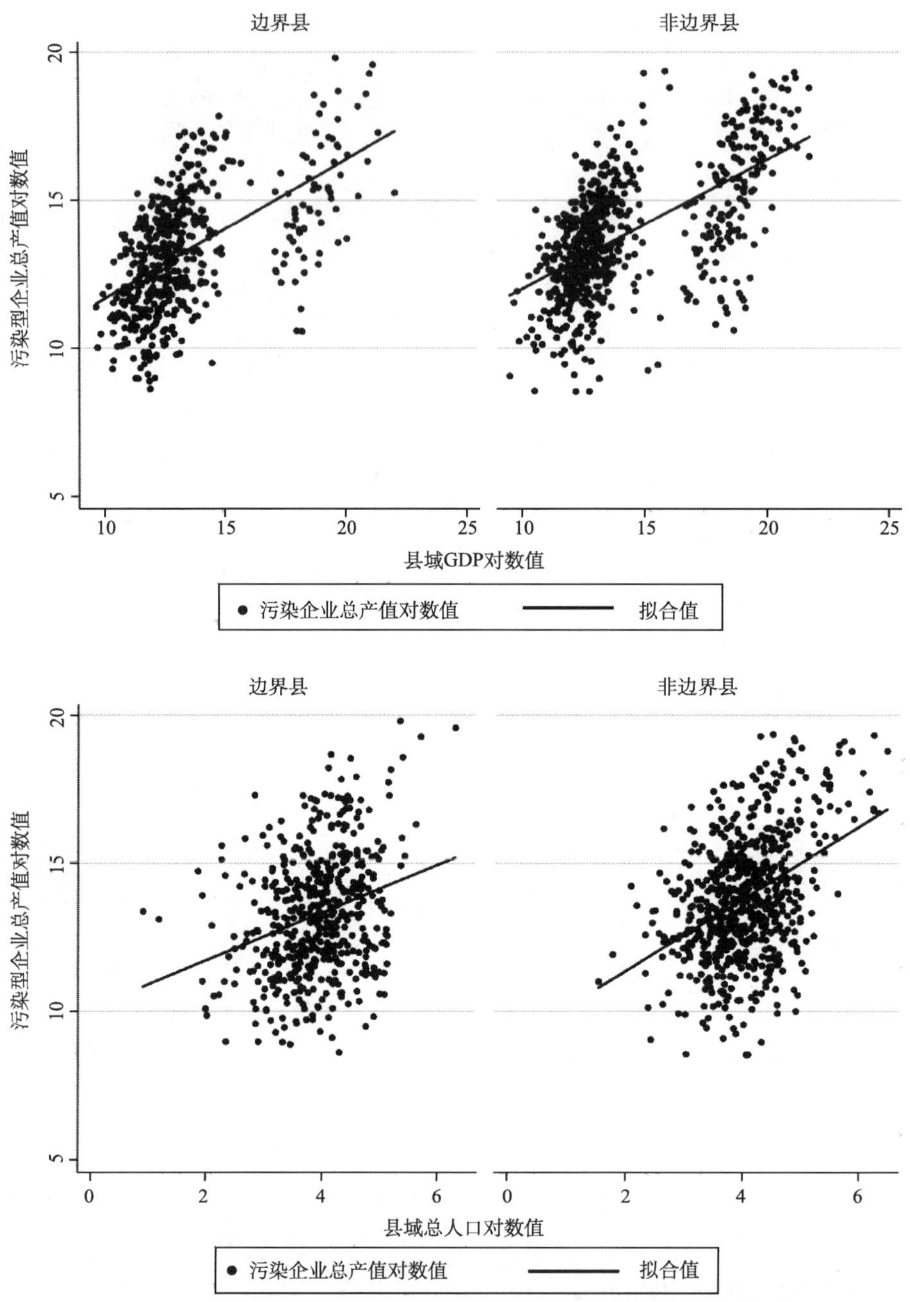

图 8-9　各区县 GDP、县域总人口与污染型企业产值的相关关系

第四节　污染型企业区位选择：边界效应还是集聚效应

一、回归变量与模型

本书通过构建一系列回归模型验证在控制其他因素的情况下，“边界效应”和“集聚效应”是否存在。回归模型设定如下：

$$\begin{aligned}\text{Number of Polluters}_i &= \beta_0 + \beta_1\text{Border}_i + \gamma\text{County\_Variable}_i \\ &+\delta\text{Provincial\_Variable}_i + \lambda\text{Control}_i + \varepsilon_i\end{aligned} \tag{8-16}$$

$$\begin{aligned}\text{Gross Output}_i\ \text{ofPolluters} &= \beta_0 + \beta_1\text{Border}_i + \gamma\text{County\_Variable}_i \\ &+\delta\text{Provincial\_Variable}_i + \lambda\text{Control}_i + \varepsilon_i\end{aligned} \tag{8-17}$$

被解释变量为污染型企业数量和污染型企业产值。其他变量设置如下：

（一）区县层级的解释变量

人口（POP）的影响不确定。一方面，更多的人口能提供充足的劳动力供给，创造更大的本地需求，带来更大的区域乘数。另一方面，更多的人口也意味着污染型企业的污染排放将产生更大的社会影响，造成更大的福利损失。严重的污染可能引致本地居民的抗议等群体性事件，对地方政府官员的晋升产生不利影响。

地级市的市辖区（MD）也是县级行政单元。与一般的县相比，市辖区的城镇化率、人口密度、经济和科技发展水平都更高。市辖区的区域乘数更大，往往在区域发展中扮演着增长引擎的角色。因此，省级地方政府可能会更倾向于将投资布局在市辖区，而在市辖区的企业也更容易从城市化经济中获益。

集聚效应包括本地化经济和城市化经济。本地化经济用除样本污染型企业以外的本地工业企业数量（Ln（Firms））来衡量。大量企业在本地的集聚还反映了本地较好的投资环境。城市化经济用本地城镇化率（urbanization）来衡量。

（二）区域变量

出于数据可得性的限制，研究通过引入省级变量来探讨省级政府的对环境污染和经济发展的重视程度。具体的省级变量包括税收（tax revenue）、社会福利支出（social expenditure）、旅游业依赖度（tour ratio）。税收依赖程度用增值税和企业所得税占地方财政收入的比例来衡量。对税收的依赖度越大，地方政府越有可能向污染型企业妥协。社会福利支出用社会保障、健康和教育支出占地方财政支出的比例衡量，值越大表明地方政府对本地社会的福利越重视。旅游业依赖度用旅游业收入占本地 GDP 的比例来衡量。由于旅游业的发展对环境污染是高度敏感的，因此，对旅游业依赖度越大，地方政府可能对环境污染的管理越严格。

中国区域发展高度不平衡，东、中、西部发展水平差异显著。东部沿海省份的市场化程度高，拥有大量产业集群，集聚经济显著。但同时，东部省份人口密集，人均收入水平也高，地方政府往往采用更严格的环境规制，来淘汰污染严重的企业以进行产业升级（Fan, 2006; He and Wang, 2010）。我们以西部为基准组，引入东部（east）和中部（central）两个虚拟区域变量。其他控制变量包括平均工资（Ln（wage）），路网密度（Ln（road density））和大学生毕业人数（Ln（EDU）），具体变量设置见表 8-3。

表 8-3　回归变量及定义

变量名	定义
border	虚拟变量，边界区县为 1，非边界区县为 0
Ln（POP）	区县人口数量（万人）的对数
MD	虚拟变量，市辖区为 1，其他区县为 0
Ln（firms）	本地工业企业数量的对数（除去样本污染型企业）
urbanization	城镇人口占全县（区）人口的比例
East China	虚拟变量，东部为 1，其他区域为 0
Central China	虚拟变量，中部为 1，其他区域为 0
tax revenue	增值税和企业所得税占地方财政收入的比例
social expenditure	社会保障、健康和教育支出占地方财政支出的比例
tour ratio	旅游业收入占本地 GDP 的比例
Ln（wage）	平均工资（元）的对数.
Ln（road density）	路网密度（km/km^2）的对数
Ln（EDU）	大学生毕业人数（人）的对数

二、模型统计结果分析

除人口 Ln（POP）与企业数量 Ln（firms）的相关系数为 0.771 以外，其他变量间的相关系数都小于 0.5。为了避免共线性问题，我们将 Ln（POP）和 Ln（firms）放入不同的模型中。由于废气污染型企业和废水污染型企业的行为可能会有差异，我们对二者分开进行回归。同时，数据预处理发现样本数据存在异方差性。不同区域各省之间的社会经济都存在很大差异，县级污染型企业数量和产值的变动不仅仅来源于县级差异，也受到省级差异的影响。附表 B 中模型 1 和 2 中省级变量造成的差异分别占方差的 9.7%和 15.2%，并且都在 1%水平显著。因此，我们采用多层次回归，以县级变量为一级、省级变量为第二级。回归结果见表 8-4 和表 8-5。

与预期不同的是，模型结果并没有显示出显著的边界效应。相反，边界变量的系数均为负或不显著，表明污染型企业更倾向于远离边界分布，假说 H1 被拒绝。边界区县普遍更加落后、封闭，在资本竞争中处于劣势地位，地方政府更倾向于将企业布局到相对发达的中心区县。这说明，目前中国环境规制产生的成本在整个企业成本中的比例还较小，企业到边界区县“搭便车”的动机不足。同时，尽管环境保护得到越来越多的重视，地方政府在经济发展环境保护的政策决策时仍然更强调本地经济增长，社会压力尚不足以迫使地方政府采取严厉的措施来应对污染型企业（He et al., 2012）。另外，地方政府在实施环境规制时会遭到来自大企业和国有企业的强烈抵制（He et al., 2012）。这

表 8-4　废气排放企业回归结果

被解释变量	污染型企业数量		污染型企业产值	
模型	1	2	3	4
县级变量				
border	−0.102	−0.102	−0.515**	−0.449*
Ln（POP）	0.484***		0.923***	
municipal district	1.395***		1.775***	
Ln（firms）		0.518***		1.136***
urbanization		3.292***		7.847***
urbanization^2		−1.899***		−6.408***
省级变量				
tax revenue	1.797		4.128	
social expenditure	0.0765		−1.974	
tour ratio	−0.0333	−0.0396	−0.0215	−0.0253
Ln（wage）	−0.212	−1.010	−3.807	−5.198***
Ln（EDU）	−0.307	−0.767***	−0.553	−1.443**
Ln（road density）	0.0608	0.222	0.0128	0.115
constant	−2.591	11.07	32.19	56.14***
sigma_u	0.442***	0.555***	1.175***	1.316***
sigma_e	1.510***	1.489***	5.472***	5.385***
observations	2086	2086	2086	2086
number of groups	25	25	25	25

***表示 p<0.01；**表示 p<0.05；*表示 p<0.1。

表 8-5　废水排放企业回归结果

被解释变量	污染型企业数量		污染型企业产值	
	5	6	7	8
县级变量				
border	−0.210*	−0.232**	−0.0812	−0.150
Ln（POP）	0.622***		1.321***	
municipal district	2.033***		2.336***	
Ln（firms）		0.729***		1.206***
urbanization		2.447**		5.357**
urbanization^2		−0.811		−4.013*
省级变量				
tax revenue	1.302		0.912	
social expenditure	−0.0405		−2.681	

续表

被解释变量	污染型企业数量		污染型企业产值	
	5	6	7	8
省级变量				
tour ratio	–0.0449	–0.0497	–0.239***	–0.242***
Ln（Wage）	2.232	0.790	2.415	0.416
Ln（EDU）	0.220	–0.474	0.382	–0.547
Ln（road density）	0.00860	0.165	0.602	0.824
constant	–30.49*	–8.339	–38.46	–4.452
sigma_u	0.612***	0.587***	1.009***	0.881***
sigma_e	2.501***	2.498***	5.797***	5.798***
observations	2086	2086	2086	2086
number of groups	25	25	25	25

***表示 $p<0.01$；**表示 $p<0.05$；*表示 $p<0.1$。

些大企业和国有企业是地方经济的支柱，拥有较大的议价能力，地方政府出于经济利益的考虑通常也不愿意将这些企业布局到边界（An, 2004; Zhou, 2004; Han et al., 2011）。

市辖区 MD 和本地工业企业数量 Ln（firms）的系数为正且显著，说明污染型企业更倾向于在市辖区和拥有大量工业企业的区县选址，显示了集聚效应对污染型企业的重要影响。已有的研究发现，在市场化和全球化程度较高的产业和区域中，集聚效应能显著促进企业创新，提高生产力（Pan and Zhang, 2002; He and Pan, 2010; Ke, 2010）。相比于宽松环境制度带来的成本节约，污染型企业更倾向于在其他企业附近选址来提高企业表现。对日本企业的区位研究也得到了相似的结论，即集聚效应对企业的吸引力远远大于补贴和其他政策所带来的吸引力（Devereux et al., 2007）。人口变量 Ln（POP）的系数也显著为正，表明尽管人们的环境意识普遍提高，但公众对环境规制的影响能力仍然很弱。这与 He 等（2012）的结论一致，他们发现目前来自公众的压力并不能有效改善中国城市的空气质量，这可能与人口较高的流动性有关。中心区县有更多的就业机会和更丰富的商品供给，从而吸引了更多的人口，并进一步吸引大量企业入驻。城市化经济是吸引污染型企业的重要积聚力量，城镇化率（urbanization）与污染型企业数量存在正相关关系，并且在废气污染型企业模型中存在显著的倒“U”形关系。

税收依赖程度（tax revenue）系数符号都为正，说明对工业税收依赖程度越高，本地的污染型企业越多，与假说 H4 一致。在财政分权的制度背景下，地方政府有了更多的财政自主权，也更倾向于追求财政收入的增长。地方政府拥有本地经济决策的权力，在以经济发展为核心的政治锦标赛中，可能会为了追求高经济增长而牺牲环境质量（Jahiel, 1997）。Swanson 等（2001）、Tang 等（2003）也发现中国的地方政府中存在故意削弱环境执行力度来保护本地经济利益的行为。Taguchi 和 Murofushi（2010）发现中国地方政府会对污染产业展开竞争。在模型 3、5 和 7 中，社会福利支出（social expenditure）与污染型企业的显著负相关关系也验证了我们的假说。地方政府对社会福利的重视程度越高，会采取越严格的环境规制，因此，本地的污染型企业数量和污染型企业产值也会更少。在模型 7 和 8 中，对旅游业依赖程度（tour ratio）系数显著为负，表明本地旅游业的发展有利于对废气污染型企业的控制。

第五节　小结与讨论

区域性环境污染问题的根源在于环境外部性和行政区之间的竞争。我们研究假设在财政和环境管理制度双重分权的背景下，会出现两种效应：①“边界效应”，“污染避难所”假说认为，经济相对不发达的地区会竞争“污染投资”的 “恶性竞争”行为；而搭便车效应认为，从政府和企业两大利益主体来说，都倾向于将污染型企业选址在行政区域边界地区，以输出污染；②“集聚效应”，其为与“边界效应”对立的另一股力量，包括本地化经济和城市化经济。集聚效应强的区域能提供更大的正外部性，能更好地促进企业的增长，从而吸引企业入驻。通过建立地方政府的环境规制强度决策模型，本书展示了边界、人口数量、本地工业基础和地方政府对环境的重视程度四大因素对辖区内污染型企业区位决策影响的差异。

通过多层次回归模型的实证结果，我们发现污染型企业更倾向于远离“边界”，到集聚效应强的地方选址。目前，发展经济依然是地方政府的首要目标，对环境议题的重视程度仍不足。由于集聚效应能促进企业增长，提高企业竞争力，对污染型企业的区位选择仍有很强的解释力。实证结果还显示了污染型企业产值与城镇化水平的倒“U”形关系，意味着在区域不断城镇化的过程中，一开始会吸引污染投资，但随着人们对环境质量的重视程度会不断提高，终将导致地方政府采取严格的环境规制来淘汰污染型企业和减少污染产值。

本书也存在一些局限性。首先，我们的理论模型并没有考虑企业在选择省内区位时的议价能力。其次，由于数据的限制，对地形的考虑也还并不充分。最后，同受数据的限制，研究仅对 2008 年一年的横截面数据进行了验证，未来可以考虑更长序列的数据进行深入研究。

附　表

附表 A　分行业污染型企业数据

行业代码	行业名称	污染型企业数量		污染型企业产值/百万元	
		废气	废水	废气	废水
13	农副食品加工业	39	325	64.1	153.7
14	食品制造业	28	114	25.9	94.9
15	饮料制造业	24	222	57.9	141.5
16	烟草制造业	5	2	73	4.6
17	纺织业	30	301	135.5	283.4
18	纺织服装、鞋、帽制造业	3	13	15.3	25.7

续表

行业代码	行业名称	污染型企业数量		污染型企业产值/百万元	
		废气	废水	废气	废水
19	皮革、毛皮、羽毛（绒）及其制品业	0	47	0	20.4
20	木材加工及木、竹、藤、棕、草制品业	9	13	1.2	2
21	家具制造业	0	0	0	0
22	造纸及纸制品业	104	625	122.8	232
23	印刷业和记录媒介复制业	1	1	1.7	1.7
24	文教体育用品制造业	0	0	0	0
25	石油加工、炼焦和核燃料加工业	181	92	1376	1375
26	化学原料和化学制品制造业	286	600	363.9	563.1
27	医药制造业	12	111	8.8	62.1
28	化学纤维制造业	16	43	28.1	39.3
29	橡胶制造业	8	6	25.1	27.4
30	塑料制造业	3	3	2.2	1.4
31	非金属矿物制造业	728	14	179.1	7.3
32	黑色金属冶炼和压延加工业	249	97	2455	1628
33	有色金属冶炼和压延加工业	77	17	211.5	108.3
34	金属制品业	8	2	8.2	3.5
35	通用设备制造业	1	6	0.1	17
36	专用设备制造业	9	8	48.9	43.6
37	运输设备制造业	8	16	27.6	125.3
39	电气机械和器材制造业	3	6	11.5	22.5
40	计算机、通信和其他电子设备制造业	1	36	1.1	168
41	仪器仪表制造业	0	0	0	0
42	其他制造业	1	3	0.6	1

附表 B　污染型企业零回归模型

被解释变量	污染型企业数量	污染型企业产值
常数项	2.420***	8.212***
	（0.153）	（0.252）
Sigma *u*	2.303***	3.659***
	（0.140）	（0.215）
Sigma *e*	3.192***	5.861***
	（0.0546）	（0.0982）
Rho	0.342	0.280
observations	2086	2086
number of groups	315	315

***表示 $p<0.01$；*表示 $p<0.1$。

第九章　环境外部性与污染型企业地理分布特征——基于深圳市企业区位的实证分析

第一节　引　言

中国环境污染和生态破坏造成的经济损失不断增加。近十几年来，由于环境污染造成的经济损失约占 GDP 的 10%左右。其中，由工业企业污染造成的污染问题占很大的比例。城市作为直接的受害者，随着社会环境意识的增强，经济发展较好的地方政府已经意识到了污染型企业对环境危害的严重性，不断加大环境管理力度。对于未落户的污染型企业，不断提高投资的“环境门槛”；对于已落户污染型企业，为了降低环境污染成本以及环境污染造成的损害，开始向环境成本相对较低的地区“大迁徙”。区域层面出现东部污染型企业向中西部地区迁移（肖宏，2008），引起居民与当地政府和污染型企业严重的冲突，厦门和大连的 PX 项目事件，以及 2012 年发生在江苏启东和四川什邡的居民反污染事件，使得企业环境问题得到越来越多的关注。在城市层面为将环境污染外部化，中心城区污染型企业开始向城市外围迁移。从而使得环境污染以更加隐蔽、分散和危险的方式存在着，形成了更深层次的污染，其治理与控制的难度也随之加大。因此，本书从污染型企业环境外部性出发对污染型企业的地理分布特征进行实证研究，研究结果不仅可丰富企业城市内区位选择的成果，对城市可持续发展也有现实指导意义。

环境污染是一种负外部性。负外部性是指经济系统中由于当事人的生产导致其他经济主体无偿支付成本，使个人利益和社会利益与个人成本和社会成本之间出现不匹配的现象。排污企业将应由自身承担的私人成本（如污染成本和额外的资源使用费）转嫁为外部成本，并由全社会共同分担，使排污造成的社会边际成本大于边际收益，从而导致资源配置偏离了帕累托最优，更加剧了环境污染和资源浪费。然而，环境规制与区域条件等的差异使得这种外部性在不同地区对社会总福利的影响不同。在经济转型关键时期，我国大量高污染、高能耗企业开始向中、西部地区转移。而在城市内部，不同区位地理环境的差异使得各区域对污染的容纳能力不一。另外，城市对不同空间的环境功能要求也具有较大的差异，污染型企业开始向城市外围搬迁，其实质也是通过企业迁移来降低环境负外部性。但环境具有整体性，污染物往往通过环境介质（河流、洋流、风力等）扩散到下游、下风向等周边地区。尤其是对于流域准公共物品，其产权不明晰或者很难清晰界定其产权，更加剧了流域上下游和不同利益群体之间的利益冲突。污染型企业污染转嫁式外迁行为使得环境问题（跨界污染）更加复杂，也使得对污染型企业的区位问题分析变得更加复杂。

长期以来，区位要素一直是区位理论研究的核心问题之一。从传统的资源禀赋论强调自然资源、劳动力等外生资源禀赋的影响，到全面分析劳工成本、利润与产供销关系、规模报酬等的影响，区位论的认识和研究在不断地丰富和加深。企业区位选择的研究主要从交通和生产成本两大类出发，交通成本主要包括运费率、距离要素市场与消费市场的距离。现有的实证研究大多认为企业将会选择有良好交通基础设施（高速公路、港口以及铁路线）的区位（Bartik,1985;Lambert et al.,2006），尤其是对于制造业企业和外资企业（Holl,2004;张华和贺灿飞,2007）。然而，一些研究也表明随着城市交通网络密度的增加，交通成本的降低以及非物质因素影响的增加，交通基础设施对区位决策的作用在逐渐降低（Banister and Berechman,2000）。对于生产成本，土地价格、劳动力等均是重要的区位要素（Levinson, 1996; Bartik, 1989; McConnell and Schwab, 1990）。同时，研究尺度在企业区位选择的研究中也具有重要影响。Jeppesen 等（2002）通过研究表明，小尺度条件下，影响企业区位的因素都较为一致，目前对企业的区位研究主要集中在大尺度上。Lee（1989）认为企业会选择节约成本、增加利润的区位。Wu（2009）发现外资企业于城市内部趋于选择接近高速公路节点以及市场集聚区。

污染型企业在城市内部区位选择的研究还较少。由于环境成本的存在，除传统影响因素外，污染型企业可能将选择城市边缘或经济欠发达等环境成本较低的地区。一方面，市中心对环境要求较高，政府管制严格，城市边缘地区所需承受的环境成本较低；另一方面，为了实现本地经济的发展，缓解本地群众与污染型企业乃至政府间的矛盾，政府将污染型企业迁移至城市边缘地区，可实现将自己辖区的污染未加严格处理转移到下游地区，将自身环境成本外部化。一般的理论假设为，宽松的环境管理标准将会吸引更多的企业落户。但早期的实证研究与假说有一定的分歧，发现两者之间并不存在或者只有微弱的显著关系（Bartik, 1988; Duffo-Deno, 1992; Levinson, 1996）。但随着研究数据质量以及研究技术方法的改善，环境规制对污染型企业选址的重要性逐渐得到学者们的认可。McConnell 和 Schwab（1990）发现房屋拥有率较高，以及高收入人群居住地区对于企业污染治理的要求更高。List（2001）对加利福尼亚的外资制造业区位选择进行研究，发现严格的环境规制影响了新的制造业企业的落户。Keller 和 Levinson（1999）、List 和 McHone（2000），以及 List 等（2004）的研究同样也支持了环境规制对于企业区位选择的影响。这些研究均证明了环境成本对污染型企业区位选择的重要影响。

城市的自然地理条件对企业的区位选择同样也具有重要影响。Ellison 和 Glaeser（1997）研究美国工业地理集聚的原因，认为除了存在提高收益的技术和规模经济外，地理条件差异造成自然成本差异。La Fountain（2005）也证实了美国不同工业产业区位选择中自然地理优势的影响。王立平等（2010）发现造成中国环境污染溢出的主要原因是地理因素而非经济因素。其实，地理学家很早就提出研究污染型企业的区位选择需将经济条件与自然条件相结合，并提出建设用地条件评价、区域河流方向，以及上下游关系、城市风向等企业布局原则。该原则成为企业选址的重要依据（陆大道，1990）。但目前还鲜有将城市经济与自然地理条件相结合的分析框架和实证研究。除此以外，企业自身的属性对污染型企业城市内区位选择也具有一定的影响。Wang（2002）发现国有企业以及面临紧张财政问题的企业在排污权上具有更大的讨价还价能力，也将会支付更少的排污费。同时，企业在城市的经营时间也可能影响其排污的讨价还价能力，从而影响其区位行为决策。

作为我国制造业基地以及最具区位优势经济特区，改革开放以来，深圳市实现了快速的经济发展，但在此过程中产生的污染问题也给深圳市带来了挑战。在经济转型期，深圳市产业结构也在进行重大调整，尤其对于污染密集型产业。深圳市污染型企业是否具有郊区化甚至以邻为壑的区位选择特征？污染型企业的地理分布有何特征？其区位选择与企业自身属性有何联系？对上述问题的研究，一方面研究结果丰富了企业于城市内部的区位研究的认识；另一方面也有益于增强政府对污染型企业布局所带来的环境外部性的认识，更加有利于对城市环境保护的认识。

第二节　模型设计及数据处理

一、模型与变量设计

我们通过分别引入反映废水、废气和固体污染物排放企业的区位决策要素变量，分别采用排放强度（waste/revunue）和排放绝对值（waste）为被解释变量，研究污染型企业环境外部性及其地理分布特征，并控制企业自身的相关属性。模型定义如下：

$$\text{wastewater} = \beta_0 + \beta_1 D\_\text{bound} + \beta_2 D\_\text{HK} + \beta_3 D\_\text{tra} + \beta_4 d\_\text{SEZ} + \beta_5 D\_\text{river} + \beta_6 Z + \varepsilon \tag{9-1}$$

$$\text{wastegas} = \beta_0 + \beta_1 D\_\text{bound} + \beta_2 D\_\text{HK} + \beta_3 D\_\text{tra} + \beta_4 d\_\text{SEZ} + \beta_5 D\_\text{river} + \beta_6 Z + \varepsilon \tag{9-2}$$

$$\text{wastesolid} = \beta_0 + \beta_1 D\_\text{bound} + \beta_2 D\_\text{HK} + \beta_3 D\_\text{tra} + \beta_4 d\_\text{SEZ} + \beta_5 D\_\text{river} + \beta_6 Z + \varepsilon \tag{9-3}$$

式中，wastewater、wastegas、wastsolid 将分别以污染型企业的废水、废气和固体废弃物的排放强度和排放绝对量表示。变量设置如下：

（1）污染型企业环境外部性：由于污染型企业存在环境负外部性，中心城区环境要求较高，将迫使污染型企业迁往城市外围边缘地区，以企业到城市边界的最短距离（D_bound）来衡量。而考虑深圳市靠近香港，两地政府在环境保护的博弈对于深圳市污染型企业的区位选择也具有重大的影响，迫于两地环境保护的压力，深圳市污染型企业也可能选择远离香港布局，以企业距深港边界的最短距离（D_HK）来解释。针对深圳经济特区对于区域环境的要求，以企业是否位于特区内（d_SEZ）来刻画特区对污染型企业区位选择的影响。

（2）不同排污类型企业的区位需求：由于污染物处理以及对环境影响的方式不同，对于不同排污类型企业，其区位选择的要素也有所不同。废水污染型企业主要考虑城市河流分布，废气污染型企业更多考虑城市风向的影响，固体废弃物污染型企业需考虑城市人口分布特点。因此，选择企业距最近外流河的距离（D_river）来刻画;同时，河流功能对企业选址也有重要影响。深圳市河流划分为珠三角、东江中下游和粤东沿海三个水系。在这三大水系的 310 条河流中，流域面积大于 100km^2 的外流河有 5 条，分别为深圳河、茅洲河、龙岗河、坪山河和观澜河。十几年的高速发展，深圳市的河流不同程度地受到了污染。宝安、龙岗等原特区以外的区域是深圳典型的工业化带动城市化的工业制造大区，早期的发展在环境方面付出了很大代价，全区都呈现出“有水皆污”的局面，区内主要河流水质均劣于地表水Ⅴ类标准（宝安区和龙岗区的主要河流有茅洲河、观澜河、坪山河和龙岗河）。而深圳河由于其流经深圳市经济特区，河流的城市功能要求较高，近年来水污染治理取得了较好的成绩。我们在设置外流河变量（*D*_river）的基础上，再选取距这5条主要河流的最短距离（*D*_maozhou、*D*_shenzhen、*D*_guanlan、*D*_longgang、*D*_pingshan）进行重点考察。深圳市属亚热带向热带过渡型海洋性气候，常年主导风向为东南风，夏季盛行偏东南风，冬季则盛行东北季风，以深圳CBD为中心点分区设置虚拟变量（wind）。固体废弃物污染型企业应避免影响城市居民生活，选取了城市街道人口数量（pop density）研究其影响。

（3）交通基础设施需求：交通基础设施对于企业区位选择的影响较大。外资企业，制造业企业具有明显的靠近交通基础设施的特点（Lambert et al., 2006; 张华和贺灿飞，2007）。污染型企业的污染排放可能将对交通枢纽产生影响，加上环境成本的限制，其区位选择也可能远离交通枢纽而靠近交通基础设施线路。本书选择与城市主要公路、港口、货运枢纽，以及机场的最短距离（*D*_road、*D*_port、*D*_rail、*D*_air）来探究其影响关系。

（4）企业属性控制变量：污染型企业自身属性对企业区位决策也具有重要影响。国有及国有控股企业拥有更多的政策保护，较大的排污能力使得其在区位选择时也拥有更多的优惠与选择空间。对于在城市中具有较长经营年限的企业，其为地方政府的重要财政来源，地方政府有可能放松对企业的环境规制以获得更多的财政收益，污染型企业可能也会具有较大的排污能力（曾文慧，2008）。我们设置*d*_SOE和open time变量分别进行控制，具体变量设置如表9-1。

表 9-1　解释变量定义及其与其符号

变量	定义	预期方向		
		废水	废气	固废
*D*_bound	距深圳市行政边界的最短距离（不包括深圳市海域部分）	–	–	–
*D*_HK	距深港边界的最短距离	+	+	+
*d*_SEZ	特区内的企业赋值为1，否则为0	–	–	–
*D*_road	距公路的最短距离	–	–	–
*D*_port	距蛇口-赤湾、盐田两个港区中的最短距离	不确定	不确定	不确定
*D*_rail	距平湖货运站的最短距离	不确定	不确定	不确定
*D*_air	距宝安国际机场的最短距离	不确定	不确定	不确定
*D*_river	距外流河的最短距离	–		
*D*_maozhou	距茅洲河的最短距离	–		
*D*_shenzhen	距深圳河的最短距离	+		
*D*_guanlan	距观澜河的最短距离	–		
*D*_longgang	距龙岗河的最短距离	–		

续表

变量	定义	预期方向		
		废水	废气	固废
D _pingshan	距坪山河的最短距离	–		
wind	市中心为原点的“*X*”，正西部赋值为 1，否则为 0		+	
pop density	企业所在街道的人口密度	–	–	–
*d*_SOE	国有及国有控股企业赋值为 1，否则为 0	+	+	+
open time	到 2007 年止，企业成立经营的时间	+	+	+
revenue	企业工业生产总值	+	+	+

二、数据来源及处理

研究数据来自于 2007 年全国污染源普查数据，以及深圳市基础地图数据。污染源企业为深圳市辖区内所有排放污染物的工业源、农业源、生活源和集中式污染治理设施，涵盖了国民经济行业中除建筑业外的 39 个行业中的工业污染源。数据库中每个污染型企业统计了其单位名称、法人代码、行政区代码、经纬度、单位地址、行业分类、企业登记注册类型、开业时间、工业产值和三废排放量等。使用的距离变量主要是通过 ArcGIS 数字化 2007 年深圳市城市总体规划相关图件，并进行测距。该项规划是 2006 年 8 月正式启动编制的，规划现状基础数据为 2007 年年底。值得说明的是本书采用统计数据来验证污染型企业在城市内部区位选择行为，不是对其区位选择的趋势分析。因此，采用 2007 年深圳市污染源普查数据及相关基础设施数据是可行的。

数据库中不同污染类型的企业数量不一样。其中，具有废水排放的污染型企业样本 1905 个，具有废气排放的污染型企业样本 215 个，具有固体废弃物产生的固体废弃物污染型企业样本 1513 个。在回归分析前，我们对连续变量进行对数变换，由于部分连续变量的统计值为 0，因此，在取对数过程中，对变量进行了 Log（var+1）处理（表 9-2）。对变量进行斯皮尔曼相关分析，距深圳河的距离与距深港边界的距离间的相关系数大于了 0.6。进一步对变量的共线性进行统计诊断，废水模型中自变量 *D*_HK 变量与河流变量具有较强的共线性，因此，将 *D*_HK 变量与河流变量置入两个不同的模型。

表 9-2　统计样本属性描述

	mean	**median**	**max**	**min**	**std. dev.**	**obs**
wastewater/revenue	57.33	9.95	44262.86	0	1006.24	1951
wastegas/revenue	0.41	0	348.43	0	8.19	1951
wastesolid/revenue	0.12	0.01	40	0	1.25	1951
wastewater	37312.4	6000	2489287	0	139045.7	2003
wastegas	2764.38	0	623665	0	28387.05	2003
wastesolid	221.62	10	93012	0	2480.21	2003
***d*_SOE**	0.03	0	1	0	0.17	2003

续表

	mean	median	max	min	std. dev.	obs
revenue	14447.23	800	1660000	0	86757.87	2003
***D*_road**	720.25	460.08	6462.37	0.06	818.5	2003
***D* _port**	21611.8	19907.38	40713.06	469.94	8457.9	2003
***D* _rail**	22080.36	22619.15	40972.5	611.4	9523.46	2003
***D* _air**	26789.14	24373.85	73129.88	1987.66	16536.96	2003
***D* _bound**	3889.92	3435.28	13585.36	14.25	2655.27	2003
***d*_SEZ**	0.29	0	1	0	0.46	2003
***D* _HK**	16955.81	15997.26	37758.47	26.66	11166.45	2003
***D* _river**	2143.6	1904.5	9229.18	7.55	1622.53	2003
pop density	0.98	0.8	7.62	0.03	0.93	2003
wind	0.15	0	1	0	0.36	2003
opentime	9.1	8	109	0	6.58	1921
***D*_maozhou**	20211.81	20999.95	64254.63	22.09	14821.68	2003
***D* _shenzhen**	18517.81	16822.03	39771.01	61.36	12277.71	2003
***D* _guanlan**	17432.22	17950.11	49107.87	7.51	9146.3	2003
***D* _longgang**	23519.98	21868.82	46876.96	4.15	14707.45	2003
***D* _pingshan**	29770.51	29868.99	53739.56	14.48	16035.62	2003

第三节 环境外部性与污染型企业地理分布特征

一、污染型企业深圳市城市内地理分布特征

通过将污染型企业定位到深圳市地图上，可以看出大多数污染型企业分布在宝安区和龙岗区，少部分分布在南山区和福田区，罗湖和盐田区也有少量分布。三种类型的污染型企业均有向城市外围边界集聚以及靠近城市主要公路分布的特点（图 9-1~图 9-3）。相对于废气污染型企业，废水和固体废弃物污染型企业远离深港边界布局特点更加明显；而企业对于港口、机场、货运站等交通基础设施的选择规律并不明显，有待进一步研究；废水污染型企业有靠近河流分布的特征，尤其是向茅洲河、龙岗河、坪山河和观澜河集中的趋势明显；废气污染型企业也较多的靠近深圳市西北和西南地区。

二、模型统计结果分析

我们采用 OLS 和稳健性回归分别对三种污染类型的企业进行实证检验。考虑到截面数据回归经常受到异方差（ heteroskedasticity）的影响，通过报告异方差稳健标准误差（ heteroskedasticity robust standard error）来修正 OLS。表 9-3、表 9-4 分别表示废水、废气、固体废弃物污染型企业的模型统计结果。

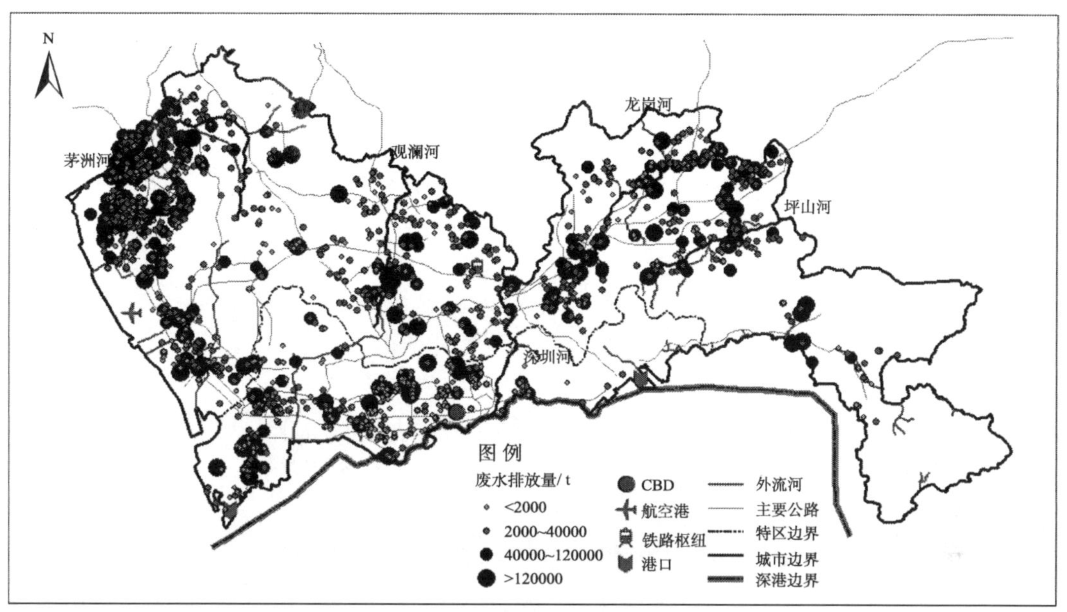

图 9-1　深圳市废水污染型企业地理分布

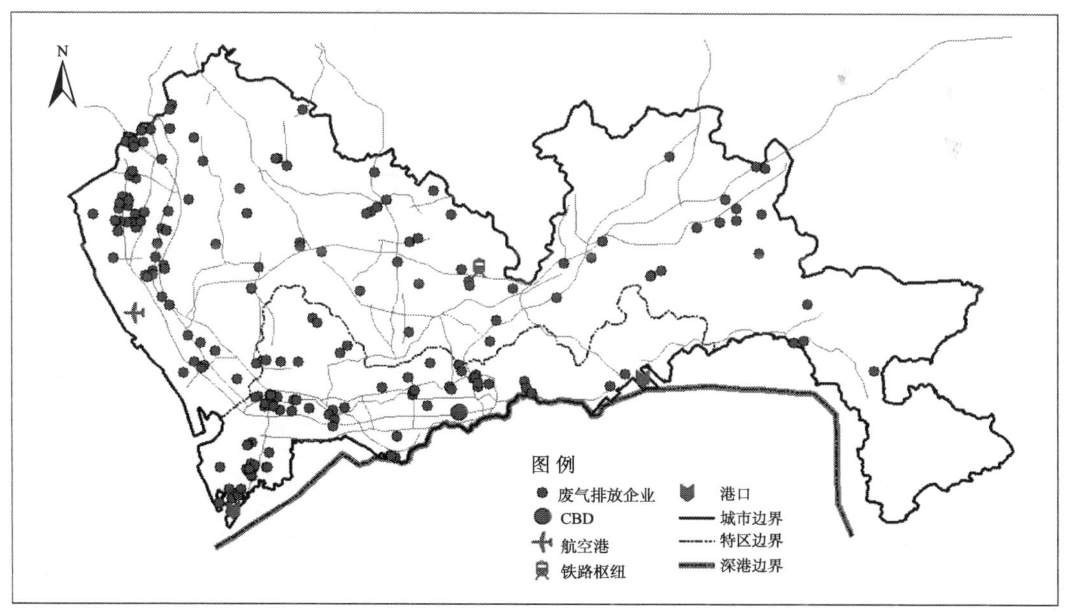

图 9-2　深圳市废气污染型企业地理分布

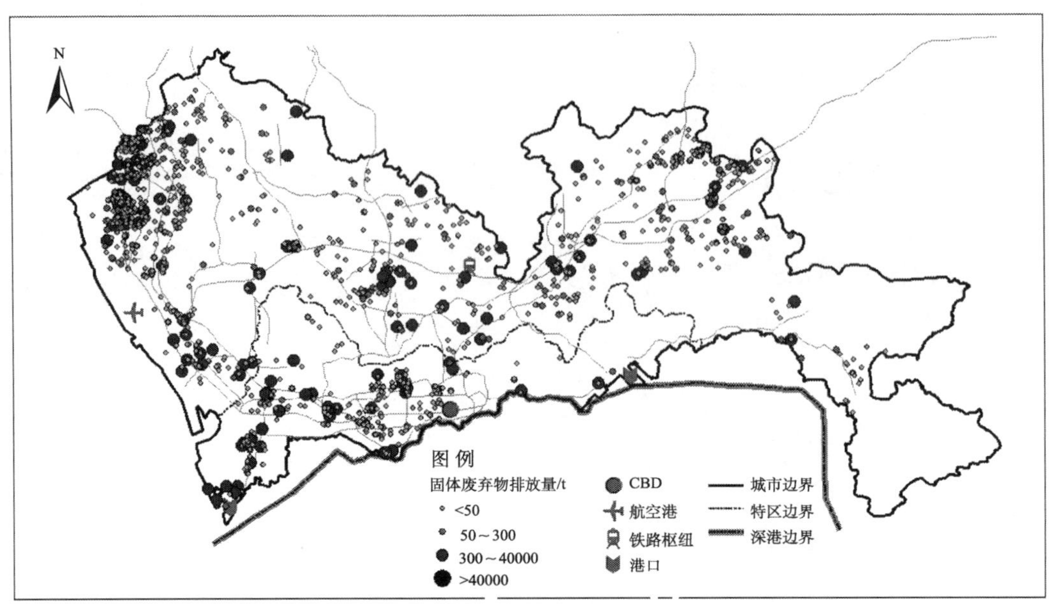

图 9-3　深圳市固体废弃物污染型企业地理分布

表 9-3　废水污染型企业模型结果

	OLS				robust regression			
	wastewater /revenue	wastewater /revenue	wastewater	wastewater	wastewater /revenue	wastewater /revenue	wastewater	wastewater
*D*_bound	−0.219***	−0.198***	−0.267***	−0.267***	−0.219***	−0.208***	−0.233***	−0.229***
*D*_HK	0.352***		0.322***		0.369***		0.431***	
*d*_SEZ	−0.141**	−0.153**	−0.352***	−0.345***	−0.175***	−0.163***	−0.308***	−0.259***
*D*_road	−0.0146	−0.0124	−0.0128	−0.00739	−0.0219	−0.0212	0.00110	0.0000870
*D*_port	−0.0710	0.0713	0.0255	0.186	−0.117	0.0780	−0.196*	0.155
*D*_rail	0.214***	−0.00731	0.355***	0.191	0.228***	−0.0461	0.298***	−0.113
*D*_air	0.0945*	−0.0911	0.0626	−0.181	0.108*	−0.130	0.0708	−0.254**
*D*_river	−0.0184	0.0157	0.00921	0.0548	−0.0195	0.0172	−0.0285	−0.00107
*D*_maozhou		−0.111***		−0.109*		−0.108**		−0.0793
*D*_shenzhen		0.237**		0.226*		0.277***		0.353***
*D*_guanlan		0.0359		−0.00516		0.0465		0.108
*D*_longgang		−0.0936***		−0.131***		−0.100***		−0.108**
*D*_pingshan		−0.0923*		−0.118		−0.130**		−0.161**
pop density	0.175	0.121	0.139	0.119	0.225*	0.193	0.237	0.204
*d*_SOE	0.249***	0.253***	0.464***	0.466***	0.227***	0.231***	0.328***	0.334***
open time	0.00619***	0.00628***	0.00792**	0.00796**	0.00468**	0.00481**	0.00736***	0.00765***
revenue	−0.422***	−0.420***	0.375***	0.378***	−0.431***	−0.427***	0.377***	0.384***
_cons	0.621	3.149***	0.400	3.212***	0.696	3.497***	1.118	3.984***
N	1796	1796	1831	1831	1796	1796	1831	1831
R^2	0.378	0.377	0.322	0.322	0.379	0.378	0.360	0.361
F	92.60	72.19	81.58	60.57	90.69	67.49	85.34	64.02

*表示 $p < 0.1$；　**表示 $p < 0.05$；***表示 $p < 0.01$。

表 9-4 废气、固体废弃物污染型企业模型结果

	废气				固体废弃物			
	OLS		稳健性回归		OLS		稳健性回归	
	wastegas/revenue	wastegas	wastegas/revenue	wastegas	wastesolid/revenue	wastesolid	wastesolid/revenue	wastesolid
*D*_bound	0.0544	−0.139	−0.0177	−0.182	0.00413	−0.128***	−0.00243***	−0.114***
D _HK	−0.0749	−0.428	−0.0277	−0.433	0.00445	0.353***	0.00750***	0.394***
*d*_SEZ	−0.231**	−0.268	0.00602	−0.307	0.0433**	0.0609	0.00441***	0.0377
D _road	0.00134	−0.00604	−0.00684	0.0224	0.00238	−0.0267	−0.00117*	−0.0348
D _port	−0.239*	−0.200	0.0283	−0.169	0.0238**	−0.285*	0.000214	−0.250**
D _rail	-0.0440	0.270	0.0725*	0.374	−0.0110	0.290***	0.00271	0.315***
D _air	−0.122	0.117	0.0906**	0.221	−0.0130	0.0131	0.00334**	0.0963
pop density	0.0580	−1.762**	−0.0713	−1.656*	−0.0354	0.519**	0.0116***	0.668***
*d*_SOE	0.216	−0.121	−0.0434	−0.0744	−0.0172*	0.339*	−0.00254	−0.112
wind	−0.0116	−0.506	−0.0453	−0.607				
open time	−0.00797*	0.00998	0.00134	0.00758	0.000348	0.00151	−0.0000888	−0.00132
revenue	−0.125***	0.266***	−0.0323***	0.305***	−0.0330***	0.286***	−0.00707***	0.318***
_cons	2.711	3.780	−0.437	2.726	0.0935	−0.672	−0.0153	−1.634*
N	211	214	211	214	1453	1465	1453	1465
R^2	0.147	0.090	0.165	0.090	0.151	0.177	0.252	0.231
F	3.78	2.03	3.26	1.65	11.68	21.45	44.11	39.61

*表示 $p < 0.1$；**表示 $p < 0.05$；***表示 $p < 0.01$。

对于废水污染型企业，*D*_bound 显著为负说明废水污排放大的企业具有明显的靠近城市外围边界分布的特征，这也验证了本书关于污染型企业选择城市外围边界以避免污染城市中心的假说，也证明在经济转型期城市空间范围内污染转移现象的存在；*D*_HK 显著为正说明废水污染严重企业也具有远离香港的特点。过去十年来，深港合作主要表现在产业上“前店后厂”的分工合作，而随着深港合作的进一步推进，在环境保护上也具有重大的突破，污染型企业的地理分布特点正是保护环境、减少环境负外部性的重要体现。*d*_SEZ 显著为负，污染型企业具有远离特区分布的特点。城市内交通基础设施变量 *D* _road、*D* _port、*D* _air 不显著，说明废水污染型企业没有明显的靠近公路、港口和机场的地理分布特征，这与外资企业对区位通达性的较高要求不同（Wu,1999;张华和贺灿飞，2007），说明污染型企业更多地考虑了环境成本；*D* _rail 显著为正，说明靠近货运枢纽分布的废水排放企业其废水排放量以及排放强度都较小，这也反映了公共交通枢纽对于环境的较高要求。

D _river 不显著，但深圳主要河流中 *D* _maozhou、*D* _longgang、*D* _pingshan 显著为负，说明废水排放大的企业更多的选择靠近茅洲河、龙岗河和坪山河。另外，茅洲河与龙岗河的显著性强于坪山河。茅洲河为深圳和东莞的界河，目前，茅洲河的水质仍为劣

Ⅴ类，呈重度污染状况。虽然两市政府已签署相关合作议程，但合作项目进展缓慢，跨界流域面临“公地悲剧”。龙岗河和坪山河均为深圳与惠州间的跨境河，河流的治理同样面临由于政府间的博弈而消极治理的局面。深圳河自深圳中部向南汇入深圳湾，流经经济特区。*D*_shenzhen 显著为正说明废水污染大的企业更多的选择远离深圳河布局，这主要与深圳河的区位有关，说明不同功能河流对污染型企业区位选择影响不同。*d*_SOE 显著为正，国有企业在废水排放上具有较多的指标和讨价还价能力，这与 Wang（2002）关于不同所有制的污染型企业排污能力的研究较为一致。open time 显著为正，同样也验证了企业经营时间对其排污能力影响的假说。

对于废气污染型企业，并没有明显的靠近城市外围边界以及交通基础设施的特征；pop density 显著为负，说明废气排放量大的污染型企业远离人口密集区分布，与城市对污染型企业的布局要求一致。与废水污染型企业相同，高废气排放强度企业也有远离特区分布的特点。另外，预期的 wind 变量并不显著，说明深圳市废气污染型企业区位选择过程中，对城市主导风的考虑并不明显。

对于固体废弃物污染型企业，与废水污染型企业相同，*D*_bound 显著为负，*D*_HK 显著为正，即固体废弃物排放量大的污染型企业也有靠近城市外围边界和远离香港分布的特点。*d*_SEZ 排放强度显著为正，与废水污染型企业不同，特区内固体废弃物污染型企业排放强度较大，其可能与特区内较好的基础设施，能够很好地处理污染物有关。固体废弃物污染型企业对城市交通基础设施的需求更为敏感。排放强度模型中 *D*_road 系数为负，即排放强度大的企业趋于选择靠近公路；排放绝对值模型中 *D*_port 显著为负，说明污染排放量大的企业具有靠近港口分布的特征，但排放强度 *D*_port 显著为正，这也说明由于其较高的生产效率，交通基础设施相较于环境成本更为重要；*D*_rail 和 *D*_air 排放强度显著为正，即排放强度小的企业趋向于靠近货运枢纽与机场；与废气污染型企业不同，pop density 显著为正，即固体废弃物排放大的企业所在的区域人口密度也较大，这类企业大多为劳动力密集型企业，对于劳动力的需求要求其靠近人口密集的区域。*d*_SOE 在排污绝对值模型中显著为正，在排放强度模型中显著为负，说明国有企业虽然排污量较大，但其排放强度较高。

第四节　小结与讨论

我们利用 2007 年深圳市污染源普查数据，以污染源企业为研究对象，分别探讨废水、废气和固体废弃物污染型企业环境外部性与城市内地理分布特征。研究发现：①为避免对中心城区的污染，将环境负外部性内部化，深圳废水与固体废弃物污染型企业具有明显靠近城市外围边界但远离香港的布局特点；同时，针对深圳经济特区的实际，污染排放较大的企业也有远离特区分布的特点。②不同排污类型企业考虑的区位要素不同。废水污染型企业更多的选择靠近城市主要外流河分布；同时，河流功能也有一定影响。深圳废水污染型企业趋于靠近茅洲河、龙岗河和坪山河三条跨界河流。跨界流域具有公共资源性质，流域没有统一管理、上下游均不受环境制约，跨界流域的公共资源面临“公地悲剧”的威胁，加上以政绩为导向的政府管理使得跨界河流的治理合作也变得更加困难，流域污染更加严重。③出于环境成本以及交通枢纽对于环境较高要求的限制，废水和废气污染型企业对交通基础设施的影响并不敏感。④企业自身的属性条件对于其区位选择也具有一定的影响，并且不同排污类型的污染型企业所受到的影响不同。国有废水污染型企业存在排放量大且效率低的特点，但固体废弃物污染型企业虽然排放量大，但排放强度相对较低；另外，较长经营时间的企业为地方政府重要财政来源，地方政府有可能放松对该类企业的环境规制，以获得更多的财政收益，政策的默许使得企业获得了更多的污染排放指标，废弃物排放方式也相对粗放。

为使企业负外部性内部化，污染型企业更多的分布在城市外围边界和跨界河流等区域。然而，单纯地将污染型企业迁移中心城区并不能减少污染排放总量，以邻为壑的污染转移反而使得环境污染更加的隐蔽，也将引起更多的社会冲突，使得跨界河流的治理更加困难。因此，增强区域环境治理整体意识，避免流域河道成为了转移负外部性的通道对于提高环境治理成效尤为重要。同时，相较于交通通达性对于外资等企业的吸引，污染型企业更多的考虑环境成本和劳动力成本等，这为转型期污染型企业的区位选择的认识具有一定的启示。本书只是对污染型企业作为一个整体进行研究，而不同产业类型的污染型企业的区位选择行为是否相同，又将受到哪些因素的影响等问题，有待进一步的研究。

第十章　污染型企业迁移意愿研究——以浙江省上虞市为例

第一节　引　　言

20 世纪 70 年代以来，全球化趋势使得各国贸易壁垒不断削减，而全球环境污染问题的日益严峻，也使得各国的环境规制标准和执行力度不断提高。各国环境管制标准的制定和执行强度不一，随着生产要素流动日益自由化，企业为追求利润最大化，试图迁移到环境管制标准较低的地区，以此来规避高环境规制导致的高生产成本，这些环境管制强度较低的地区就会成为污染型企业的“避难所”（Walter and Ugelow, 1979; Jeppesen et al., 2002; 傅帅雄等, 2011）。由此造成了污染型企业的污染外部性不能由企业本身内部化，成为“污染避难所”的地区环境恶化。这是生态环境质量局部改善而整体难以好转，甚至每况愈下的根本原因。目前，中国各区域环境规制标准和执行的严格程度均存在较大的区域差异（傅帅雄等，2011），这种区域差异是导致污染型企业的迁移的重要原因。探讨环境规制下的污染型企业迁移意愿影响因素和内在机制，有助于正确认识当前发生在我国的产业转移，对调整环境政策、促进可持续发展具有重要意义。

目前，环境规制差异是否会导致企业迁移在理论研究和实证研究方面都没有得出一致的结论，不少实证文献对“污染避难所”假说提出了质疑（Tobey, 1990; Eskeland and Harrison, 2003; Ederington et al., 2004; 傅京燕和李丽莎，2010）。学者们试图从技术创新、规制服从成本、制度环境等因素解释实证结果不支持“污染避难所”假说的原因（Tobey, 1990; Porter and Van der Linde, 1995; Neumayer, 2001）。其中，Copeland 和 Taylor 的解释得到了很多学者的认同，他们指出企业迁移考虑的是一个区位对另一个区位的替代，在确定投资区位时，除了环境规制外企业还考虑很多因素，如当地市场规模、劳动力成本和素质、基础设施条件、政治稳定性等。如果本地吸引的因素足够强，企业迁移就不会发生（Taylor and Copeland, 2004）。另一方面，结合企业迁移的相关研究，企业迁移不仅受市场、资源、政策等外部因素的影响，还受到企业内部因素的影响，包括企业的经营年限、规模、所有制、产业类型等（Van Dijk and Pellenbarg, 2000; Wissen, 2000; Brouwer et al., 2004; 陈耀和冯超，2008；杨菊萍，2010）。外部因素的影响是企业迁移的动力，而内部因素会调节外部因素对企业的影响程度，企业在两者的综合影响下寻找更优区位，做出迁移决策（Van Dijk and Pellenbarg,2000; Wissen,2000; Brouwer et al., 2004; 陈耀和冯超，2008；杨菊萍，2010）。而现有绝大多数污染型企业迁移研究都没有考虑企业的异质性（Jeppesen et al., 2002; 傅帅雄等, 2011; Tobey, 1990; Eskeland and Harrison, 2003; Ederington et al., 2004; 傅京燕和李丽莎，2010），忽略了企业的行业、规模等差异。事实上，这是实证研究结果不一致的另一重要原因。

环境规制对企业迁移是否有影响？除了环境规制，污染型企业迁移还受到哪些外部因素的影响？企业内部因素对污染型企业迁移有何作用？在环境规制作用下，除了发生企业迁移，企业还有哪些应对行为？我们通过浙江省上虞市污染型企业迁移意愿的访谈调研，分析总结环境规制对企业迁移意愿的影响机制，并将企业内部因素引入意愿模型中，重点考察企业规模异质性对企业迁移意愿的影响。从外部综合因素及企业内部因素两方面对“污染避难所”假说进行研究补充和修正。

第二节　污染型企业迁移意愿及其影响因素

一、环境规制下污染型企业迁移研究

现有研究表明，环境规制会给污染型企业带来的负面效应：①政府可以直接通过命令控制型环境规制，控制污染型企业的进入，迫使污染型企业的退出；②环境规制会增加企业的环境成本，影响企业的经济效益。Barbera 和 McConnell（1990）分析了 1960~1980 年美国环境规制对化工和造纸等污染密集型产业经济绩效的影响，得出这些产业 10%~30% 的生产率下降可能由于其在污染治理方面投资。Greenstone（2002）使用 175 万个企业的普查数据检验了环境规制对污染密集产业发展的影响，实证结果显示环境规制会制约污染密集产业的发展。

因此，如果把环境作为一种资源要素，保护强度较低的国家比保护强度较高的国家有一定的竞争优势。通常来说，发达国家的环境保护力度大于发展中国家，因此发达国家的污染型企业很可能向发展中国家迁移，Walter 和 Ugelow（1979）最早把这种现象称为“污染避难所”假说。Chiehilnisky（1994）利用南北模型解释“污染避难所”假说，他发现由于南方国家（发展中国家）的环境税率比发达国家的要低，由此带来的结构效应和规模效应对环境的负向作用超过了技术效应对环境的正向作用，恶化了发展中国家的环境质量水平。但是企业迁移是一个复杂的决策过程，如果考虑到其他因素的影响，保护强度较低的不一定必然成为“污染避难所”。Ludema 和 Wooton（1997）认为发达国家可以通过贸易手段对发展中国家的环境规制进行制约，贸易作为一种手段是可以被用来解决全球环境问题的。Copeland 和 Taylor（1995）证明，有关国家联合起来所进行的污染减排可以是一种帕累托改进，而与减少污染相联系的收入转移则可以提高福利水平。王军（2008）构造“南北模型”证明，通过北方对南方提供的资金和技术援助等，跨境外部性效应的存在不仅不会影响到北方的福利状况，而且还能降低实际的净污染水平从而使福利得以增进。

学者们试图从实证研究验证“污染避难所”是否存在。已有许多实证研究验证“污染避难所”假说确实存在，Mani 和 Wheeler（1997）检验了 1960~1995 年 OECD 国家、亚洲和拉丁美洲国家的污染和非污染产业的产出比例，发现 OECD 国家污染产业和非污染产业之间的产出比例逐年下降，而进出口比例却逐年上升；拉丁美洲和亚洲国家的情况却恰恰相反。Xing 和 Kolstad（2002）发现环境管制较为宽松的国家的确吸引着美国的直接投资，但这种吸引力仅仅限于美国的污染密集型行业。Hanna（2010）运用 1966~1999 年美国企业的面板数据，估计清洁空气法修正案对跨国公司对外投资决策的

影响，发现清洁空气法修正案造成了美国跨国公司对外投资上升了 5.3%，产出上升了 9%。He（2006）运用中国 1994~2004 年的数据发现，虽然 FDI 流入增加 1%仅带来工业 SO_2 排放 0.098%的增加，但是 FDI 进入决策却同时依赖于上期经济增长和环境规制强度。但也有许多实证文献对“污染避难所”假说提出质疑。Eskeland 和 Harrison（2003）通过对美国在墨西哥、委内瑞拉，以及法国在摩洛哥投资的研究，发现不能用这些产业在国内面临的较高污染减排成本来解释上述资本的流动。Grether 和 Melo（2003）考察了 1981~1998 年 52 个国家的 5 个重污染产业，发现污染行业通常有着较高的贸易壁垒，有关的计量分析并不支持发达国家的污染密集型产业会迁移到欠发达国家的论断。Ederington 等（2004）发现，1974~1994 年美国污染密集型产业并没有被国外进口物品所取代，也就是说，这一时期美国的污染密集型产业并没有出现统计上显著的迁移到其他发展中国家的情形。傅京燕（2008）通过出口贸易与污染密度相关性的实证检验，认为“污染避难所”假说在中国不成立。

二、污染型企业迁移意愿影响因素

企业迁移决策是一个多因素综合的复杂过程。基于区位理论、产业组织理论等相关研究，企业的区位决策主要从企业内部投入与产出、企业与政府的关系，以及企业与企业/市场的关系三方面研究（Van Dijk and Pellenbarg, 2000; Wissen, 2000; Brouwer et al., 2004; 陈耀和冯超，2008；杨菊萍，2010）。对于环境规制下的污染型企业，企业内部投入与产出主要受到环境成本的影响，企业与政府的关系体现在企业与政府的环境博弈行为，而企业与企业/市场的关系即企业的产业联系。因此，我们结合企业自身属性的内部因素，从环境成本、政府博弈，以及产业联系建立污染型企业迁移意愿模型。

（一）环境成本

环境规制会提高企业的生产成本，这是学者们达成的共识。无论是庇古崇尚的政府干预的方式，还是科斯主张的市场交易方式，环境规制的目的是要将污染负外部性内部化，从而会增加企业的生产成本，称为环境成本。企业的环境成本包括研发投入、设备投入及设备运行成本（Walter, 1973）。据统计，2007 年我国的工业污染治理支付成本（不包含研发投入）为 3037.8 亿元，占国内生产总值的 1.23%。对电热力、金属冶炼及压延加工业、造纸、石油、化学工业等污染密集型产业的价格水平造成超过 2%的影响，最大的达到 4.24%。具体到某些重污染行业，其环境成本高达总成本的 10%以上。

环境成本对企业竞争力的影响分为直接影响和间接影响。一方面它直接增加企业生产成本，降低企业生产率，从而造成产出减少、产品价格提高和利润率降低；另一方面它可能挤占企业的其他生产性、盈利性投资，间接影响企业投资决策、新产品的开发及生产技术的创新，从而影响企业的经济绩效（Jeppesen et al., 2002; 赵红，2011）。随着环境规制力度的加强，环境成本不断增加，而影响企业的区位决策。为了减少环境成本支出，企业会迁移到环境规制宽松的地区甚至实行“零规制”的地区（Walter et al., 1979; Jeppesen et al., 2002; 傅帅雄等，2011）。因此，环境成本占总成本的比例越大，企业迁移的意愿就越显著。具体到不同企业，环境成本占生产成本的比例则取决于企业的特性

（赵细康，2003），其中企业规模是一个重要的影响因素。由于环境治理存在显著的规模递增效益，治理的规模越大，平均的环境成本越高。中小企业的平均环境成本要比大企业高（赵细康，2003；何瑛和何爱英，2007）。实证研究证实，无论是工业废气还是工业污水，大企业的单位处理成本都要远低于中小企业（Dasgupta et al., 2001；曹东和王金南，1999）。

（二）政府博弈

在规制者追求社会福利最大化的前提下，环境污染外部性应全部内部化。理论上，相应类别的环境规制标准对相应的污染型企业的影响是一致的。然而，现实中这个适应性却很难实现。首先，由于信息不对称，政府的管制行为不一定服从成本函数和污染损害函数，对不同的企业会实施不同的管制标准（Dion et al., 1998）。其次，由于GDP增长为核心的考核制度，地方政府片面追求经济增长而忽视环境收益。尤其对于那些对地方的就业、居民收入以及财政收入的影响至关重要的企业，政府会存在松懈监管、变相补贴等行为（贺灿飞等，2010）。再有，监管人员可能追求自身利益，发生“管制俘获”现象，弱化了政府政策对某些企业的管制。

这使得环境规制的强度具有“讨价还价”的空间。Amacher和Malik（1996）提出了一个政府管制模型，认为企业排放标准的严格程度实际由企业和管制者的谈判决定。一些学者通过实证研究也表明，企业可以通过与政府的博弈，降低所受到的环境规制强度，获得更大的环境污染赦免权（Wang et al., 2003; Gray and Deily, 1996; Dasgupta et al., 1997），或间接获得经济补贴。这种对政府环境规制讨价还价的能力被称为“环境谈判能力”（贺灿飞等，2010）。企业的环境谈判能力越强，博弈得到的收益就越大，且企业倾向于迁移到博弈收益更多的地区。而企业的环境谈判能力与企业内部因素有关。通常，大企业的环境谈判能力更强。环境规制会将成本强加给小企业，而使大企业获益（Pashigian，1985）。Gray 和 Deily（1996）通过美国钢铁行业的实证研究发现规模大的企业以及利润高的企业受到更少的环境约束。Dasgupta等（1997）对中国328家工业企业的研究发现规模小的工厂缴纳的污染税率比较高。

（三）产业联系

产业联系是指生产系统内部工业企业之间的相互依靠关系（物质、信息的交换与流动），被认为是另一个影响企业区位抉择的重要因素（王缉慈，1994）。首先，企业区位与相关企业的距离决定了企业的联系成本（包括运输成本、商务成本等），它与联系距离呈正相关关系。产业联系的本地化可以减少交易联系本身所包含着的“区位成本”（即联系成本是联系距离的正函数），节约企业的生产成本（朱华晟和王缉慈，2002）。其次，与相关企业在地理位置上的接近，易于促进企业之间的资源交换，增加企业之间的信任度，加强相互间的分工与协作，促进知识、信息的流动及创新发生的概率（朱华晟和王缉慈，2002；Ahuja, 2000）。再次，产业联系本地化可以使企业迅速从当地供应商那里获得原料或半成品，并很快将产品交付到客商手中，大大提高“生产柔性化”水平。

企业的本地联系强度很大程度上受企业内部因素的影响。一般来说，经营时间长的企业更容易根植于当地的空间环境中，本地联系更强（Brouwer et al.，2004；杨菊萍，2010）；规模小的企业区位选择的自由度相对较小，更依赖本地网络，本地联系更强（Brouwer et al.，2004；陈耀和冯超，2008；杨菊萍，2010；Ahuja，2000）。本地联系较强的企业，在联系成本、合作创新和柔性生产等方面具有优势，使得企业对区域产生了“黏性”，地方根植性强（王缉慈，1994；Ahuja，2000），从而制约企业的迁移。而本地联系较弱的企业，为了降低联系成本、增加信息交换、促进合作创新，会迁移（整体或部分迁移）到临近相关企业的地方去，而且本地联系越弱，迁移意愿越强。大量实证研究都表明本地联系强度与企业迁移倾向呈负相关关系，本地联系越强，企业越不容易发生迁移（Brouwer et al.，2004；陈耀和冯超，2008；杨菊萍，2010）（图 10-1）。

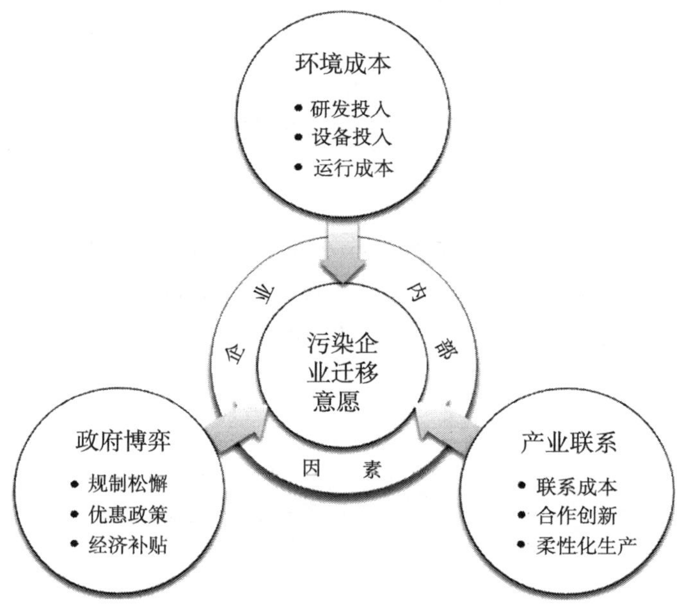

图 10-1　污染型企业迁移意愿模型图

据此，我们提出的两个假说。

（1）假说 1：环境成本、政府博弈和产业联系是三个主要影响污染型企业迁移意愿的外部因素。环境成本越大、博弈收益差异越大（迁移后比迁移前）、本地联系越弱的污染型企业，越倾向于迁移。

（2）假说 2：企业规模作为重要的企业内部因素，可以通过影响环境成本、政府博弈和产业联系对企业的影响程度，最终影响企业的迁移意愿。

第三节　研究方法与数据来源

浙江省上虞市是浙江省的一个县级市（图 10-2），以机电、化工、轻纺、建材和食品为五大支柱产业。其中，化工产业、轻纺中的印染产业都属于重污染行业，造成了严重的环境污染。2000 年起，上虞市开始加大环境规制力度，推进产业结构升级。仅2008~2010 年，市政府先后对 51 家企业进行了强制性改造，36 项项目被强制性淘汰。2011年上虞市颁布了新的重污染项目强制性淘汰改造三年行动计划，对 10 个污染密集型产业的 140 家企业进行年度考评，并要求强制性淘汰改造 50 多家企业污染严重的项目。

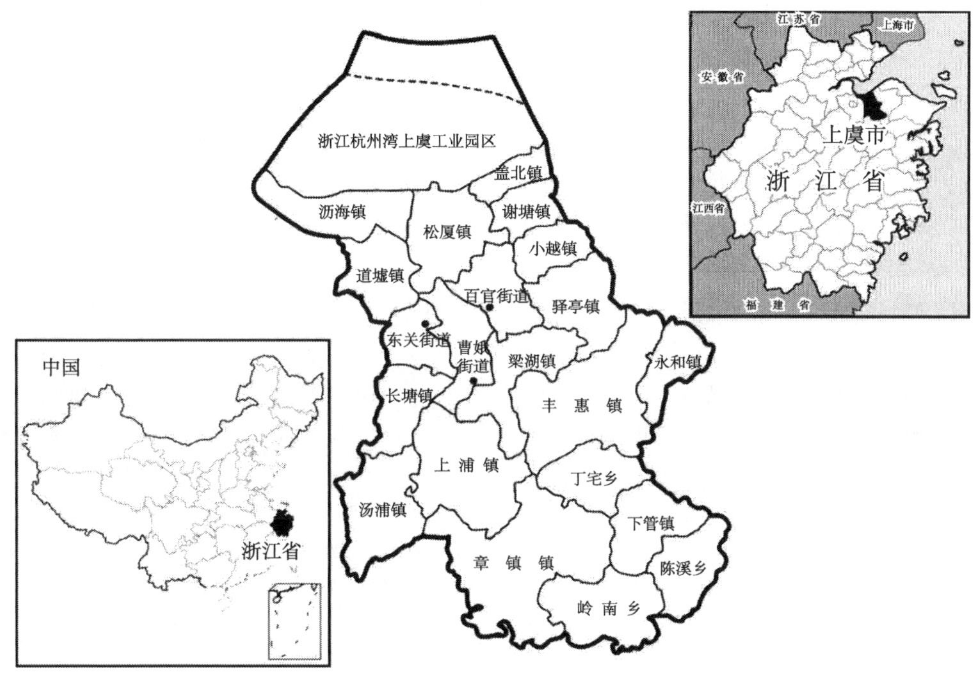

图 10-2 上虞市区位图

我们采用半结构式访谈法，通过对上虞市 32 家企业的高层管理人员进行深入访谈，并对当地政府部门、环保部门的有关负责同志进行专访，调查污染型企业迁移的真实动机和影响企业迁移的因素（表 10-1）。其中，32 家企业涉及化工、印染、热电、造纸、有色金属冶炼及压延加工等多个污染行业，有大型企业（年销售额≥3 亿）8 家，中型企业（3 亿>年销售额≥3 千万）9 家，小型企业（年销售额<3 千万）15 家。对每家企业的访谈时间为 30 分钟左右，现场访谈的录音材料后期被转换成文字记录，我们将在访谈资料的基础上进行定性及定量分析。

表 10-1 上虞市污染型企业半结构式访谈框架

	访谈对象	主要问题
政府部门	发改委副局长、经贸局副局长、杭州湾工业园区主任	污染型企业的迁移状况；城市产业发展规划；园区污染处理；园区招商条件
环保部门	环保局副局长、环保局大队长	环境规制方法；企业应对方式
污染型企业	26 位总经理/厂长、4 位副总经理、1 位总裁助理、1 位总裁办主任	从业经历；面对的压力与挑战；迁移意愿；迁移方式；迁移与不迁移的原因

第四节 污染型企业迁移意愿影响因素研究

一、污染型企业迁移意愿的外部影响因素

根据以上分析，我们利用访谈收集到的数据来验证环境成本、政府博弈和产业联系对污染型企业迁移意愿的影响，建立如下计量模型：

$$\mathrm{Prop}_i = \beta_0 + \beta_1\mathrm{cost}_i + \beta_2\mathrm{gov}_i + \beta_3\mathrm{local}_i + \beta_4\mathrm{SIC}_i + \varepsilon_i \tag{10-1}$$

式中，Prop_i 为被解释变量，表示污染型企业在未来 3 年内的迁移意愿；cost_i 为环境成本占企业生产成本的比例；gov_i 为企业政府博弈收益差异（迁移目的地地政府博弈收益-本地政府博弈收益）；local_i 为企业产业联系的本地比例；SIC_i 为企业所属行业；ε_i 为随机扰动项。

我们主要通过访谈对被调查对象进行直接询问，并就被调查的污染型企业在未来 3 年内的迁移意愿用 0~10 打分（0 表示没有任何迁移意愿，10 表示非常有迁移意愿），分别对企业在本地和迁移目的地得到的政府支持用 0~10 打分（0 表示没有任何帮助，10 表示非常有帮助），企业环境成本占生产成本的比重，以及企业供应商、客户在上虞本地的比重。变量的符号和定义见表 10-2。

表 10-2 变量指标选取及说明

变量	属性	预期符号
Prop	在未来 3 年内的迁移意愿（0~10）	因变量
cost	环境成本占企业生产成本的比例/%	+
gov	迁移目的地政府博弈收益（0~10）-本地政府博弈收益（0~10）	+
local	1/2（供应商本地比例+客户本地比例）/%	–
SIC	企业所属行业	控制变量

采用顺序 logit 模型分析三大外部因素对污染型企业迁移意愿的影响，对所有企业的回归结果见表 10-3。首先，企业环境成本比例越大，污染型企业迁移的意愿就越大。调查也发现，环境成本增加是造成污染型企业迁移的最直接原因。在 32 家企业中，所有企业的环境成本均占总成本的 5%及以上，有的甚至高达 20%左右。“政府的环境规制大大增加了生产成本，减少了利润的空间，使企业面临着很大的生存压力（某造纸厂厂长语）”。据调查，有 14 家企业表示有意愿通过企业迁移来规避环境成本，且环境成本越高，迁移的意愿越强烈。

另外，gov 显著为正，即污染型企业迁移的意愿与企业通过迁移获得的政府博弈收益差异存在显著的正相关，收益越多，迁移意愿越强烈。表明不同地区政府博弈获得收益差异的是另一个导致污染型企业迁移的原因。调查的 32 家污染型企业中有 5 家企业表示有通过迁移到欠发达地区获得更好政策的意愿。化工企业 *D* 即是其中的一例。据该企业反映，企业没有受到县政府任何形式的补贴或优惠。若迁移到苏北某县，不仅能落户

表 10-3　三大外部影响因素回归结果

变量	模型
cost	0.586***
	（3.49）
gov	0.969***
	（3.86）
local	–0.0727***
	（–2.84）
SIC	included
LR chi2	43.20***
Log likelihood	–41.932406
N	32

***表示 $p < 0.01$。

工业园区，节约环境成本，还能享受税收、土地等一系列优惠政策。因此，企业 *D* 表示很可能在未来的 3 年内发生迁移。

再有，local 显著为负，即企业产业本地联系越强，迁移的意愿越弱。可见，产业的本地联系会阻碍企业的迁移。这主要是因为接近市场和获得中间投入不仅可以减少交易联系成本，还可以及时获得准确的行业信息，促进技术创新和生产柔性专业化。因此，产业本地联系越强的企业离开本地造成的相对损失越大，迁移的相对成本就越高。调查样本中有 4 家企业明确表示由于产业联系基本都在本地，企业不会迁移到其他地区。“尽管企业通过迁移可以节约环境成本，但企业的运输成本和商务等交易成本会大大增加，不能与客户及时沟通，不能获得最新的行业信息，对企业来说得不偿失（某化印染厂厂长语）”。

二、污染型企业迁移意愿的内部影响因素

企业规模是最常用来衡量企业内部因素的重要变量。已有很多研究表明，企业规模作为一种企业内部因素，对企业迁移意愿存在很大影响（Van Dijk and Pellenbarg，2000；Brouwer et al.，2004；杨菊萍，2010）。调查发现，不同规模的污染型企业其环境成本大小、政府博弈能力和产业联系强度均不相同。以 ln（企业年产值）为横坐标，分别以环境成本、产业本地联系和政府博弈差异为纵坐标，做企业规模与三大外部影响因素关系图（图 10-3 中纵坐标数值不同）。可以明显看出，环境成本和产业本地联系与企业规模呈负相关关系，政府博弈差异与企业规模呈倒“U”形关系。

环境治理具有显著的规模效益（赵细康，2003；何瑛和何爱英，2007；Dasgupta et al.，2001；曹东和王金南，1999），大企业的平均环境成本明显低于小企业，在污染治理成本上有明显的优势，因此，企业规模与平均环境成本具有负相关关系。32 家企业中，大企业的环境成本比例约为 6.5%，而小企业的环境成本高达 12.3%。因此，很多中小企业都表示希望能迁移到化工园区里，因为入驻化工园区可以与众多企业共享污染处理设施，

集中处理污染，降低环境成本。

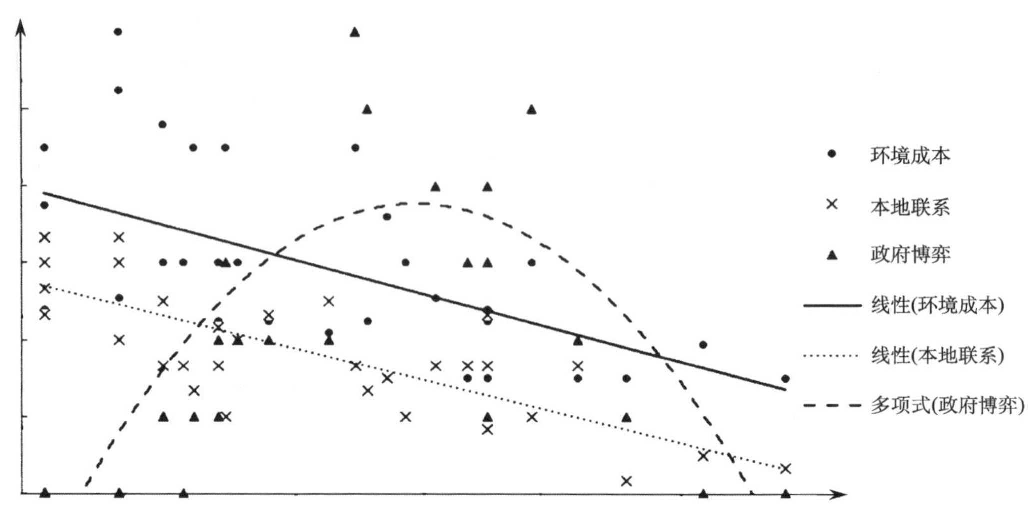

图 10-3　企业规模与三大外部影响因素关系

对于实体企业，一般来说，规模较小的企业与规模较大的同类工业企业相比，其本地联系更强（Brouwer et al.，2004；陈耀和冯超，2008；杨菊萍，2010；Ahuja，2000）。调查发现，除 1 家热电企业，其余 7 家大型企业的产业联系范围基本覆盖全国，中型企业的产业联系主要位于本省以及周边省市，而 80%以上的小企业的供应商和客户位于省内，约 40%的产业联系限于上虞市内。

通过 32 家企业的调研可以发现，大企业的政府博弈能力明显强于小企业。一方面，8 家大型企业都表示建设配置环保设施、升级改造治污手段等环境行为可以直接享受政府的环保补贴，或间接获得财税优惠或其他优惠政策，然而中小企业鲜有这些补助。另一方面，小企业的监管处罚力度要大于大型企业。据调查，在 15 家小型企业中，有 60%以上在最近三年内受到过罚款处罚，3 家企业受到过停产整顿的处罚。而其余 17 家大中型企业中，最近三年受到过罚款处罚的仅 4 家，没有企业受到过停产整顿的处罚。然而，由于各地区经济发展水平不同，发达地区对“大企业”的标准要远高于经济欠发达的地区。一个中等规模的企业，在欠发达地区属于较大的企业，博弈收益较大，而在发达地区属于较小的企业，博弈收益较小，其迁移带来的收益将更大；但对于规模很小或很大的企业，在两个地区都属于小/大企业，博弈的收益都很小/大，则其迁移带来的收益变化也较小。因此，博弈收益的地区差异随规模的增加呈倒“U”形曲线。

综上所述，环境成本、政府博弈和产业联系对污染型企业的迁移意愿的影响与企业规模有关（表 10-4），污染型企业的迁移意愿存在规模异质性。调查结果显示，大型企业中仅 2 家有迁移意愿，1 家有县内迁移意愿，1 家有在周边省市建设分厂的意愿；中型企业中有 4 家表示有迁移意愿，1 家计划在本县内迁移，2 家计划整体迁移到其他省份，1 家有在其他省份建设分厂的意愿；小型企业中仅 3 家表示有迁移意愿，1 家计划迁移到本县工业区内挂靠在某大企业下，1 家计划整体迁移到周边省份，1 家计划将部分生产外包给周边省份的企业。污染型企业迁移的意愿随企业规模先增强后减弱，呈倒“U”形曲线。

表 10-4　上虞市污染型企业迁移意愿对比

企业规模	大		中		小
设备投资能力	强	⟷	中	⟷	弱
平均运营成本	小	⟷	中	⟷	大
环境成本	小	⟷	中	⟷	大
与本地政府博弈的能力	强	⟷	中	⟷	弱
与外地政府博弈的能力	强	⟷	中	⟷	弱
博弈收益差异	小	⟷	大	⟷	小
产业联系	全国	⟷	周边省市	⟷	本地
本地联系	弱	⟷	中	⟷	强
迁移意愿	无	近距离、局部	远距离、整体	近距离、局部	无

事实上，并不是所有企业在面对环境规制的压力时都会直接选择区位调整。他们会综合企业自身的发展情况进行选择，如新建自己的污染处理系统或者将污染部分外包等。下文将通过具体的企业应对环境规制的行为案例进行分析。

第五节　环境规制与污染型企业行为的案例研究

一、污染型企业应对环境规制的行为典型案例

案例一：建立自己的污染处理系统

A 企业创建于 1993 年，位于上虞市 *J* 省级开发区，是一家从事热电、造纸和印染的民营集团公司。目前，企业已形成了以热电为基础产业，纸业、印染为发展两翼的“一轴两翼”的经营发展格局。其中，热电部门成立于 1993 年，服务于 *J* 开发区，是开发区内唯一的热电联产企业。以煤作为热源，原料主要来自河北秦皇岛。造纸部门成立于 2000 年，主要以国内回收的废纸板（全国范围内）为主要原料，生产高强度低克重瓦楞原纸及纸片，年加工纸片、纸箱 1.5 亿平方米。产品主要销往绍兴、宁波地区。印染部门成立于 2002 年，下设溢流染色、涂层、轧染等三个分公司，可年加工各类服装面料 4600 万米，涂层后整理产品 3000 万米。产品销往全国，以长三角地区为主。

热电、造纸、印染都是污染行业，其水污染尤其严重。2007 年，*A* 企业投资 1500 万，建立上虞创新水处理公司，用于承担整个集团公司的污水处理、达标排放和综合回用，建造生化一期、二期生化系统废水深度处理，为公司废水循环利用发挥更大的作用。在废气处理上，企业已经建设完成废气的一级处理。目前正在积极引进先进设备，投资 700 余万元，进行废气的二级处理的建设工作。此外，应政府环保部门要求，企业已对印染等设备进行“煤改气”改造，以减少废气的产生。调查发现，该企业的环境成本占

总成本的 5%~7%。但由于环境治理的规模效应，其环境成本明显小于同类中小型企业。

污水处理的成本（包括污水预处理费用和排污费用）构成了企业生产成本较大的一块，占 5%左右……拿污水预处理的机器来说，运行一天下来就要 1 万多，还有药剂的费用、人工的费用等……三个子公司的污水每天能达到 3000~5000t，这样每吨污水平均下来的处理成本就能低一些。而小企业根本达不到这样的规模。

——*A* 企业副总经理

当地政府对该企业的污染治理、清洁生产改造给予了一定的补贴和优惠政策。据了解，政府对治污设备的建设与改造提供 50%~70%的补贴，同时在企业财税上也给予了一定的优惠。

但相比其他企业，我们是有优势的。如果其他企业可以承受（环境成本），那我们也一定能够承受。如果真的承受不了，政府也可以通过补贴等一些措施来帮助企业。因为我们企业是为整个开发区服务的，直接关系到整个开发区企业的生产。

——*A* 企业副总经理

案例二：搬迁到工业园区

B 企业创建于 1996 年，位于浙江省上虞市 *D* 镇工业园区内，主营生产助剂、染料及化工中间体三大类上百个品种。该企业生产的原材料来自全国各地，70%左右从上海、杭州等地采购，最大的供货商是上海宝钢化工。企业拥有自营进出口权，其产品畅销全国，远销世界，但主要市场仍是长三角地区，年销售额达到近 2 亿。2000 年起，政府的环保力度不断加大，对企业的环境治理要求越来越严格。企业应政府要求，配备齐全的三废处理装置，先后投入 1000 余万元，采用环保工艺、组织生产。

2002 年，企业考虑到土地和环保这两个因素，在上虞市省级 *H* 开发区投资 4.5 亿元建立子公司。从环保角度来看，首先，园区自建有日处理能力 10 万吨的污水处理厂，实行废水集中收集，统一治理，企业废水只需进行简单预处理，经园区排污管网输送至污水处理厂，集中处理后达标排放入杭州湾；其次，园区处于主导风下风向，四周无村居，对群众的干扰少，社会舆论压力小。

分厂建在化工园区使得产品的运费增加了 10 元/t，还要有班车早晚接送员工，管理上也会比较麻烦。但企业的环境成本有所下降。同时，政府在土地出让费、电费和税收上给予了一定优惠。总的来看，对企业的成本控制和战略发展都是有利的。

——*B* 企业总经理

2012 年起，环保部门又开始对印染、造纸、制革、化工四大行业进行重点整治，对废水、废气等污染治理标准又提出了更高的要求。这无疑又会增加企业的环境成本，占到了总成本的 10%左右。未来企业希望将母公司也迁移到 *H* 工业区内，共享园区治污设施，从而降低企业环境成本。

案例三：搬迁到其他环境规制宽松的地区

C 企业创建于 2002 年，位于浙江省上虞市 *D* 镇工业园区周边，专业生产各类助剂产品。企业生产的原材料主要从省内采购。产品以订单式销售为主，销往全国，主要集中在江浙地区，其中前三大客户的销售额占到总销售额的 60%左右。企业年产染整助剂 5 万余吨，年销售额达到 3000 多万。

D 镇工业园区及其周边共有生产助剂的企业 23 家，主要生产中低档产品，以复配产品为主。各企业生产的产品具有重复性、同质性的特点，价格竞争激烈，利润空间不断被压缩。加之近几年政府环境规制力度不断加强，企业的环境成本不断上升，占总成本的 10%以上。其中，光排污费用就占到企业总成本的 5%左右。此外，企业厂址临近居民区，生产过程中会对周边居民产生干扰，随着当地居民环保意识和生活品质观念的提高，对企业正常的生产造成一定影响。面对以上挑战，该企业一方面引进国内最先进的生产工艺和技术设备系统，先后投资 1200 余万元进行新产品的研发，另一方面积极与政府部门协商，寻觅新址，希望远离居民区。

企业最好的选择当然就是入驻工业园区，远离了居民区，治污成本也会小一些，还少了并网等一些固定投入。但目前本地的化工园区的入驻门槛很高，不是对产业、规模有要求，就是需要有外资背景的。像杭州湾工业园区，现在已经不再引入化工企业了。道墟化工工业园区土地也已经非常紧张，只引入一些大企业了。

——*C* 企业总经理

由于本市工业园区的入驻门槛过高，该企业表示很可能迁移到苏北等环境规制相对宽松的地区。

周边已经有两家同类企业搬迁到了苏北地区，主要看重的这些地区的环境规制相对松一些，环境成本自然就低一些。而且那里的化工园区入驻门槛比较低，土地上优惠政策比较吸引人，配套设施也比较完善。还有，很重要的是，离供应商和客户都不是太远。

——*C* 企业总经理

案例四：将污染严重的工序外包

D 企业创建于 2001 年，位于浙江省上虞市 *T* 镇工业园区内，专业从事再生塑料生产，年产量达到 3000 多吨，销售额达到 1000 多万。该企业主要针对工业废塑料的回收再生，其中 80%来自本市，其他来自周边城市。该企业依托上虞本地的产业以及余姚市的塑料制品业有长期稳定的客源，其中，本市销量占总销量的 70%，余姚市销量占 30%。

再生塑料是指通过预处理、熔融造粒、改性等物理或化学的方法对废旧塑料进行加工处理后重新得到的塑料原料，是对塑料的再次利用。从这一角度来看，再生塑料是一种节约资源、节能环保的产业。但在再生塑料生产的过程中，需要大量的水清洗，熔融过程会产生废气，属于水污染、空气污染密集型的产业。上虞市内共有大小再生塑料企业 20 余家。2012 年起，政府对所有没有环卫许可证的再生塑料企业一律叫停，并对可以生产的企业采取严格的监管措施和处罚制度，目前全市只有不到 5 家再生塑料企业继续生产。据了解，被叫停的企业中有不少迁移到了安徽、江苏和山东。

一方面，政府的环境管制使得成本提高了不少，占到（总成本的）10%以上。另一方面，由于设备、占地有限，只能处理一定量的污水，就制约了产量。

——*D*企业总经理

为了保证产量，*D* 企业将水污染严重的废旧塑料粉碎清洗操作外包给周边城市的其他企业。该外包企业位于某城市边界处的三不管地带，环境规制弱。虽然外包增加了企业的运输费用，但这样可以保证企业的正常生产，解决企业生产发展中的瓶颈问题。

目前企业还没有整体迁移的打算。因为我们有环卫证，符合政府规定的硬性条件……生产是可以得到有保证的。另外，政府还是比较照顾体恤我们本地的企业，可以适当地为企业出谋划策，提出合理又经济的整改意见，也比较通情达理……但如果以后环境规制更加严格了，如政府把企业强制叫停了，就会考虑迁到安徽、江苏、山东这些地方去。

——*D*企业总经理

案例五：靠挂在工业园区的大公司下

E 企业创办于 2002 年，位于上虞市 *F* 镇工业园区内，是一家专业从事纺织染色生产加工的企业。*E* 企业由 30 多家小型印染厂组成，从最小的 3~5 人的规模到最大的 40 多人的规模不等，均靠挂在其名下。采访对象是其中规模较大的企业。该企业从 2005 年靠挂在 *E* 企业下，年染色加工各类针棉织品 500t，销售额达到 1000 万左右。企业印染的染料和助剂主要来自本市，有 5%左右会根据客户要求采用进口染料。产品都是来料加工，客户全部位于本市，已经建立了长期稳定的合作，其中，前三大客户占销量的 80%左右。该企业表示政府的环境规制对企业的生产生存造成了很大压力，处理污染的成本达到了总成本的 15%左右。

去年，旁边设立了一个环境监管站，对废水排放的监测很严格。（政府）对于设备的使用年限有严格的规定，如对布料印染，水的使用小的机械要被淘汰。此外，今年政府要求印染设备煤改气，需要花费 50 万元左右。

——*E*企业总经理

据该企业反映，现在政府有意向要求企业将污水统一并入污水管网进行处理。由于污水集中处理存在规模效益，保守估计可以使得企业的污水处理成本下降 20%左右。但城市的污水系统还不太完善，最近的污水管离企业还有 1000 多米。这就需要企业自己承担相应的建设费用，预计需要投资 200 多万元。但由于企业规模小，污水量少，自建后的单位成本反而更高，企业建设利用的效率较低。考虑到企业的产业联系以及与政府的谈判能力，该企业表示不会向其他城市迁移，但可能会迁移到污水处理基础设施完备的开发区内。

企业肯定不可能迁移到其他城市。第一，我们所有的客户都是本地的。第二，去其他城市，人生地不熟的。像我们这种小企业，再和政府打交道时就很吃亏，它不可能给你什么特殊照顾，而且也没什么交情……如果政府一定要求污水统一并网的话，企业就不得不考虑在市内迁移……目前企业还是希望能通过挂靠在已经在化工园区里的一些企业下面的方式来继续企业的生产。

——*E*企业总经理

案例六：消极应对

F 企业创建于 1979 年，位于上虞市 *S* 镇内，是一家专业从事棉纱染毛加工的企业。企业印染的染料和助剂都由本市的化工企业供应。企业以来料加工的模式销售，客户都位于省内，以绍兴地区为主，占到 80%左右。

近 5 年来，随着染毛行业市场的萎靡以及环境规制力度的加大，该企业年销售额从最高的 2000 多万滑落到目前的 500 多万。一方面，环境成本和劳动成本不断上升，而产品价格变化不大，很多订单都没法接。另一方面，环保局对企业的污水排放量有控制，影响了企业正常的生产。

现在企业环保的压力很大。我们污水预处理的池子比较小，一缸废水下去就变颜色了。如果刚碰上环保部门来检查，肯定通不过，就要罚款，罚款就是 3000 元起。现在收排污费的制度也改革了，和水厂统一，用多少水就收多少排污费，这样就不允许有企业有偷排的情况。另外，我们这样的小企业排污需要交开口费，100t 是 16 万元，一旦超过这个数量就不允许排放。而我们企业是做加工的，时忙时闲，这样就明显打乱了企业正常的生产节奏。

——*F*企业总经理

由于资金、场地的限制，以及整个产业环境的变化，该企业表示不打算再增加环保方面的投入。同时考虑到搬迁成本、产业本地联系，以及政府的地方保护倾向，该企业也没有迁移的意愿。

环境管制是大势所趋。可能现在其他不发达的地区还稍微宽松一些，但过几年也会逐步严格起来，企业还是会面临一样的问题。这样一来很可能还值不回搬迁的成本。而且，政府肯定有地方保护倾向的，对外地的企业，尤其还是小企业，肯定是不太友好的。

——*F*企业总经理

二、污染型企业迁移意愿规模差异分析

通过案例发现，在面对环境规制压力时，企业有多种不同的方式来应对，并做出调整，并不都是直接进行企业迁移。企业选择迁移与企业自身的属性有关，如企业的年龄、规模、所有制等。在上述理论以及案例研究中发现，企业的规模是影响企业迁移的一项

重要原因。我们用规模-收益曲线表示污染型企业在环境规制下迁移造成的收益得失，包括规避环境成本获得的收益、政府博弈获得的收益以及本地联系损失的收益。可以发现，企业迁移的总收益呈倒“U”形曲线，随着企业规模的不断增强，污染型企业迁移获得的收益先增大后减少（图 10-4）。因此，污染型企业迁移的意愿先增强后减弱。

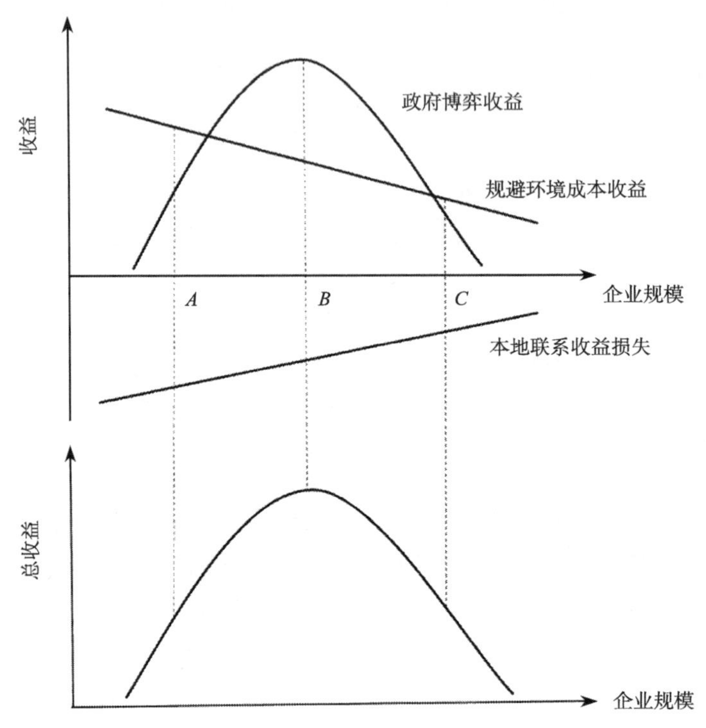

图 10-4　企业规模与污染型企业迁移意愿关系

对于小规模企业（如 *E*、*F* 企业）资金和技术不足制约了其设备投入，很难达到规制要求，产量不高使其单位产品污染处理成本很高。一方面，随着环境规制的增强，他们倾向于迁移到规制弱、欠发达的地区。另一方面，小规模企业在本地和欠发达的地区都很难得到实质性的优惠政策和经济补助，迁移并不能得到更多的政策收益。此外，由于其市场空间、生产网络的局限，小规模企业高度依赖于本地的地区环境和地方产业集群，搬迁会对企业造成大的损失。总的来说，小规模企业并不能通过迁移获得较大收益。因此，绝大多数小规模企业理性的决策是不迁移，而选择消极应对或是等待关闭。

中等规模企业（如 *C*、*D* 企业），一方面，受资金、技术和产量规模的制约，其环境成本仍然较高。而本地政府很少给予这类企业优惠政策和经济补助。另一方面，规制弱、欠发达地区为了吸引这类企业，会给予其很多财税、土地上的优惠政策。而中等企业相比小企业，本地联系较弱，有更多的社会网络和能力适应陌生的环境。因此，这类企业迁移带来的收益显著，会选择整体迁移或将污染严重的部门迁移到规制弱的地区。

由于污染处理存在规模效益，以及资金、技术优势，相比中、小企业，大规模企业（如 *A*、*B* 企业）的单位环境成本更低，对环境规制的敏感性更弱。同时，由于关系到地方的财政收入和就业，本地政府为大企业提供有利的政策和财政补贴，无形中减弱了企业选择迁移的动力。虽然大企业的本地联系很弱，企业完全有能力搬迁到其他地方，但由于企业迁出的动力（迁移获得的收益）不足，企业迁移的意愿不强烈。

第六节　小结与讨论

本书通过访谈调研发现污染型企业迁移受到环境规制、产业联系和政府博弈三个外部因素和企业内部因素多重因素共同影响，不能简单地用“污染避难所”假说来解释。环境规制会增加企业环境成本导致企业迁移意愿增大。但企业还可能由于产业联系、政策环境等外部因素，以及企业内部因素的影响而不发生迁移。调查研究发现，污染型企业迁移意愿与企业规模呈倒“U”形关系。大企业迁移的动力小，倾向于就地改造升级；小企业迁移的阻力大，多消极应对或等待关闭；而中等规模的企业能通过迁移到欠发达地区规避环境规制，争取更多的博弈收益，迁移的意愿强烈。

污染型企业的迁移会造成污染的空间转移，如果对以转嫁环境负外部性为目的而进行企业迁移，中西部地区很可能重新走上沿海地区“先污染，后治理”的老路，最终导致严重的环境退化甚至不可逆转的生态灾难（洪开荣等，2013）。因此，在污染转移背景下，沿海城市污染型企业迁移意愿的实证研究，对全国各区域在环境保护行为上都具有重要的启示。第一，地方政府要提高生态环境保护意识，不能以牺牲环境为代价发展。在招商引资时，应设置合理的环境保护门槛，使经济进步与环境保护协调发展。第二，地方政府要积极引导企业开展技术改造，尤其要加大对中小企业的扶持力度。对于污染型企业，加快环保基础设施建设，连片集中治理，发挥环境治理的规模效益。第三，地方政府应该建立污染型企业退出、转型等鼓励机制，通过政策引导，给予主动退出或转型的企业一定经济补偿或相关的政策扶助，加快粗放的污染型企业等的退出或转型步伐。

第十一章 经济转型、环境规制与污染型企业动态

第一节 引 言

过去30年来，我国经济取得了长足的发展。自2000年以来，年均GDP增幅达9.86%，经济建设的成绩世界瞩目，被誉为中国奇迹。而与此同时，环境问题的日益严峻，使其成为阻碍我国可持续发展的重要问题。在所有污染源当中，人类经济活动当中的工业污染排放由于排放总量大，且污染浓度高，对环境的破坏作用最为显著。我国的工业废水排放总量从2000年的194.24亿吨上升到2011年的230.87亿吨，增长了18.86%；工业废气排放总量从2000年的138145亿标立方米上升到2011年的674509亿标立方米，增长了388%。工业生产排放的废水、废气占据全部排放的50%以上，成为环境污染主要来源（中国环境统计年鉴，2012）。而在这严峻排放总量数据背后，区域排放数据也存在较大的差异。2013年我国三区十群的大气污染防治重点区域调查显示，涉及19个省份废气排放量为361125亿立方米（标态），占全国工业废气排放量的54.0%。三区十群二氧化硫排放量932.8万吨，占全国二氧化硫排放量的45.6%。氮氧化物排放量为1076.6万吨，占全国氮氧化物排放量的48.3%。烟（粉）尘排放量为528.1万吨，占全国烟（粉）尘排放量的41.3%（中国环境统计公报，2014）。污染排放的区域差异主要是由污染产业分布的区域差异造成。

改革开放以来，我国工业高度集中在沿海地区（贺灿飞和谢秀珍，2006），而经济活动在沿海地区的高度集聚也引致了诸多问题，包括环境污染、电力短缺、供地不足、劳动力成本上升等。近年来，中国空间增长模式呈现一些新动向，特别是沿海地区产业结构升级换代，广东提出了“腾笼换鸟”的口号，而安徽、湖南等中西部省份纷纷规划产业转移园吸引来自沿海地区的产业（王缉慈等，2010）。一些传统产业开始从广东、上海、浙江等沿海省份向江西、湖南、安徽、河南、四川等中西部省份转移（魏后凯等，2010）。产业转移尤其是污染产业的转移成为我国污染空间差异重要原因。事实上，第十二章的研究发现，并不是所有企业在面对环境规制的压力时都会直接选择区位调整。他们会综合企业自身的发展情况进行选择，如新建自己的污染处理系统或者将污染部分外包等。在面对环境规制时，企业以利润最大化为目标，通过不同的环境行为实行自身的生存发展，当然这些行为可能将造成企业的衰退甚至退出，也有可能企业积极创新转型，获得了增长。而这些行为汇总到城市层面，即可发现企业动态，企业动态也会直接影响产业的地理空间分布格局。

东部沿海地区基于“污染避难所”假说将污染型企业向环境规制更宽松的中西部地区迁移，环境规制作用下的“腾笼换鸟”等政策将促使污染型企业生产成本增加，可能引致污染型企业衰退甚至退出；而中西部地区降低环境成本、“筑巢引凤”将增加污染

型企业的比较优势甚至吸引污染型企业的进入。企业动态将直接影响产业的地理空间分布格局，从而影响经济活动的环境效应。

经济转型是我国经济发展的重要制度背景，也是重构中国区域经济格局的三股强大力量，而市场化、全球化与分权化正是理解中国经济转型过程的重要视角（He and Wang，2012）。经济转型过程中的这三股力量主要通过环境规制作用于污染型企业。全球化使得企业更加容易获取先进技术，从而降低企业获取先进技术的成本；市场化将会影响企业环境行为的决策权；分权化也会影响企业获得政府支持的力度，这些都将通过企业成本影响其动态，从而影响污染产业空间格局的变化。因此，在当下资源环境约束、经济快速增长以及产业空间重构的背景下，从动态的视角探讨转型背景下环境规制与企业进入和成长、衰退和退出的关系，增加了演化经济地理研究的污染产业特征样本的丰富性；同时，从理论上探讨转型背景污染型企业动态，其为演化经济地理与环境经济学的交叉研究，研究成果也可为转型背景下产业结构调整提供科学依据，对保障社会经济的可持续发展有着切实的意义。

第二节　文献综述与研究框架

一、企业动态研究

目前，学术界将企业动态分解为企业进入、企业退出、企业衰退和企业成长。企业动态是企业经济和产业经济研究的一个重要问题，很多理论和经验研究对此均有深入探讨。地理学者对企业进入与企业退出的研究始于经济地理学，其一直关注产业活动的空间分布及其影响因素（贺灿飞等, 2010）。经济地理学在20世纪40年代发展了新古典主义，之后经历了行为主义转向、制度主义转向和演化经济地理转向。每一次转向都从不同角度解释了企业空间动态变化（史进和贺灿飞，2014）。其中新古典框架主要讨论区位因素对企业动态行为的影响，行为框架则关注企业家差异对决策过程的影响（Kirzner, 1979；Simon, 1984），制度框架关注制度环境对企业行为的影响（McNee, 1960; Krumme, 1969），演化框架丰富了制度框架的内容，强调“惯例”“创新”和“选择”对企业动态行为的影响（Boschma Frenken，2011）。不同理论框架对企业空间动态研究的解释侧重点不同，但也并非互相排斥。

在企业动态影响因素研究中，相较于企业退出，企业进入对于政策和市场环境变化的敏感度更高，企业影响机制也更为复杂（Geroski，1995；Audretsch et al.，1999）。因此，文献上更多关注于企业进入的区位因素以及企业存活（退出）行为（Audretsch et al.，2000）。研究的角度主要包括两个：企业进入和退出对于产业发展动态的影响，企业进入退出行为的影响因素。大多数研究还主要从区位研究的角度来关注企业选择进入的区域有何种特征。对于企业退出，大多关注企业退出行为的影响因素，主要从企业规模、企业年龄、研发、区位地理等企业信息（Sutton，1997；Caves，1998）和市场竞争、市场需求、技术变化、体制因素等外部环境信息（Wagner，1994；Cefis and Marsili，2005，2006）出发。实证研究方面，Nyström（2007）用瑞典的数据研究了地理区位对于企业退出的影响；Renski（2011）也研究了类似的问题；Doms 等（1995）讨论了企业年龄和规模等信息对于企业退出行为的影响；Stough 等（1998）则发现经济集聚竞争对于企业存活有很大的影响；Raspe 和 Van Oort（2008）、Brixy 和 Grotz（2007）则从市场创新环境、行业要素密集度的角度分析企业退出行为，认为竞争加剧会降低企业存活概率。

企业的进入与退出，进而到产业动态演化，在贸易理论和产业经济的研究范畴内，受到政府制度建设和市场竞争环境的影响。产业政策是政府干预经济的一种重要方式，是否需要实行合适的产业政策，在学术界和政府决策部门均有较大的争论。相对而言，发展中国家更加热衷于实行产业政策，希望能保护弱势产业，实现产业升级（Krueger and Tuncer，1982； Greenwald and Stiglitz，2006）。这在 20 世纪 60 年代的“进口替代”风潮中体现的尤为明显。学术界对于日本、韩国和拉美国家产业政策实施效果等做过一些详细的探讨，一般认为，拉美国家产业政策的实施效果是失败的，它并没有带来产业升级和经济的持续增长，如 Amirkhalkhali 和 Dar（1995）对哥伦比亚的研究，以及 Altenburg 和 Meyer-Stamer（1999）对于整个拉美的研究。与之相对应，50 年代，产业政策的成功对日本经济的起飞起到了至关重要的作用，而韩国对于汽车、电子等行业的保护性措施也取得了非常好的成效。当然，同时有研究认为，到了 80 年代以后，日本经济的成功却恰恰是因为缺乏相应的产业政策。另外需要指出的是，产业政策包括很多种方式，如产业发展目录、补贴、出口退税、税收优惠、贸易自由化等。每种类型的产业政策都有大量的相关研究成果，如 Abdulnasser（2002）对日本贸易自由化的研究，Ahmad 和 Kwan（1991）对于非洲的研究，Aitken 和 Harrison（1999）对于委内瑞拉的研究，Brander 和 Spencer（1985）对于出口补贴与市场占有关系的讨论等。Harrison 和 Rodríguez-Clare（2010）对这些研究成果做了非常详细的综述。但是，结论仍是难有统一的观点（Rodrik，1999）。

与发展中国家强调产业政策不同，英美等发达国家一般更强调维持市场竞争的竞争政策，认为竞争能够汰弱存强，促进产业升级与效率演变。学术界相应也出现了大量关于区域竞争效率与过度竞争研究的文献。对政策重视度的差异也与区域转型制度环境有关。最近几年，大量研究成果开始从资源配置效率的视角来评估产业政策的效果问题。如 Baily 等（1992）和 Hopenhayn（1992）从国际贸易研究领域提出资源配置效率问题，Melitz（2003）、Bernard 等（2003）在理论上进行了讨论企业竞争如何导致产业效率演变，Hsien 和 Klenow（2009）从实证上比较中国、印度、美国的资源配置效率问题，Awokuse（2005）对于日本出口导向型经济与配置效率问题的研究。目前的研究主要是针对全行业的研究，针对具有某一属性特征行业的研究还较少。对于污染密集型产业，由于产业本身具备污染特征，环境规制作为最为瞩目的产业政策，对企业动态的影响重要且复杂。

二、环境规制与污染型企业动态

环境规制最开始进入国际贸易研究当中，成为一项重要的区位要素。Walter 等（1979）提出的“污染避难所”假说指出由于环境标准的差异，污染密集型产业由发达国家向发展中等国家转移的现象，最终造成发展中国家成为污染密集型产业的聚集地。至此，环境规制开始进入国际贸易、环境经济学，以及经济地理学者的视野。对 PHH 假说的验证性研究逐步兴起，其主要从环境规制对外商直接投资（Dean et al.，2009；Xing and Kolstad，2002；Cole and Elliott 2005）、国际贸易区位等方面开展（Jeppesen et al.，2002；Mulatu et al.， 2009；Brunnermeier and Levinson 2004；Wang et al.，2015；黄涛，2013；王军，2008；曾贤刚，2010）。环境规制政策开始成为联系发达国家与发展中国家产业贸易的重要桥梁，目前，相关研究主要从环境规制对污染产业在发达国家和发展中国家之间，或者一国内部不同地区之间的区位选择的影响，而对企业动态的讨论还较少。

环境规制差异造成的污染成本差异是影响污染型企业动态的重要因素。事实上，在新经济地理研究中，已有不少学者将环境问题引入 Krugman（1991）核心边缘模型，以探讨环境要素引入后的产业空间均衡问题（Quaas，2004；Van Marrewijk，2005；Lange and Quaas，2007）。然而，环境规制对企业的影响，不仅仅是造成企业区位上的变动，在发生区位变动之前，企业可能会经历衰退甚至退出，相反也可能会使企业成长。环境规制引起的环境成本对企业动态可能将有不同方向的影响。传统观点认为严格的环境规制不利于企业发展。早期的研究认为，受到环境规制影响的企业，可能将出现负增长或者退出市场，原因是这些企业需要把原本投入到资本、劳动力，以及能源的资金转移到环境污染的控制，从而带来额外的成本消耗，即环境的“成本假说”（Jaffe et al.，1995）。“成本假说”强调环境规制增加了企业的生产成本，延缓了生产率的增长（Christainsen et al.，1981；Barbera et al.，1986；Gray，1987），并进而阻碍企业在国际市场中的竞争能力，从而影响企业甚至整个区域的增长（Jorgensonet al.，1990；Greenstone，2001）。实证研究也表明，技术标准、环境税以及可交易排放权等规制措施都要求企业重新分配一些生产要素（如劳动力、资本）到污染减排部门，从企业生产的角度看，这将导致企业衰退甚至退出（Jaffe，1995；Gray，1987；Li et al.，2012）。另外，环境规制可能导致企业调整战略，如做出错误的决策（Wally and Whitehead，1994），这将直接导致退出。

与此相反，进入 20 世纪 90 年代后，“成本假说”观点受到了挑战，波特假说开始进入环境规制研究体系。Porter 等研究认为，合理的环境规制能够刺激被规制企业进一步优化资源配置效率和改进技术水平，刺激出企业的“创新补偿”效应，从而在部分乃至全部抵消企业“遵循成本”的同时，还能提高它的生产率和国际竞争力，这就是“波特假说”（Porter，1991；Porter and Van der Linde，1995）。“波特假说”的提出具有开创性的意义，引发了诸多研究者的争论，从研究内容看，可以分为三类（Ambec，2013）：一是环境规制影响企业创新投入和产出（Hamamoto，2006；Yang et al.，2012）；二是环境规制影响企业经济绩效（Berman and Bui，2001；Zhang，2011）；三是环境规制、企业创新和企业竞争力提升的传导效应（Lanoie et al.，2011）。环境规制带来企业创新，从而优化资源配置效率和改进生产成本，其将带来企业的增长，甚至促进区域企业的进入。然而，环境规制的执行尤其是在转型经济背景下，规制政策将受到区域制度环境的影响，进而将影响污染型企业动态。

三、经济转型与污染型企业动态

中国的企业动态变化有着特殊的背景，土地成本、需求变化、环境成本，以及地方政府的产业政策等是重要的影响因素（Hering and Poncet, 2009；冯根福等，2010）。在欠发达地区，国家在税收、土地等方面出台的优惠政策对企业的成长和进入产生拉力；发达地区的产业调整升级战略、更严厉的环保政策会驱逐劣势产业，构成企业衰退和退出的推力（He and Wang，2011）。转型经济体中，产业等经济活动受到区域内外部地方力量和全球力量的交互作用（Dicken, 1994）。实际上，许多学者认为经济活动全球化的过程伴随着地方化进程（Amin and Thrift, 1994）。Wei（1999）指出了全球化和地方化对区域发展的作用，并在此基础上针对转型经济体提出了分权化、市场化和全球化的三维分析框架，揭示了中国区域发展不均衡的原因（Wei，2001）。至少不少学者对此框架进行了发展，并以其解释经济发展、环境污染、产业演化、土地扩张等经济活动的制度影响机制（He and Wang，2012；Huang et al.，2015）。分权化、市场化和全球化三股力量对环境规制有着直接或间接的影响，最终将会影响污染型企业动态。

（一）市场化与污染型企业动态

中国的经济转型使得制度和市场的力量介入到企业动态之中。自 1978 年实行改革开放以来，中国开始由计划经济向市场主导的市场经济转型。在计划经济时期，资源配置由政府根据国家需要来决定。企业缺乏自主性，既没有追求利润最大化的强烈动机，也不承担相应经济责任和风险。经济改革以来，非公有经济空前繁荣，企业逐步成为自主经营的主体。一大批非国有企业开始主导经济发展，包括股份合作企业、联营企业、有限责任公司、股份有限公司、私营企业和外商投资企业等。更重要的是，伴随非公有制经济的发展，市场主导的制度环境如私有化和市场竞争开始引入到经济体中，企业开始参与到市场竞争当中。相较于国有企业而言，非国有企业有更大的自主性，也有激励更高效的利用资源。因此，资源利用效率提高，在面对环境规制带来的环境成本时，其较高的效率可以补偿由污染造成的环境成本，因此，可以更好的抵制环境规制带来的衰退甚至退出而实现增长。同时，非国有企业与本地环境执法部门的议价能力普遍较小（Wang and Jin, 2002），只能严格按照当地环境标准进行生产和排污，更有可能进行创新，产生波特假说效应。不过，市场化带来的激烈竞争环境也可能使得大量低效企业退出市场。

中国经济的市场化改革释放了活力，但市场改革的有效性在跨地区和行业上并不是均匀分布的。沿海地区是第一个受益于市场化的过程，然后逐渐扩散到内陆地区，存在一个明显的由沿海向内陆地区市场化的梯度变化过程。在行业上，改革的初期，政府首先鼓励私营企业进入到劳动密集型产业，然后逐渐降低其他制造业的国有比例。但对于某些关乎国民经济发展的行业，直到现在，国有资本在这些行业中仍然占据着主导地位，如石油、烟草和核燃料加工处理等行业。对于污染密集型行业，由于其大部分也是高税值行业，面对这些行业，尤其在沿海地区进行产业升级的过程中，当经济效益小于环境效益时，将会迫使这些污染型企业退出市场；而在中西部地区，可以通过环境规制降低污染型企业污染排放的成本，促进本地污染型企业增长甚至吸引污染型企业大量进入。

（二）全球化与污染型企业动态

外资和跨国公司作为全球力量的直接载体，其产业活动的空间格局差异也在大量实证研究中被重点关注和解释（Dicken, 1976）。垂直的“全球-地方”区域发展研究分析体系开始形成。但是，产业活动中无论是产业集聚或分散，还是产业转移，都是大量微观的企业个体进入、退出和迁移汇聚形成的宏观表现。因此，经济地理学者开始从产业研究转向企业研究，希望从本质上理解产业空间格局的变化。“企业群体学”正是从企业微观空间动态入手分析经济活动的空间分布及变化（Van Dijk，1999），有助于利用微观层面丰富的企业动态信息，更深刻地揭示产业活动的空间分布。全球化在空间维度上对企业动态存在影响。Fridman（2012）将全球化定义为由企业在世界范围内充分利用要素禀赋、开拓市场所驱动，即跨国公司全球化的动力是希望在全球范围内充分利用要素禀赋，最终实现利润最大化（褚鸣, 1999）。全球化能够帮助企业建立比较优势，符合新古典主义的理论范畴。

全球化力量对污染型企业动态的影响则比较复杂。一方面，全球化带来的国际贸易和外商投资，会增加本地企业的竞争压力，其本身可能将会引起企业的衰退。另一方面，经济全球化的同时也加速了环保的生产和管理技术在全球范围内的传播，从而有利于落后地区企业通过知识溢出等获取低成本的污染处理技术。例如，全球化促进了清洁技术、信息、知识、文化的扩散。而发达国家的环境与健康意识可以迅速感染全球其他地方，人们的环保意识普遍得到提高。而污染型企业也可以快速获取消费者等需求信息，更好的参与全球竞争，甚至实现企业的增长。

（三）分权化与污染型企业动态

1980 年，中国由过去中央统一收支的财政政策改为划分收支、分级包干的“分灶吃饭”财税体制。在财税分权体制下，地方政府追求财政收入和经济增长，并以此为核心展开竞争。当经济发展与环境保护相互冲突时，地方政府往往会更倾向于发展经济从而影响环境保护政策的执行。区域分权为地方“逐底竞争”创造了土壤。财政收入的压力导致地方政府公司化，各省份在市场、原材料、吸引投资等方面展开激烈的竞争。地方政府通过地方政策、法规和其他相关措施保护对地方财政和经济增长贡献大的产业和企业实行保护政策。而一些交纳财税较多的行业，往往是重污染行业，如重化工业，许多研究发现，地方政府纷纷降低当地环境标准来使污染产业和企业入驻（Ma and Ortolano，2000；Swanson et al.，2001；Tang et al.，2003）。Taguchi 和 Murofushi（2010）分析了中国省级数据，发现省际存在显著的竞争污染产业投资的行为。He 等（2012）在地级市层面研究了中国经济转型与工业二氧化硫和粉尘排放量之间的关系，在东部和中部地区观察到了市场化和分权化导致环境恶化的证据。与此同时，环境管理体系也高度分权化。地方的各级环保机构属于地方政府部门，资金和人事都受地方管理，与上级环境部门之间并没有直接的隶属关系。区域环保规制一体化难以成行，导致环境管制力量不足（Jahiel，1998）。地方环境规制和执行力度高度受到地方政府意志的影响。

分权化对污染型企业的动态研究主要依靠区域环境规制实施情况来实现。由于我国经济发展的严重不平衡，区域对经济效益和环境效应的选择也具有较大的差异。当区域，尤其是沿海地区的环境效益大于经济效益时，分权给区域带来的环境政策执行的自主权，使得这些区域将加强环境规制的力度，从而使得污染型企业环境成本的增加；然而，内陆沿海地区，对财税等经济效益的追求，使得这些区域政府将通过放松环境规制来吸引和促进污染型企业的增长。因此，分权化的差异也将造成企业动态演化的差异。

目前，已有文献在探讨转型制度背景对企业动态的影响时是不全面的。虽然有一些文献涉及企业动态变化（魏后凯等，2010；He and Wang，2012），但对于经济转型以来中国环境规制对污染型企业动态的研究还缺乏深入系统研究，而且，现有研究大多集中于宏观产业层面的产业转移和空间调整对区域环境污染的影响方面，而鲜有从微观层面对企业进入、退出对环境污染影响的刻画和分析。不同区域的污染型企业动态存在怎样的差异？其主要影响机制是什么？本书将企业动态分解为企业的进入、成长、转移与退出，运用计量模型，从企业微观层面探讨转型背景下的环境规制对企业动态格局的影响。研究既丰富了环境问题的研究视角，又拓展了产业地理的理论与实证研究，同时为内陆地区制定相应的环境规制政策提供科学依据，能够直接服务于政府决策、企业决策，对提升环境公平性也具有指导意义。

第三节　中国污染型企业动态时空格局

一、污染型企业动态的分解

为讨论经济转型、环境规制对我国污染型企业动态的影响，首先需要将污染型企业动态进行分解，按照前文的分析，将企业动态分解为企业进入、退出、成长与衰退；其次，我们利用中国工业企业数据库进行匹配，构建以企业法人代码和年份为两维的非平衡面板数据。匹配方法以 Brandt 等（2012）提出的三阶段方法为基础，参考了 Yang 和 He（2014）的改进，并加入了作者自己的处理方法。在企业面板的基础上，定义企业的进入与退出。企业进入是指企业上一年度不在面板数据库中，而本年出现在数据库中；企业退出定义为企业本年度在面板中，而下一年度不在面板中；企业增长和衰退是利用连续两年在库企业产值的变化值。不过，该定义存在较多的问题：①企业库无法识别企业由于重组或者并购等引起的企业“进入”和“退出”；②企业库统计的是全部国有企业和主营业务收入大于 500 万的非国有企业，因此，非国有企业主营业务低于 500 万时，也可能在企业库中消失，从而被定义为退出。

长期以来学术界对污染行业的划分一直存在争议，我们采用环保部公布的国控污染源企业名单作为污染型企业的数据来源。中国环保部基于企业前一年的排污情况，发布国控重点污染源企业名单。每年有超过 8000 家废水排放和废气排放企业上榜。上榜企业的排放量之和占全国所有普查企业污染排放量的 65%。受到数据的限制，本书所使用的数据为 2009 年国控污染源企业数据与 2008 年制造业企业库数据匹配后得到的横截面数据。匹配后发现，非金属矿物制造业（31）行业的废气污染型企业最多，其他拥有超过 100 家废气污染型企业以及较大产值的行业包括：有色金属冶炼及压延加工业（32），化学原料及化学制品制造业（26），石油加工、炼焦及核燃料加工业（25）和造纸与纸制品制造业（22）。废水污染型企业数量最多的行业依次为：造纸与纸制品制造业（22）、化学原料及化学制品制造业（26）、农副食品加工业（13）、纺织业（17）、饮料制造业（15）和食品制造业（14）。结合国务院颁布的《第一次全国污染源普查方案》中对污染产业的划分。考虑到电力、燃气及水的生产和供应业的特殊性，我们选择其中 8 个重点污染行业：造纸、纺织、农副食品加工、化工、纺织、有色金属冶炼、炼焦及核燃料加工、非金属矿物加工和有色金属冶炼。

表 11-1 统计了 1998~2008 年污染型企业动态，计算方法为污染型企业的进入、退出、增长和衰退与城市所有行业的进入、退出、增长和衰退之比。通过表 11-1 可以看到，污染型企业从进入率经历了先增加再减少的趋势，而退出率则一直增加，到 2007 年退出比例超过进入比例。而企业衰退在全行业的占比一直大于企业增长占比。分区域来看，西部地区的污染型企业进入最大，但同时，退出比例也最大。污染型企业在中西部地区的进入与退出非常活跃，而增长和衰退也较大，反映出污染产业在中西部地区发展正在经历较为强烈的调整。值得说明的是，2004 年和 2008 年的进入率很高，部分原因是第一次和第二次经济普查导致原先遗漏的企业也进入了数据库的统计范围。

表 11-1 中国污染型企业动态 （单位：%）

分解	区域	1998 年	1999 年	2000 年	2001 年	2002 年	2003 年	2004 年	2005 年	2006 年	2007 年	2008 年
进入	全国		0.50	0.51	0.50	0.53	0.53	0.52	0.53	0.51	0.49	0.49
	东部		0.41	0.42	0.42	0.42	0.42	0.41	0.40	0.40	0.38	0.37
	中部		0.54	0.53	0.50	0.55	0.55	0.54	0.55	0.51	0.50	0.50
	西部		0.55	0.60	0.60	0.65	0.65	0.62	0.64	0.64	0.61	0.61
退出	全国	0.47	0.49	0.51	0.47	0.47	0.50	0.50	0.54	0.50	0.57	
	东部	0.43	0.42	0.44	0.41	0.41	0.42	0.41	0.43	0.42	0.43	
	中部	0.51	0.53	0.54	0.50	0.49	0.52	0.53	0.56	0.52	0.61	
	西部	0.47	0.52	0.56	0.51	0.52	0.57	0.58	0.65	0.58	0.69	
增长	全国		0.51	0.51	0.49	0.53	0.52	0.53	0.52	0.51	0.52	0.51
	东部		0.42	0.43	0.41	0.41	0.43	0.42	0.41	0.42	0.40	0.39
	中部		0.50	0.53	0.49	0.55	0.55	0.54	0.52	0.50	0.51	0.52
	西部		0.61	0.59	0.57	0.66	0.60	0.64	0.64	0.64	0.66	0.65
衰退	全国		0.52	0.52	0.52	0.51	0.55	0.54	0.53	0.54	0.53	0.53
	东部		0.47	0.44	0.42	0.45	0.45	0.44	0.43	0.41	0.41	0.41
	中部		0.54	0.53	0.54	0.52	0.55	0.55	0.54	0.55	0.53	0.51
	西部		0.56	0.60	0.60	0.58	0.66	0.65	0.64	0.66	0.66	0.69

二、污染型企业动态空间分布

总的来说，自新中国成立以来，我国的制造业格局经历了分散—集聚—转移的重塑过程。早期的产业布局受国家计划经济的宏观调控，在三线地区布局，形成了全国分散分布的地理格局。改革开放以来，随着我国从计划经济到社会主义市场经济的转轨，制造业企业开始向区位较好的沿海地区集中（Catin et al.，2005；贺灿飞和谢秀珍，2006）。沿海地区逐渐形成了三大经济集聚中心——长三角、珠三角和环渤海地区（Wen，2004），并拉大了与全国其他地区的差距。最近十年来，随着中部开发、西部崛起和沿海制造业成本上升的压力，中国的工业格局又发生了新的变化，表现为向中心城市外围地区和中西部地区转移，或者不同门类制造业部门在沿海地区空间格局的重新分配。对于污染密集型产业，部分研究发现其已经开始向中西部地区转移的趋势。

从企业微观视角对污染产业空间格局变化的研究，依照上述方法将污染型企业动态分解为新企业进入、在位企业增长、在位企业衰退和原有企业退出四个部分。对 1998 年和 2008 年我国城市污染型企业动态进行统计同样可以说明伴随着产业结构的升级换代，产业空间动态也正经历着剧烈的调整过程（图 11-1）。新企业成立大多集中于中西部地区，西北、内蒙古中部、西南，以及经济欠发达地区；在位污染型企业增长更多的是围绕进入企业的分布，除新疆、云南等省份显著较高外，中部地区在位企业增长普遍高于沿海地区，中部的陕西、湖北等省份部分城市形成一个较为明显的增长极。西部城市，如新疆和云南等的在位企业衰退程度居于全国前列，主要表现为伴随着产业转移趋势而接收的部分在位企业衰退，其反映出产业结构调整过程的激烈动态特征。此外，

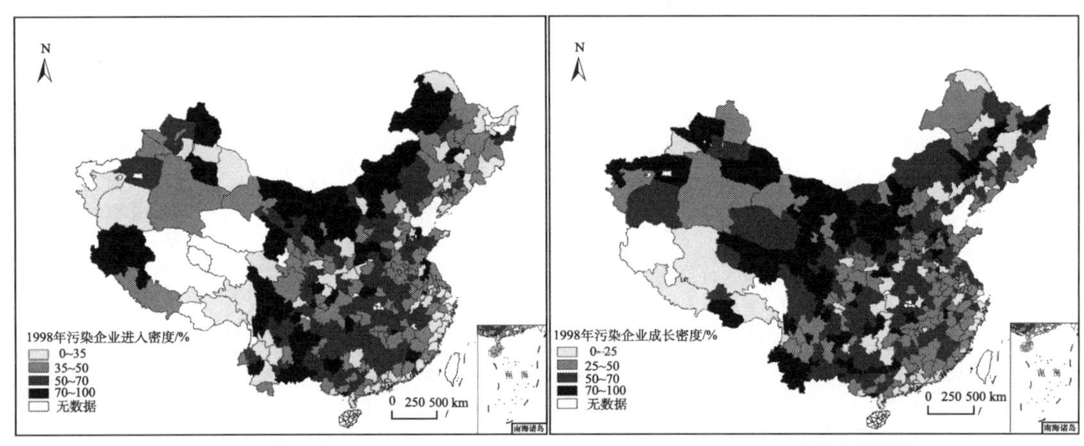

(a) 新企业进入　　(b) 在位企业增长

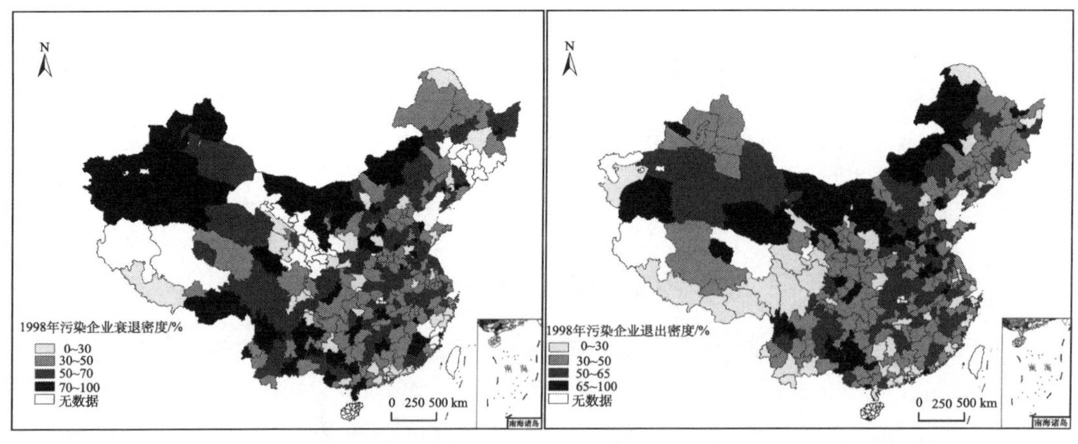

(c) 在位企业衰退　　(d) 原有企业退出

图 11-1　1998 年污染型企业动态

拥有较多计划经济时期遗留下来的国有企业的地区，如西部的青海、新疆、西藏，东北部分地区，以及西南部的四川、重庆、贵州、广西等省份也出现在位企业衰退极大值。原有企业退出同样较多分布于西部的内蒙古、新疆及云南地区。1998 年，企业动态多发生于内蒙古、新疆及云南等地，到 2008 年，这种趋势发生了扩散，西南地区成为污染型企业动态最为剧烈的地区（图 11-2）。

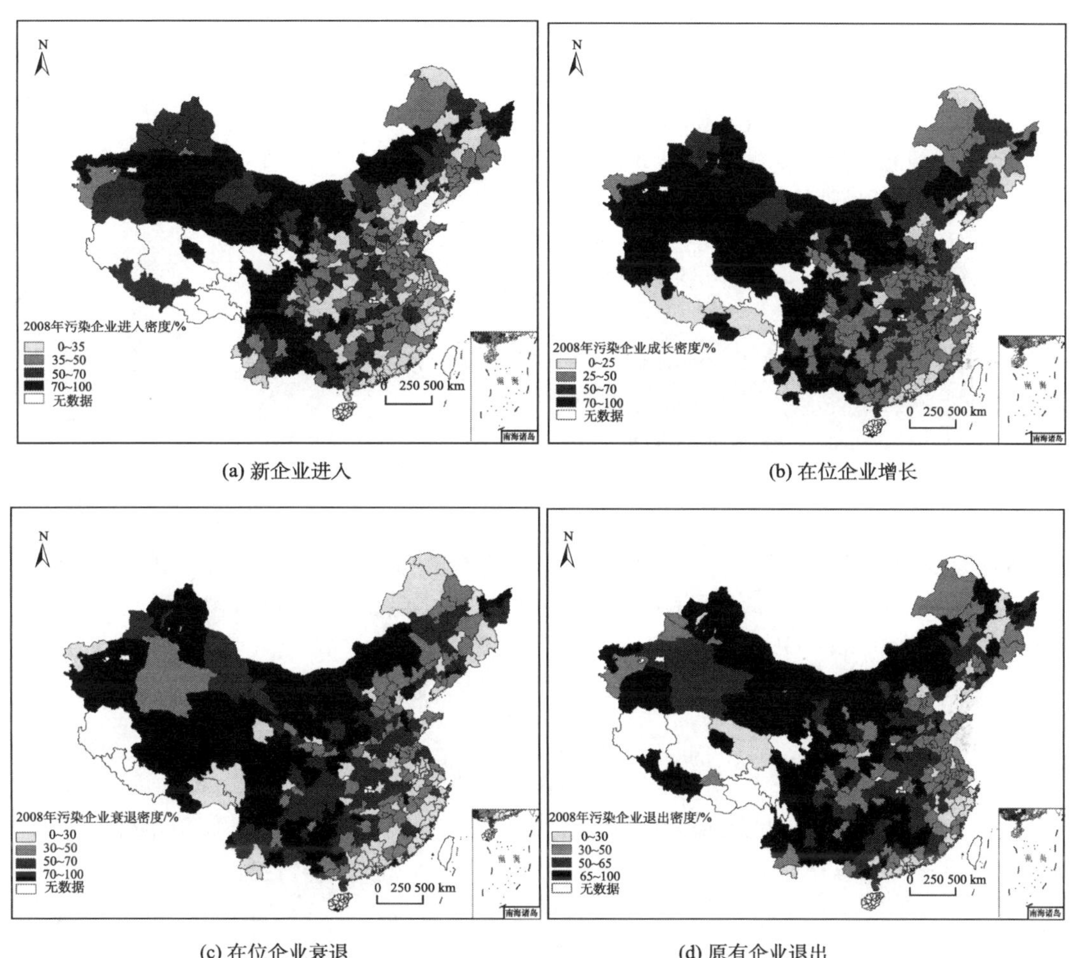

(a) 新企业进入　　(b) 在位企业增长

(c) 在位企业衰退　　(d) 原有企业退出

图 11-2　2008 年污染型企业动态

第四节　基于模型的实证研究

一、变量选取与模型设定

为探究环境规制、经济转型对污染型企业动态的影响，我们选取 2003~2008 年中国工业企业数据库中的污染型企业进行分析。环境规制强度表征城市的环境规制水平，反映政府对环境污染排放控制的干预程度。借鉴姚永玲和赵宵伟（2012）关于环境污染排放量综合指数的计算方法，构建城市层面的环境规制强度综合指数，其计算步骤如下：

1. 计算城市 i 在全国范围内的环境污染排放相对强度 P_{ijt}

$$P_{ijt} = \frac{\dfrac{T_{ijt}}{Y_{it}}}{\dfrac{1}{276}\sum_{i=1}^{276}\dfrac{T_{ijt}}{Y_{it}}} \tag{11-1}$$

式中，P_{ijt} 为第 i 个城市第 t 年第 j 种污染物的环境污染排放相对强度；T_{ijt} 为第 i 个城市第 t 年第 j 种污染物的排放总量；Y_{it} 为第 i 个城市第 t 年的实际工业总产值。P_{ijt} 的数值越大并超过 1，表示第 i 个城市第 t 年第 j 种污染物的排放强度在全国范围内越是相对高，则表示环境规制强度越弱。

2. 计算环境污染排放相对强度综合指数 P_{it}

由于 P_{ijt} 是一个无量纲的变量，因此进行如下加总平均是有意义的：

$$P_{it} = \frac{1}{3}\left(P_{i1t} + P_{i2t} + P_{i3t}\right) \tag{11-2}$$

式中，P_{it} 为第 i 个城市第 t 年的环境污染排放相对强度综合指数；考察的三种污染物分别为工业废水、工业 SO_2 和工业烟尘。

3. 计算环境规制强度综合指数 ER_{it}

$$\mathrm{ER}_{it} = \frac{1}{P_{it}} \tag{11-3}$$

式中，ER_{it} 为第 i 个城市第 t 年的环境规制强度综合指数，由环境污染排放强度综合指数逆处理得到。ER_{it} 越大，政府环境污染治理越努力，实行较为严格环境标准；反之，环境规制强度较弱。回归模型设置如下：

$$y_{ijt} = \alpha_i + \beta_1\,\mathrm{ER}_{it-1} + \beta_2\,\mathrm{Global}_{it-1} + \beta_3\,\mathrm{Market}_{it-1} + \beta_4\,\mathrm{Dec}_{it-1} + \beta_5\,\mathrm{Control}_{it-1} + \upsilon_i + \omega_j + \mu_t \tag{11-4}$$

式中，i, j 分别为地级市；y_{ijt} 为地级市四位数产业企业的进入、退出和成长密度；ER_i 为表示该城市的环境规制强度；Global_{it-1} 为表示该城市全球化影响程度；Market_{it-1} 为该城市市场化水平；Dec_{it-1} 为该城市分权化水平；$\mathrm{Control}_{it-1}$ 为其他控制变量；υ_i 为城市固定效应；ω_j 为行业固定效应；μ_t 为时间固定效应。由于环境数据的限制，我们采用 2003~2008 年城市三废排放数据，计算环境规制指标。为了消除区域产业本身规模的影响，我们利用 2002~2008 年工业企业数据库，计算企业进入、退出和成长密度来反映企业于城市内的动态变化，具体变量设置见表 11-2。

表 11-2　企业动态解释变量定义

变量种类	变量名	变量含义	年份
因变量	Entry	四位数行业的进入密度	2004~2008
	Exit	四位数行业的退出密度	2004~2008
	Change	四位数行业的成长密度	2004~2008
自变量	ER	环境规制强度综合指数	2003~2007
转型变量	Market	非国有企业比例	2003~2007

续表

变量种类	变量名	变量含义	年份
转型变量	Global	外资企业比例	2003~2007
	Dec	财政支出与财政收入之比	2003~2007
控制变量	Profit	城市四位数行业利润	
	TFP	城市该四位数行业得而生产率	2003~2007
	Urban	城市所有企业数占城市面积之比	2003~2007
	Local	城市该四位数行业占城市面积之比	2003~2007
	LQ	城市该四位数行业的比较优势	2003~2007
	Province	省域虚拟变量	2003~2007
	Year	年份虚拟变量	2003~2007
	Industry	两位数产业类型虚拟变量	2003~2007

二、统计结果分析

通过观察解释变量的 Pearson 相关系数矩阵，发现变量之间相关系数绝对值都在 0.6 以内，表明解释变量之间的多重共线性现象比较弱，其对模型估计影响较小。另外，考虑到模型估计中误差项可能存在异方差等问题，我们在估计时采用异方差稳健的模型（HSK-robust），通过对方差大的观测值赋予较小的权重来解决异方差问题，使得 OLS 估计方法的结果更为稳健可靠，回归结果见表 11-3~表 11-5。

表 11-3 展示污染型企业进入的稳健性 OLS 回归结果。首先，模型（1）检验环境规制对企业进入的影响。结果显示，城市环境规制越强，企业进入越少。这一结果表明，我国环境规制对企业进入有显著的抑制作用。童伟伟等（2012）认为严格的环境规制政策体系对企业排污行为提出了较高的强制性要求，并导致企业排污经济成本上升；因此，为避免严格的环境规制所导致的企业生产成本上升，企业可能将会选择环境规制较弱的地区。同时我们还发现，在模型（1）中，市场化变量为正，全球化和分权化的符号为负，表明市场化越高的地区，污染型企业进入越多；而全球力量影响越强的地区污染型企业进入反而越低，这与我国沿海地区受全球化影响大，参与全球生产网络，可能吸引较多污染型企业进入的情况有所差异，接下来我们将通过其与环境规制的共同作用，并分区域来探讨全球化的重要作用；分权带来的财务状况越好的地区，由于区域对环境效应的追求，污染型企业进入也越少。模型（2）至模型（4）反映经济转型和环境规制对企业动态的共同影响。结果显示，全球力量和分权力量作用下，环境规制越强，进入反而越高。对此，本书从以下两个方面进行解释：一是全球力量带来的技术溢出在高环境规制压力下，其可以生产更多环境友好的产品，企业进入更容易进入市场；二是财务状况越好的地区，其在通过环境规制进行产业结构调整的同时，将会保留技术、排放强度小的产业。中国经济社会发展的区域不平衡特征明显，不同地理区位具有不同的资源和技术要素，环境规制所产生的作用也可能不尽相同。模型（5）至模型（7）给出了东部、中部和西部地区环境规制与污染型企业进入的实证结果。在东部地区产业升级“腾笼换鸟”

等政策下，环境规制越强，其污染型企业进入开始降低，而中部地区作为产业承接的主要地区，即使环境规制作用相对区域其他城市环境规制更强，产业带来的经济效益也会成为其重要选择，导致污染型企业大量进入。

表 11-3　经济转型、环境规制与污染型企业进入

	ER	Marketization	Globalization	Decentralization	East	Central	West
	(1)	(2)	(3)	(4)	(5)	(6)	(7)
ER	−0.0002*	0.0002	−0.001***	−0.001**	−0.0002***	0.002**	0.0009
ER*Market		−0.0005					
ER*Global			0.001**				
ER*DEC				0.001*			
Market	0.009***	0.010***	0.010***	0.009***	0.002	0.018***	−0.002
Global	−0.009***	−0.009***	−0.011***	−0.008***	−0.003	−0.027***	−0.001
DEC	−0.005**	−0.006**	−0.003	−0.007***	−0.007***	0.016**	−0.003
Profit	0.017***	0.017***	0.017***	0.017***	0.013***	0.021***	0.018**
TFP	−0.001***	−0.001***	−0.001***	−0.001***	−0.001***	−0.003***	−0.0007
Urban	−0.000001	−0.0000004	−0.000006	−0.000005	−0.000004*	−0.0004***	−0.0002
Local	0.011***	0.011***	0.011***	0.011***	0.008***	0.013***	0.041***
LQ	−3.85*	−3.83*	−3.90*	−3.91*	−4.79	−6.15	−0.1*
Province	included	included	included	included	included	included	included
Year	included	included	included	included	included	included	included
Industry	included	included	included	included	included	included	included
_cons	0.001	−0.001	0.001	0.001	0.006**	−0.020***	−0.033*
N	56187	56187	56187	56187	30431	18056	7700
log lik.	22003.1	22003.6	22008.0	22005.4	23518.1	3469.8	359.8
chi-squared	3919.1	3920.0	3928.7	3923.6	3882.0	1114.7	455.4

*表示 $p < 0.1$；**表示 $p < 0.05$；***表示 $p < 0.01$。

表 11-4 回归结果为环境规制对污染型企业退出影响结果，在控制城市对企业退出的其他影响影视情况下，环境规制对企业的退出影响系数并不显著。而市场力量越强的地区，污染型企业退出越多，提前市场对区域产业结构调整的作用；相反，全球力量和分权制度条件越好的地区，污染型企业退出越少，其主要是因为，跟企业进入类似，全球化带来的技术、知识可以帮助企业更好地调整生产技术和产品生产结构，使得企业更好地适应高级市场，而分权代表的财务状况越好的地区，对于高税值污染强度小的产业，政府会有选择的保留，退出较少，如周沂等（2015）发现，一些化工产业仍然在沿海地区重新分布而非直接迁移到中西部地区。但在环境规制的政府干预作用下，Global*ER 和 Dec*ER 更是证明了在全球化力量和分权力量作用下，环境规制更是显示出政府对于

企业退出的选择作用。分区域模型中，只有中部地区环境规制变量显著，显示环境规制越强退出反而越小，更加体现了中部地区在承接污染产业转移的产业结构中的演化特征。

表 11-4　经济转型、环境规制与污染型企业退出

	ER (1)	Marketization (2)	Globalization (3)	Decentralization (4)	East (5)	Central (6)	West (7)
ER	−0.00007	−0.00009	−0.0004**	−0.001***	−0.00006	−0.0009***	0.0004
ER*Market		0.00002					
ER*Global			0.0007***				
ER*DEC				0.002***			
Market	0.003**	0.003*	0.004**	0.003*	−0.004***	0.008***	0.004
Global	−0.006***	−0.006***	−0.008***	−0.006**	−0.0005	−0.014***	−0.045**
DEC	−0.017***	−0.017***	−0.016***	−0.021***	−0.013***	−0.002	−0.04***
Profit	−0.0001	−0.0001	−0.0001	−0.0001	−0.0006*	−0.0004	0.00002
TFP	−0.0006***	−0.0006***	−0.0006***	−0.0006***	−0.0006***	−0.0008**	−0.0007
Urban	−0.000002	−0.000002*	−0.000005***	−0.000008***	−0.000006***	−0.0001***	−0.00005
Local	0.007***	0.007***	0.007***	0.007***	0.007***	0.008***	0.025***
LQ	1.49	1.49	1.46	1.43	0.860	0.904	−1.24
Province	included	included	included	included	included	included	included
Year	included	included	included	included	included	included	included
Industry	included	included	included	included	included	included	included
_cons	0.0229***	0.023***	0.023***	0.0230***	0.0195***	0.0263***	0.0709**
N	64060	64060	64060	64060	33950	21090	9020
log lik.	125881	125881	125889	125901	85011	38657	13261

*表示 $p < 0.1$；**表示 $p < 0.05$；***表示 $p < 0.01$。

表 11-5 为经济转型、环境规制对污染型企业成长的影响。回归结果显示，环境规制越强，企业的增长越困难。而市场化和全球化对企业成长系数显著为负，表明在市场力量越强的地方，企业增长越困难，这主要是因为市场机制越完善的地方，依靠市场的力量调节产业发展，污染型企业由于额外的污染成本，其成长受限；其次，全球化力量越强的地方，面对全球化带来的国际竞争，污染型企业增长也较弱；而分权通过环境规制作用于污染型企业，财务状况越好，环境规制越强的地区，企业增长越受限，出现污染型企业衰退的现象。主要是因为，财务状况好的地区更有动力和能力进行产业升级，淘汰污染产业。污染型企业的增长（衰退）存在较大的区域差异，环境规制变量系数显示，东部地区和中部地区环境规制越强的区域，污染型企业逐渐衰退，而西部地区即使环境规制较强，污染型企业也表现负增长，跟进入和退出解释相似，显示出区域差异作用下的地方力量对经济效益和环境效益的权衡。

表 11-5　经济转型、环境规制与污染型企业成长（衰退）

	ER	Marketization	Globalization	Decentralization	East	Central	West
	(1)	(2)	(3)	(4)	(5)	(6)	(7)
ER	−0.016***	−0.049	−0.016*	0.016	−0.019***	−0.066***	0.254***
ER*Market		0.037					
ER*Global			−0.0005				
ER*DEC				−0.041**			
Market	−1.134***	−1.222***	−1.135***	−1.129***	−0.325	0.365***	−9.006***
Global	−0.404***	−0.381***	−0.402***	−0.412***	−0.153***	−0.44***	−31.99***
DEC	0.0453	0.0674	0.0443	0.138	−0.139	0.962***	−13.49***
TFP	0.118***	0.118***	0.118***	0.118***	0.108***	0.007	0.316***
Profit	−0.0002	−0.0002	−0.0002	−0.0002	−0.056	−0.002	0.007***
Urban	0.0008***	0.0007***	0.0008***	0.0009***	0.0006***	−0.003***	0.351***
Local	−0.045***	−0.045***	−0.045***	−0.046***	−0.041***	−0.0130	−2.62***
LQ	0.1**	0.1**	0.1**	0.1**	−0.02	0.2***	0.5***
Province	included	included	included	included	included	included	included
Year	included	included	included	included	included	included	included
Industry	included	included	included	included	included	included	included
_cons	1.240***	1.385***	1.239***	1.212***	0.536	−0.55***	10.48***
N	231998	231998	231998	231998	152522	54657	24819
log lik.	−768701.1	−768700.5	−768701.1	−768700.0	−473357.9	−126439	−101622

*表示 $p < 0.1$；**表示 $p < 0.05$；***表示 $p < 0.01$。

第五节　小结与讨论

关于环境规制对污染型企业动态的影响，现有研究主要基于“成本假说”和“波特假说”两种理论讨论企业进入和区位的选择。“成本假说”认为环境规制增加了企业的生产成本，因此会引起企业衰退甚至退出市场；而“波特假说”则认为设计良好的环境规制可以促进企业创新，从而提高企业生产率，将引起企业增长甚至大量新企业的进入。

基于转型经济的制度背景，我们应用中国环境规制数据和微观企业数据，实证分析了中国污染型企业动态的空间差异与转型背景下环境规制对污染型企业动态的影响。结果表明，从全国范围来看，环境规制强度与污染型企业动态均存在显著的空间差异性。进一步的计量分析表明，环境规制显著抑制了企业的进入和增长，但目前来看，对企业退出影响还并不显著。并且，区域的转型背景对于污染型企业动态影响显著。全球化和分权化不利于污染型企业的进入和增长，市场化将促进污染型企业进入，然而全球力量和分权政府力量将通过环境规制抑制污染型企业的进入，分权也将通过环境规制抑制企业增长；而全球化和分权化制度环境越好的地区，污染型企业退出反而较少，而这两股力量将通过环境规制促使大量污染型企业退出，市场化带来的竞争环境将会带来大量污染型企业退出。另外，环境规制在东中西部的影响差异较大，其主要体现在市场化力量的作用强弱上。

以上实证结果带来的政策启示主要为：①在现阶段，一定强度的环境规制可以抑制污染型企业的进入和增长，因此需要继续探索不同方式、不同强度的环境规制工具，尤其是加快经济调控型环境规制工具的研究，如大力提高环境立法和执法力度、稳步推进环境税改革、完善排污权交易机制等，从而实现产业发展与污染控制的“双赢”，促进区域协调可持续发展。②市场化环境促进企业的进入也可以推动污染型企业的退出，但现阶段，其对环境规制的作用力量还不显著，而依靠市场的环境规制还能更好地进行产业升级，推进区域环境与经济的协调发展。因此，继续深化市场改革，建立区域联动环境规制体系，促进区域整体经济-环境效益提升。③结合中国环境保护的实际需要，制定有针对性和空间差异性的环境规制体系。根据东、中、西部地区的各自特点，在继续深化改革的过程中，丰富完善政绩考核和环境管理体系，加强中西部地区环境效益的比例，才能更好地避免中西部地区成为“污染避难所”，而重蹈先污染后治理的覆辙。

事实上，环境规制带来的污染成本并不会产生绝对的“环境成本”假说或者“波特假说”效应，在不同的背景制度区位，环境规制对中国污染型企业动态的影响具有复杂性，两种作用在全球力量、市场力量和分权带来的政府力量的作用下具有各自的解释空间。环境规制对中国污染型企业动态的影响可能存在着内涵更丰富的区域差异、产业差异和企业差异。未来的研究可以更加细化企业动态中进入、退出和成长的特征，从不同理论视角和空间尺度，从企业异质性的角度讨论环境规制作用机制，以此研究环境规制与污染型企业动态的内在关系。

第十二章　污染型企业环境行为研究：基于企业异质性的微观视角

第一节　引　　言

中国 30 年的改革开放取得了巨大的经济成就，但也付出了沉重的环境代价。2014 年，全国废水排放量 716.2 亿吨，工业废水排放量 205.3 亿吨，占废水排放总量的 28.67%；工业二氧化硫排放量 1740.4 万吨，占全国二氧化硫排放总量的 88.15%。全国重点调查了 154633 家工业企业，其中，有废水及废水污染物排放的企业有 90884 家，有废气及废气污染物排放的企业有 109512 家，有工业固体废物产生的企业有 102634 家，有危险废物产生的企业有 23871 家（中国环境统计公报，2014）。工业企业尤其是污染型企业的环境行为对于环境质量的改善具有重要作用。对企业环境行为的研究，有助于对企业环境污染与治理更好的认识，对政府制定有效的环境政策以促进企业改善环境行为，最后对于实现区域经济与环境可持续发展具有重大的现实意义。

环境行为是指企业面对来自政府、公众、消费者等出于对环境保护的压力，基于自身条件及发展战略所采取的对环境产生影响的措施和手段的总称（陈雯和左文芳，2003）。企业作为环境行为的主体，其根本目标是追求利润的最大化。出于对成本的考虑和对利润的追求，企业往往对环境治理缺乏积极性。然而随着全球自然环境的恶化，政府与公众环境意识提高，开始关注工业企业环境意识和行为。2014 年，全国共向 31.79 万户排污企业单位征收排污费 186.8 亿元（《中国环境统计公报》，2014）。企业尤其是污染型企业开始面临越来越严格的环境规制，也将承担越来越多的环境成本。而不同的企业由于其规模、所有制、经营时间、行业类别等的差异，在面临环境压力时，其采取环境政策的能力和动力也不同，表现出来的环境行为也各异。目前，大多研究将企业环境行为的影响分为外部因素与内部因素两个方面。外部环境压力对企业环境行为影响的文献大多认为企业选择环境行为是对环境压力的被动反馈（孟庆峰等，2010）。但随着来自市场及社区的压力成为企业环境行为的主导驱动力量，企业开始将环境治理等行为从原来的应付行为转变为自觉主动行为。企业选择环境行为不再是对环境压力的被动反馈，而是在综合外部环境、自身因素的条件下进行的博弈抉择和主动反馈。因此，从企业自身属性出发，研究企业异质性对企业环境行为的影响，以期能识别影响企业环境行为的关键因素，为制定更加有针对性的环境政策提供依据。

第二节　文献综述

企业环境行为概念源自企业社会责任或企业公民责任。进入21世纪以来，随着研究的愈加深入和细化，逐渐成为一个独立的研究范畴，企业环境行为经常被称作企业市民行为或企业市民环境行为，至今尚未得到被普遍接受的定义。企业环境行为是指企业自愿承诺为促进社会和环境目标而采取的行动。Dickson 等（2005）提出，企业环境行为主要内容包括环保承诺、原材料和能源的清洁管理、利益相关者的有效参与和完全公开企业信息并为其负责。Oketch（2004）认为企业环境行为是企业遵纪守法、自愿行动、问责制、沟通和透明度、环境和社会问题等诸多方面的制度化内容。总的来说，企业环境行为是企业采取的宏观战略和制度变革，以及内部具体生产的调整等措施和手段，是环境政策效果的具体体现（陈雯和左文芳，2003）。在面对来自政府、公众、市场等多方面的压力下，将其转变为环境成本的信息，并做出相应的环境行为响应，使得原来由社会承担的环境外部负效应逐步为企业所认知和承担，逐步实现企业造成的外部成本内部化。例如，通过清洁生产、绿色产品研发、推行ISO14000、环境审核、主动参与社区活动等增加污染治理设施投入，以及减少污染物排放，生产对环境友好、高品质、低成本的产品，以期达到提高市场的竞争力，促使企业走向可持续发展道路。因此，从企业生产最本质出发，企业的环境行为主要体现在企业污染的排放与污染治理上。

对于企业环境行为的研究可以追溯到庇古和科斯分别基于外部性理论和产权理论提出的用征收排污税和排污权交易来限制污染排放（Pigou，1932；Coase，1960）。这个理论认为政府是保护环境的责任主体，政府通过环境规制来改变企业的环境行为，从而达到环境保护的目的。在此观点的影响下，之后很长一段时间内关于企业环境行为的研究都是将企业视为被动的经济主体。企业的环境行为主要是为了满足政府的环境规制要求，研究内容也主要集中在政府规制和企业遵从之间的关系。大多数研究都认为环境规制促进了企业环境绩效的改善（Khanna and Anton, 2002）。然而随着社会环境意识的提高，消费者更加倾向于选择环境友好产品。企业开始选择采取更加友好的环境行为以符合消费者对于环境的要求。企业逐渐将环境保护从原来的应付行为转变为自觉的主动行为，对企业环境行为的研究也从企业对环境压力被动反馈转向博弈抉择和主动反馈。在Gray 等（2007）的环境行为模型中，企业以利润最大化为目标，在给定的环境行为下，同时考虑企业收益与成本使得利润最大化。从企业生产决策的角度，企业设定基准利润$\prod_0$，在给定水平的环境行为时，企业环境治理成本 CompCost（EP，Xcc）及该环境行为水平下环境税收为 Penalty（EP，Xpen）。

$$\prod(\mathrm{EP},\mathrm{Xcc},\mathrm{Xpen})=\prod\nolimits_0-\mathrm{CompCost}(\mathrm{EP},\mathrm{Xcc})-\mathrm{Penalty}(\mathrm{EP},\mathrm{Xpen}) \tag{12-1}$$

式中，Xcc 为企业规模、年龄、行业类别等，同时也包括了企业预期的环境规制水平和环境规制的严格程度（如果企业被查出，罚金也将增加）。企业的属性影响企业的环境治理成本，从而影响企业的环境行为。而企业的环境行为最终体现在企业的污染排放和治理上。目前，已有大量关于企业污染排放和治理的企业环境行为的研究，污染的治理行为可见于 Gray 和 Deily（1996），EPA（2014），和 Nadeau（1997）等的研究，而污染排放行为主要包括 Kahn（1999）、Gray 和 Shadbegian（2014）、Gray 和 Shadbegian（2004）等的研究。这类研究主要集中在环境规制对企业环境行为的影响，规制压力主要来源于政府规制、公众压力和消费者、利益相关者等（Henriques and Sadorsky，1996; Khanna and Anton，2002）。由于规模、财务状况、环境意识和行业类别的不同，即使在相同的环境政策下，企业对环境压力的反应能力也是不一样的，由此也将采取不一样的环境行为。因此，在面临不同的外界环境压力下，企业的规模、年龄、技术、所有制结构和财务状况等都将会对企业的环境行为产生重要的影响。本书将企业的环境行为同样也分解为企业的污染排放行为与治理行为。

一般说来，企业规模越大，其用于环境管理的资源也越多，也越重视企业的环境形象，其环境行为也将越友好。Hayami（1984）研究发现企业规模越大，其生产工业也将会更清洁，Pargal 和 Wheeler（1996）则认为企业规模越大，其将受到更多的社会关注，与此同时也将会受到更大的社会压力；陈江龙等（2006）对无锡市太湖地区工业企业进行调查并统计分析调查数据，发现企业规模与企业绿色生产行为正相关。王建明（2007）等研究表明，规模大、财务状况好、企业环境意识高的企业有更好的环境行为和表现。但与此同时部分研究也表明，企业的规模也大，作为本地主要的财政来源，在污染排放与生产过程中也将更多地受到地方政府的保护，污染排放则会更加的粗放，相应的也不会更多的关注企业的环境治理问题。因此，企业规模对其环境行为将可能存在不同的影响。

不同所有制企业在面对地方政府时，往往拥有不同的谈判能力，尤其是污染谈判能力。在中国的国情下，国有企业与地方政府往往关系紧密，拥有资源和垄断优势，具有较强的盈利能力，甚至是地方政府财政收入的重要来源。因此，国有企业在环境保护方面拥有更多的政策保护，受到的约束相对较小，拥有更大的环境污染赦免权以及排污优惠权，从而拥有更多的选择空间以及环境保护谈判能力（Wang and Wheeler, 2000; Wang et al., 2003; Talukdar and Meisner, 2001），对环境污染治理投入动力也就不足。但同时，我国政府与公民环境意识不断提高，国家不断提高对企业尤其是污染型企业的环境监管力度。在国控政策中，环保部下发需要重点监控的行业企业要求，省政府根据要求报送符合条件的企业名单。而在此过程中，国有企业作为国家以及省重点企业，也成为国控的重要关注对象。部分学者的研究也得出了相应的结论。而外资企业由于污染治理技术更为完善，其污染治理动机也更加强烈，污染排放效率也更加高效。耿强和杨蔚（2010）从宏观角度分析了企业所有制对工业污染排放强度的影响，但他们认为国有工业企业在环保方面存在双向效应。陈江龙等（2006）对无锡市太湖地区工业企业进行调查并统计分析调查数据，发现国有集体企业行为要优于外企和私企。Earnhart 和 Lizal（2002）对捷克 1993~1998 年的企业排污数据进行回归分析，发现企业的所有制结构与企业环境行为之间存在显著关联，国有比例越大的企业，其废弃物的排放量越少。Earnhart 和 Lizal（2007）发现相较于私有企业，国有企业更显著降低了绝对排放和相对排放水平。由此可见，企业的所有制性质对于企业的环境行为也具有不确定性影响。

企业于城市内经营时间越长，作为地方政府长期的财税来源，其也将拥有更多的污染排放资源，地方政府有可能放松对企业的环境规制以获得更多的财政收益，污染型企业可能也会具有较大的排污能力，其环境行为友善度也会较差（贺灿飞等，2010）。企业经营时间越长，其所积累的技术等也越是成熟，而企业技术水平等对企业的环境行为具有重要影响（Lawrence, 1995）。可见，企业的规模、所有制、经营时间等对企业的环境行为具有极其重要的影响。除此以外，对于废水污染型企业，排污的方式对企业的环境行为也具有重要的影响。根据国标 GB8978—1996《污水综合排放标准》中规定，废水排放标准的分级需要按受纳水体的使用功能要求和废水排放去向进行划分(表 12-1)。对于特殊保护水域不得设置污水口，而对于重点保护水域则需要按照区域废水执行一级标准；对于一般保护水域，对排入的废水则要执行二级标准；对排入城镇下水道并进入二级废水处理厂进行生物处理的废水执行三级标准；对排入未设置二级废水处理厂的城镇下水道的废水，必须根据下水进出水受纳水体的功能执行相应的标准。因此，不同的排污方式以及企业受纳水体的不同，对于企业将受到的规制以及所承担的环境成本也具有显著的差异。根据《中华人民共和国环境保护标准》对于废水排放去向的规定，废水的去向分为 10 种类型。其中，包括直接进入海域、江河湖、库、城市下水道（再进入江河、湖、库）、城市下水道（再进入海域）、进入城市污水处理厂、直接进入污灌农田、进入地渗透或蒸发地、进入其他单位和其他。可见，排污方式的差异对于企业污染排放与治理行为也存在显著影响。

表 12-1　废水排放去向代码

代码	排水去向类型	代码	排水去向类型
A	直接进入海域	F	直接进入污灌农田
B	直接进入江河湖、库等水环境	G	进入地渗或蒸发地
C	进入城市下水道（再入江河、湖、库）	H	进入其他单位
D	进入城市下水道（再入沿海海域）	L	工业废水集中处理厂（通过开发区的建设、城市规划、产业整合，在工业废水排放集中区建设的工业废水处理厂，它通过污水收集系统实现工业废水的集中处理）
E	进入城市污水处理厂（对进入城镇污水收集系统的污水进行净化处理的污水处理厂）	K	其他（包括回喷、回填、回灌、回用等）

深圳市作为我国制造业基地以及最具区位优势的经济特区，是中国南部美丽的滨海城市，南与香港接壤，在经济转型期，污染型企业的环境行为对其产业升级、城市功能升级具有重要的意义。基于上述框架，本书将以深圳市为例，从企业性质出发，探讨企业规模、所有制、经营时间，以及排污方式等对企业环境行为的影响。以企业为研究对象，在全国转变经济发展方式建设资源节约、环境友好型社会城市发展背景下，能够直接服务于政府决策、企业决策等，可为城市制定针对性城市工业污染治理政策提供科学思路。

第三节 深圳市企业环境行为特征

一、数据来源

本书数据主要来源于2007年深圳市污染源调查。污染源普查是国务院组织领导在全国范围统一组织实施的普查活动。污染源普查对象为各辖区内所有排放污染物的工业源、农业源、生活源和集中式污染治理设施。我们主要利用污染源普查中的工业污染源数据，其涵盖了国民经济行业中第二产业除建筑业外的39个行业中的工业污染源。数据库中每个污染源企业均统计了其单位名称、法人代码、行政区代码、经纬度、单位地址、行业分类、企业登记注册类型、开业时间、工业产值、三废排放量等，通过企业的相关污染排放与产生等数据实现对污染行为的研究。

二、企业异质性及其环境行为

我们将企业的环境行为分解为企业污染排放行为和企业污染治理行为，而企业的排放行为，主要反映为企业的排放量与排放率，排放率主要为企业排放的废水量占企业产生废水的比例（企业的排放量与处理量之和）；企业的环境治理行为主要反映在企业污染设施运行的费用与污染物排放的达标率。对于固体废弃物企业，由于大部分固体废弃物的处理主要依靠城市垃圾处理厂进行处理，采用固体废弃物的综合利用率和处理率代替。

（一）规模与企业的环境行为

深圳市废水、废气固体废弃物污染型企业的污染排放和治理行为与企业的规模存在较为明显的关系。将企业规模分为三类：①工业产值小于500万的企业赋值为1；②工业总产值大于等于500万，小于2000万的赋值为2；③工业总产值大于2000万的赋值为3。由图12-1、图12-2可知，企业规模越大，污染排放量越大，污染排放率越小，设施运行费用越高，但达标率也相对较小，表明大企业相对于小规模企业其污染排放更为高效，治理行为更为友好。废气污染型企业的环境行为与企业规模的规律更为明显。企业规模越大，污染排放量越大，排放率越大，设施运行费用和达标率也更大。可见企业规模越大，生产规模较大，污染排放较大，排放率较大，污染治理设施运行费用也相对较高，而达标率也更高，污染排放行为大，治理行为也更友好。

（二）所有制结构与企业环境行为

将深圳普查数据中企业所有制分为国有企业（1）、外资企业（包括港澳台资，3）和其他（2）。由图12-3、图12-4可知，深圳市国有企业污染排放量最大，设施运行费用和达标率都较小；外资企业设施运行费用和达标率相对较高。

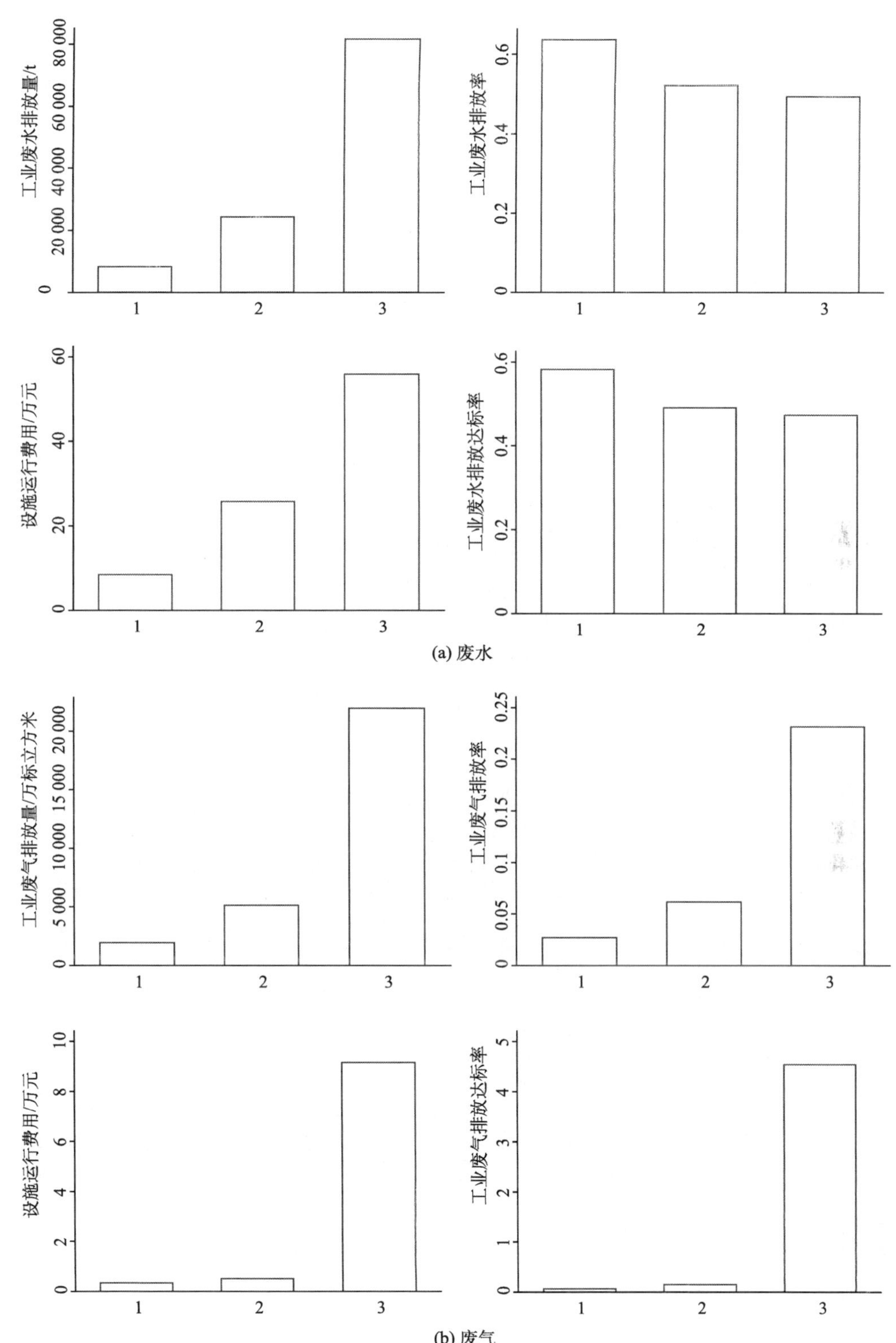

图 12-1　深圳废水和废气污染企业环境行为与企业规模的关系

企业污染排放量（第一列）、排放率（第二列）、设施运行费用（第三列）和达标率（第四列）

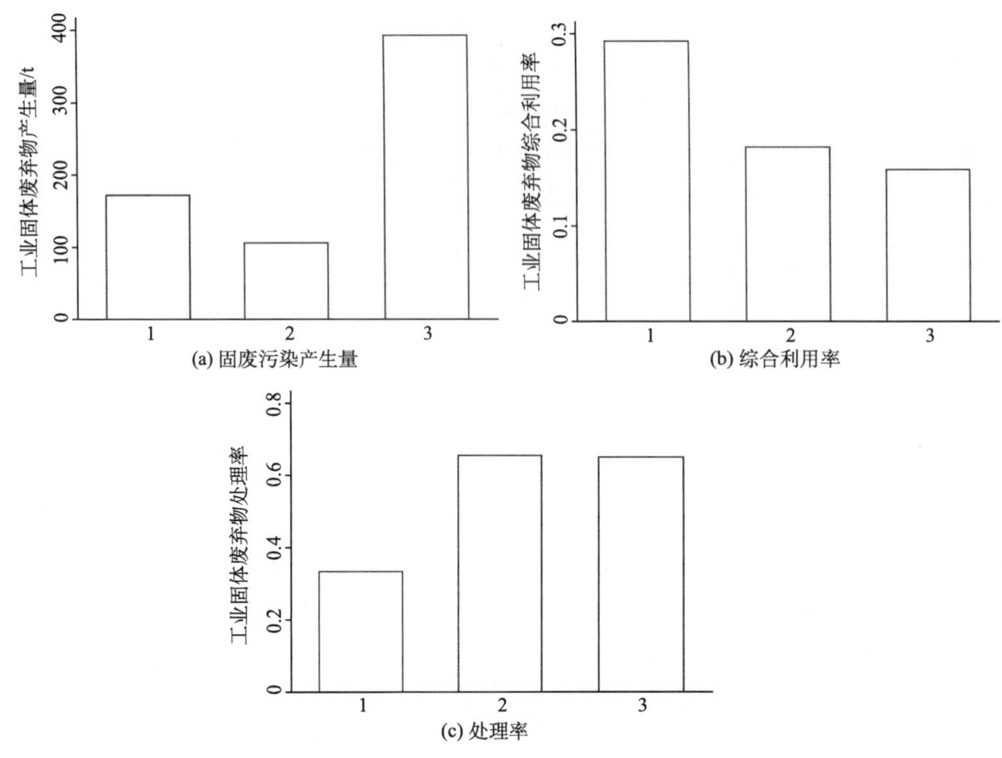

图 12-2　深圳固体污染企业企业规模

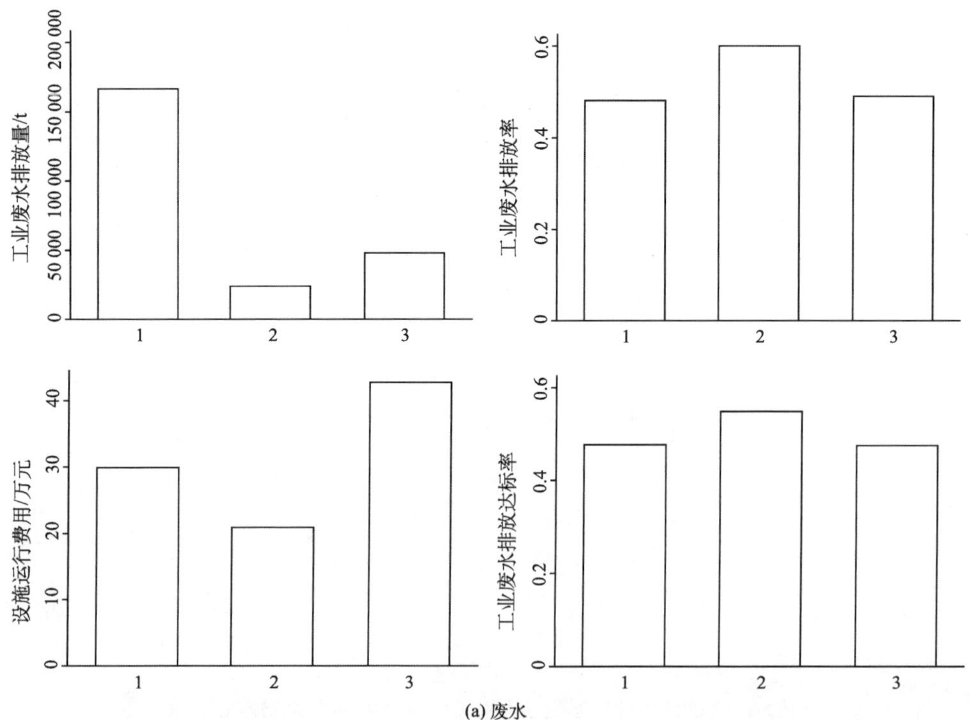

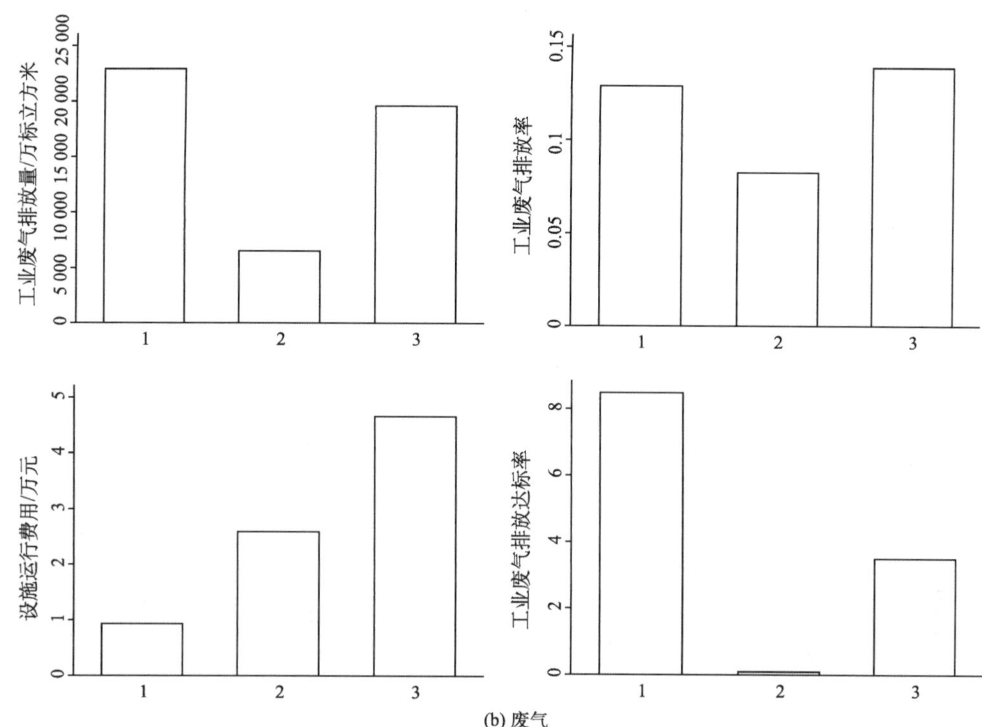

(b) 废气

图 12-3 深圳废水和废气污染企业环境行为与企业所有制的关系

企业污染排放量（第一列）、排放率（第二列）、设施运行费用（第三列）和达标率（第四列）

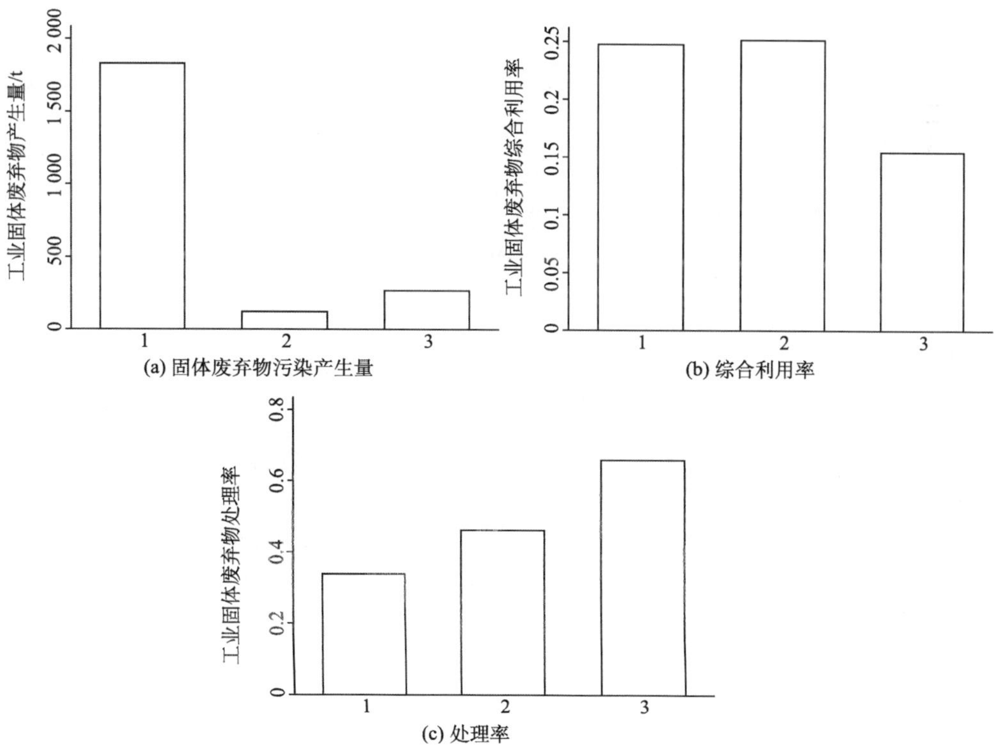

(a) 固体废弃物污染产生量

(b) 综合利用率

(c) 处理率

图 12-4 深圳固体废弃物污染企业环境行为与企业所有制的关系

（三）企业经营时间与企业环境行为

由图 12-5、图 12-6 可知，深圳企业的经营时间越长，其污染排放量也相对较大，污染排放率较高，污染运行费用和达标率也较高。可见，企业的经营时间越长，拥有较多的污染排放资源，排放量更大，随着其积累的生产技术包括污染处理技术也相对成熟，污染治理行为也更为友好。废气污染型企业与废水污染型企业存在显著差异，这主要是因为废水污染型企业的污染排放受到排污方式、不同区域环境规制等各方面因素的影响。

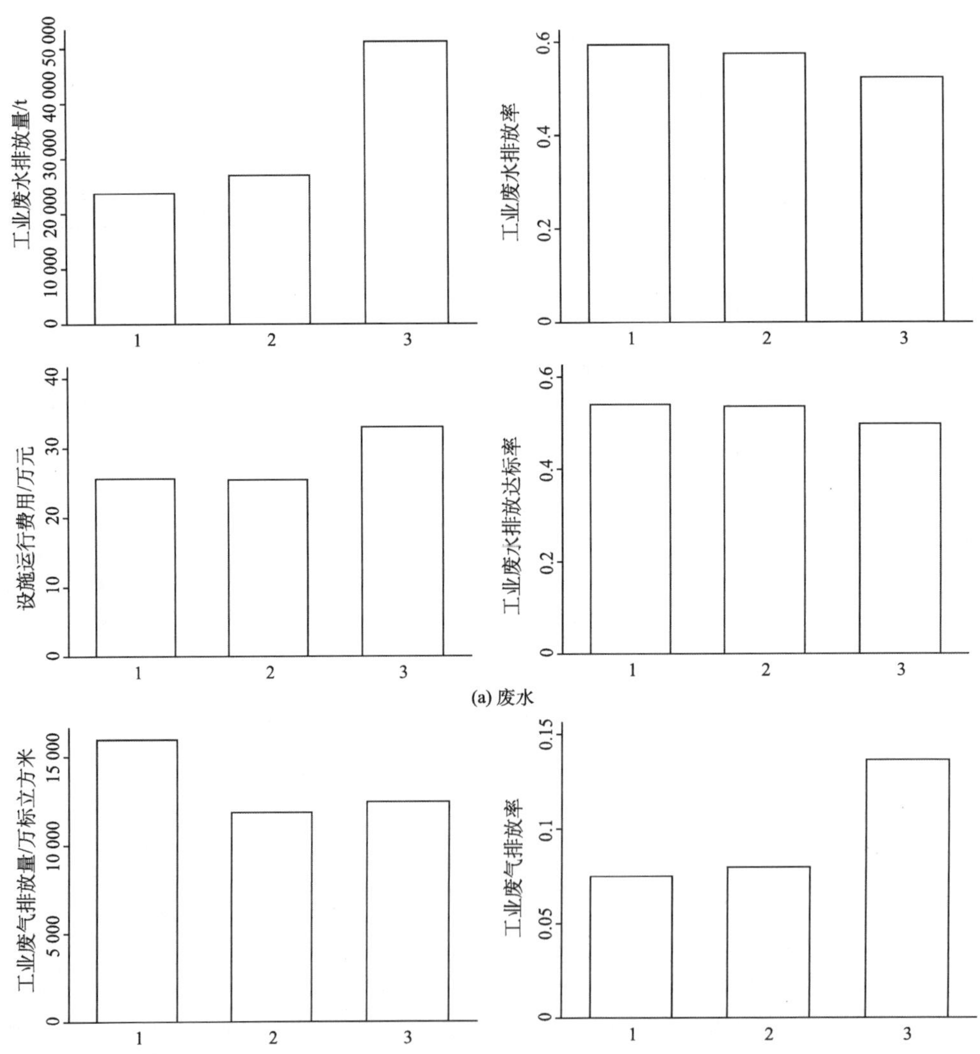

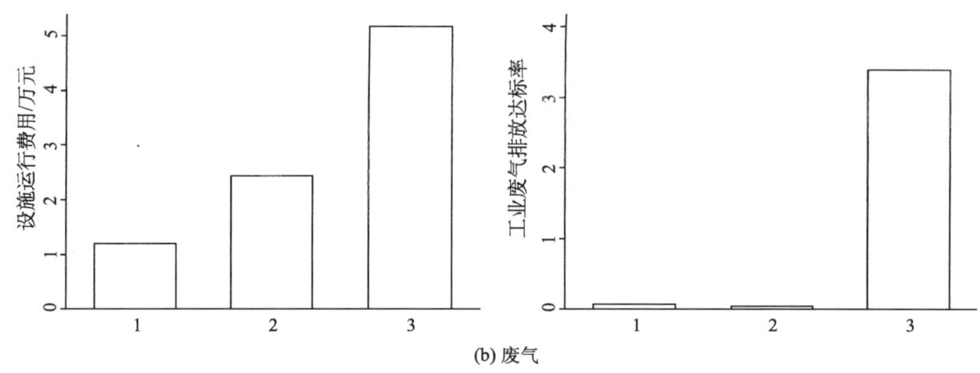

(b) 废气

图 12-5　深圳废水和废气污染企业环境行为与经营时间的关系

企业污染排放量（第一列）、排放率（第二列）、设施运行费用（第三列）和达标率（第四列）

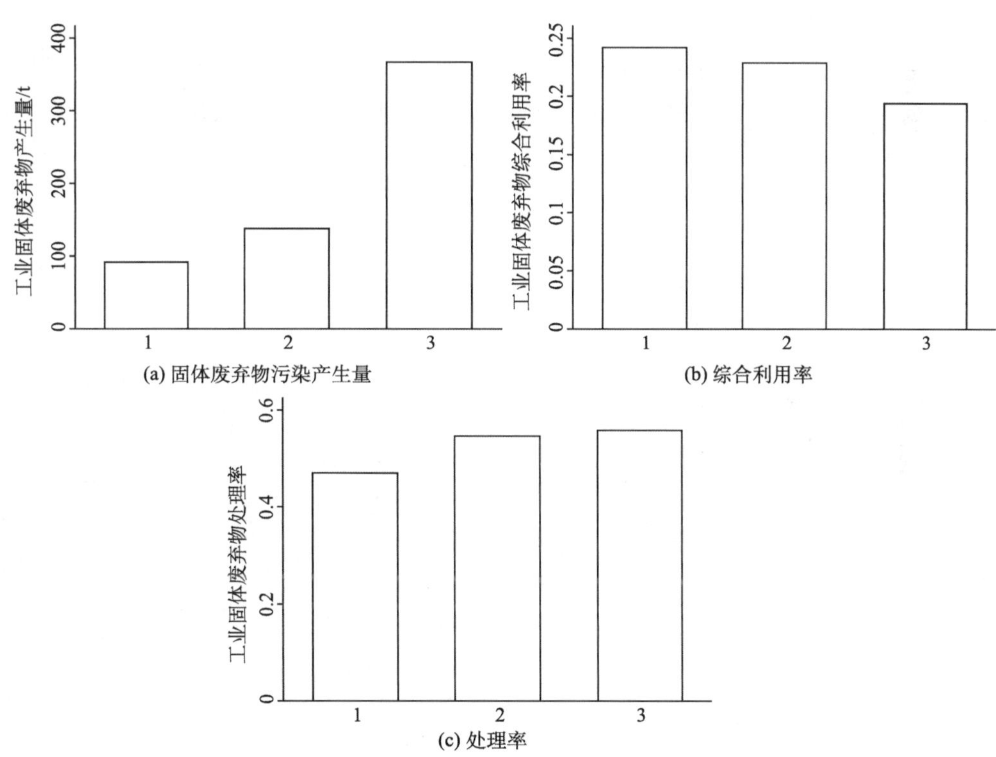

图 12-6　深圳固体废弃物污染企业与企业所有制的关系

每张图中柱子 1 为国有企业；柱子 2 为其他类型；柱子 3 为外资企业(包括港澳台资)

（四）排污方式与企业环境行为

我们将 10 种排污类型按照其成本的差异分为四类，第一类包括进入城市污水处理厂和工业废水集中处理厂；第二类包括直接进入海域、江河湖、库；第三类包括直接进入城市下水道；第四类则为剩余的 4 种类型。由此分别讨论不同污水排放方式对企业环境行为的影响。

由图 12-7 可知，深圳市通过城市污水处理厂以及工业废水集中处理厂的排污方式排放的废水总量最低，排放率最高，设施运行费用最低，但同时排污的达标率最高。可见，集中废水处理也将更加高效。与深圳市相同，污染排放方式对于企业污染排放与治理行为同样也具有重要影响，尤其是以进入污水处理厂处理的方式。

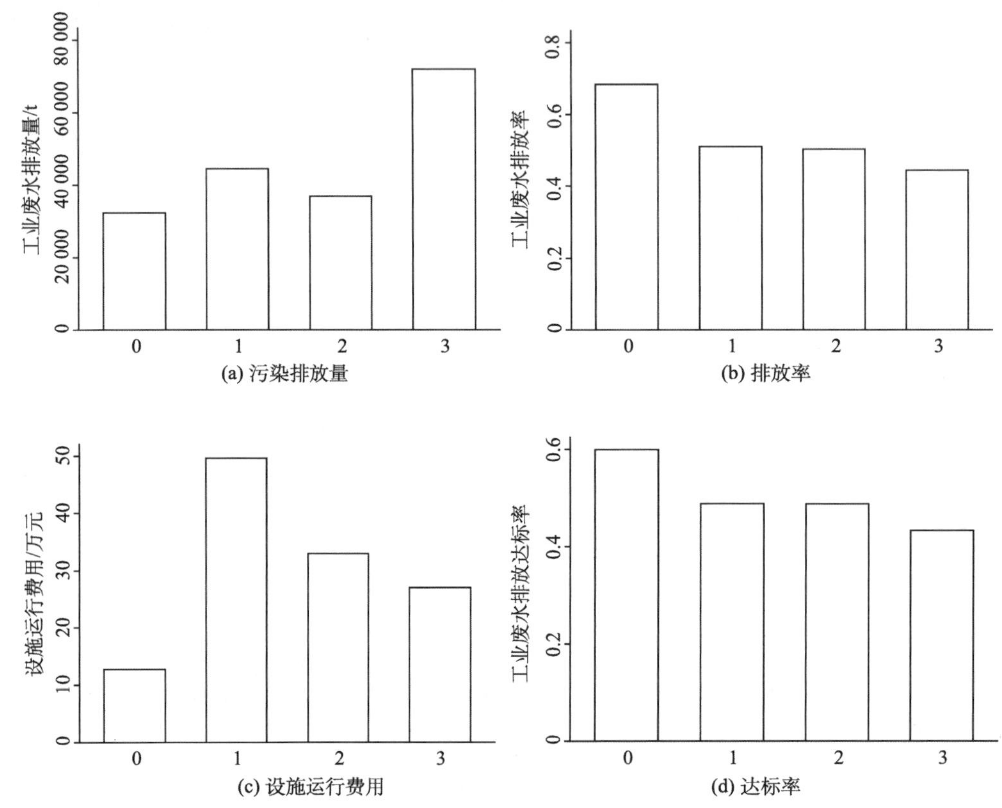

图 12-7　深圳废水和废气污染企业环境行为与排污方式

每张图中柱子 0 为进入城市污水处理厂和工业废水集中处理厂；柱子 1 为直接进入海域、江河湖、库；柱子 2 包括直接进入城市下水道；柱子 3 则为剩余其他类型

第四节　企业环境行为影响因素

一、模型的设计

为进一步探讨企业环境行为的影响因素，我们引入反映不同类型污染型企业环境行为的特征变量，将企业的环境行为分解为企业污染排放行为和企业污染治理行为，而排放行为分为排放量（PFL）和排放率（PFLV），治理行为分为污染治理设施运行费用（SSYXFY）和污染排放的达标率（DBLV），通过计量模型来研究深圳企业的环境行为，模型定义如下：

$$PFL = \beta_{10} + \beta_{11}\,Size + \beta_{12}\,Ownership + \beta_{13}\,Age + \beta_{14}\,Tec + \beta_{15}\,Z + \varepsilon \tag{12-2}$$

$$PFLV = \beta_{20} + \beta_{21}\,Size + \beta_{22}\,Ownership + \beta_{23}\,Age + \beta_{24}\,Tec + \beta_{25}\,Z + \varepsilon \tag{12-3}$$

$$SSYXFY = \beta_{30} + \beta_{31}\,Size + \beta_{32}\,Ownership + \beta_{33}\,Age + \beta_{34}\,Tec + \beta_{35}\,Z + \varepsilon \tag{12-4}$$

$$DBLV = \beta_{40} + \beta_{41}\,Size + \beta_{42}\,Ownership + \beta_{43}\,Age + \beta_{44}\,Tec + \beta_{45}\,Z + \varepsilon \tag{12-5}$$

（一）环境行为

企业环境污染排放行为主要从企业废水、废气和固体废弃物污染物的排放量，以及污染排放率出发。而企业污染治理行为，主要以污染治理设施运行费用以及污染排放达标率来衡量。废水治理设施运行费用包括工业企业废水治理设施和污水处理厂两个部分。2012 年，废水治理设施运行费用 1015.9 亿元。其中，工业废水治理设施费用 667.7 亿元，占废水治理设施运行费用的 65.7%；污水处理厂运行费用 348.2 亿元，占废水治理设施运行费用的 34.3%。因此，对于企业的环境治理行为主要以污染设施运行费以及污染排放达标率来衡量。

（二）企业异质性

企业的规模、所有制和城市内经营时间对污染型企业的环境行为具有重要影响：以企业的工业总产值表示企业的规模（output），以国有企业（SOE）、私营企业（private）和外资企业（FDI）的虚拟变量来刻画企业所有制，另外，企业的经营时间（age）主要为企业成立距今的时间。对于控制变量，企业的环保从业人数（employee）越多，污染物日处理能力越强（ability），也可反映企业实施环境治理行为越强。以企业所属二位数行业类别控制企业所属行业（hylb），对于废水污染型企业，其污染排放方式也将显著影响企业的环境行为，设置污染排放方式的虚拟变量（discharge）。具体变量设置见表 12-2。

表 12-2　解释变量定义及其与其符号

变量	定义	预期符号	预期符号	预期符号
emission	污染排放量	因变量		
REmission	污染排放量/产生量	因变量		
operating cost	设施运行费用			因变量
rstandard	污染排放达标量/排放量		因变量	
output	企业生产总值	+	–	+
SOE	国有企业赋值为 1，其他为 0	+		
private	私营企业赋值为 1，其他为 0			
foreign	外资企业赋值为 1，其他为 0			
age	企业于城市内的经营时间	+	–	–
ability	污染物的日处理能力	–	+	–
employee	环保从业人数	–	+	
discharge	废水污染排放方式			
hylb	行业类别			

二、深圳企业污染排放与治理行为

本书采用 OLS 和稳健性回归分别对废水和废气排放的污染型企业的环境排放与治理行为进行实证检验。在回归分析前，对变量进行斯皮尔曼相关分析，相关系数均较小，模型结果见表 12-3。

表 12-3　深圳企业污染行为计量结果

	废水排放行为		废水治理行为		废气排放行为		废气治理行为	
	排放量	排放率	设施运行费	达标率	排放量	排放率	设施运行费	达标率
output	–0.025**	–0.003	0.055***	–0.001	0.039**	0.011*	0.017	–0.626
SOE	–0.010	–0.035	0.094	0.033	–0.064	–0.016	–0.318	80.62***
private	0.043	0.027***	0.028	0.020	–0.167	–0.073*	0.232	–1.975
foreign	–0.119**	–0.023**	0.138***	–0.004	–0.149**	–0.044*	0.139	0.077
age	–0.013	0.003	–0.028	0.005	0.159***	0.047**	0.060	–0.567
employee	0.018**	0.005***	0.040***	0.004**	–0.0005	0.0001	0.067***	0.679
emission		–0.003	0.068***	–0.0004		–0.003	0.016	–2.62***
ability	–0.106***	–0.053***	0.498***	–0.043***	0.009	0.003	0.226***	0.286
distarge	included	included	included	included				
hylb	included	included	included	included	included	included	included	included
_cons	0.0583	0.906***	–0.996***	0.674***	–0.686***	0.810***	–0.601	10.51
N	1934	1934	1934	1934	216	216	216	216
R^2	0.839	0.457	0.772	0.212	0.984	0.432	0.625	0.963

*表示 $p < 0.1$；**表示 $p < 0.05$；***表示 $p < 0.01$。

对于深圳废水污染型企业，企业规模越大，污染排放量越小，这主要与企业的污染排放形式有关，但其污染设施运行费用越大。这主要是因为规模较大的企业，污染处理较为成熟，污染排放量较小，而规模较大的企业更为注重企业自身的形象，环境治理行为也更为友好。在统计上，国有企业的污染排放和治理行为与其他所有制企业并无差异，废气污染排放的达标率更高，可见，在经济转型的过程中，当前国有企业作为国控污染企业的重要关注对象，其污染排放也开始得到更多的关注。私营企业污染排放率相对较高，而外资企业污染排放量和排放率都相对较小，污染治理费用较高。可见，外资企业污染排放和污染治理行为都更为友好。另外，对于废水污染型企业，其于城市内经营时间的长短对于企业的污染排放和治理行为的影响并不显著。废水的污染处理能力越大，由于污染处理的实施，其污染的排放量和排放率都更低，但与此同时废水的治理行为中排放的达标率却相对较低，可见即使拥有较高的污染处理能力，也并不代表污染能得到很好的处理。

对于深圳废气污染型企业，企业规模越大，其排放量和排放率也相对较大。在当期经济发展先行的背景下，规模越大的企业也更容易受到本地政府的保护，其污染排放行为能力也相较更大。而相较于废水污染型企业，废气的排放的处理主体较单一，比较能够反映企业属性与环境行为的关系。而废水的排放更容易受到城市水体功能要求以及容量的限制，规模越大的企业，反而废水的排放量越小。相较而言国有企业的污染达标率更高，外资企业的排放量和排放率更小，污染的排放行为更为友好。国有企业的结果与预期不一致，这主要是因为深圳的国有企业多为一些非污染经企业，其对于该类结论较难验证。废气污染型企业经营时间越长，其污染的排放量和排放率也越大，也验证了贺灿飞等（2010）的研究结果。

第五节　小结与讨论

本书利用 2007 年深圳市污染源普查数据，利用 GIS 以及计量经济模型等，以污染型企业为研究对象，分别探讨废水和废气污染型企业自身异质性影响下的环境污染与治理行为。研究发现，企业规模、所有制结构、经营时间，以及污染排放类别对于企业的污染排放与治理行为具有重要影响。废水污染型企业规模越大，污染排放越小，污染治理费和达标率较高，环境行为更为友好。废气污染型企业规模越大，污染排放量和排放率都越大。深圳市国有企业的污染排放与治理行为并不显著。但外资企业污染排放量和排放率都相对较低，污染设施运行费用和污染排放达标率也相对较高，其企业环境行为更为友好。企业在城市经营时间越长，由于长期税收贡献，也更容易得到地方政府更多的污染资源，污染排放量和排放率越大。有效控制工业企业的污染源是城市内污染治理的重要前提，而分析影响企业环境行为的因素，尤其是企业自身的因素对于找到有效的监管措施有着重要的政策意义，而针对不同属性的企业应该采用有区别的政策，这样可以提高政策执行的效率。

协调城市经济发展与环境保护之间的矛盾是实现可持续发展的重要命题。在经济转型的关键时期，企业的环境行为不仅会影响区域的环境质量，同时对于企业自身长远发展也具有重要作用。在城市内部，企业面临的环境压力多种多样，而影响企业的污染排放与治理行为的因素也是多种多样。从企业的异质性出发，探讨不同类型企业污染排放和治理行为的差异，对于合理制定切合实际的环境政策具有重要指导意义。但由于数据的限制，我们仅基于深圳的污染型企业进行相关的研究，城市本身属性的差异使得企业的异质性对企业的污染排放与治理行为也具有显著影响，而这也是今后可以关注拓展的重要研究问题。

第十三章　环境规制、地理区位与企业生产率增长

第一节　引　言

全球环境变化是世界各国政府、学者，以及公众关注的焦点问题。当前，生态破坏和环境污染影响经济运行绩效已经成为国际社会的共识。例如，世界银行研究表明，空气污染与水污染治理的缺失已经导致相当于全球GDP总量4%或更多的经济损失（World Bank，2012）。从20世纪80年代开始，作为发展中国家的中国，一方面经历了令世人瞩目的经济飞速增长；另一方面也为经济增长付出了沉重的环境代价：中国环境质量恶化的代价相当于每年GDP总量3%~8%的货币损失量（Economy, 2005）。近年来，生态环境破坏引发了全国范围环境保护意识的觉醒（Cao and Ye,2013; He et al.,2012），抵制污染工程上马的民众行动已经多次发生，如厦门、大连和宁波PX项目选址所引发的群体事件。2012年，江苏启东与四川什邡的环境污染抵制行动甚至演化成为严重的社会冲突事件（He et al., 2012）。受到可持续发展和公众环境意识觉醒所构成的压力，中国政府逐步建立和完善旨在防治和控制污染的环境规制体系。与此对应，为了强化环境规制体系的实施，中国政府于2008年将国家环境保护总局升级为环境保护部。

作为政府规制的重要组成部分，学术界对环境规制的含义可以概括为政府对环境污染行为直接和间接的干预，以实现对环境污染的控制和生态环境的改善。从规制手段上看，即包括行政法规手段，也包括利用市场机制政策等经济手段。现有文献对环境规制的功能和效益进行了大量研究，其核心问题之一是，环境规制在实现污染控制的同时，能否不对经济发展产生负面影响，尤其是不削弱企业的生产率和竞争力呢？国内外学者们基于不同的前提假设、分析方法、研究样本和变量构造得到了并不一致的结论。早期的研究认为，受到环境规制影响的企业，生产效率会下降，原因是这些企业需要把原本投入到资本、劳动力，以及能源的资金转移到环境污染的控制，从而带来额外的成本消耗，即“成本假说”（Jaffe et al.,1995）。“成本假说”强调环境规制增加了企业的生产成本，延缓了生产率的增长（Christainsen and Haveman, 1981; Barbera and McConnell,1986; Gray, 1987），并进而阻碍企业在国际市场中的竞争能力，从而影响整个社会经济的增长（Jorgenson and Wilcoxen, 1990; Greenstone, 2001）。实证研究也表明，技术标准、环境税以及可交易排放权等规制措施都要求企业重新分配一些生产要素（如劳动力、资本）到污染减排部门，从企业生产的角度看，这将导致生产效率增长率的降低（Jaffe et al., 1995; Gray, 1987; Li and Bi, 2012）。例如，Gollop和Roberts（1983）发现二氧化硫排放限制使得美国发电产业生产效率平均降低了0.59%。Millimet和Osang（2003）也发现环境规制导致美国产业生产率增长率下降0.3%，某些产业甚至达到了1%。

进入20世纪90年代后，“成本假说”观点受到了挑战。Porter等研究认为，合理

的环境规制能够刺激被规制企业进一步优化资源配置效率和改进技术水平，刺激出企业的“创新补偿”效应，从而在部分乃至全部抵消企业“遵循成本”的同时，还能提高它的生产率和国际竞争力，这就是“波特假说”（Porter, 1991; Porter and Van der Linde, 1995）。“波特假说”的提出具有开创性的意义，引发了诸多研究者的争论，一直持续至今。大量研究对“波特假说”进行了实证检验。从研究内容看，可以划分为三类（Ambec et al., 2013）：一是环境规制对企业创新的影响，包括企业的创新投入和创新产出（Hamamoto, 2006; Yang et al., 2012）。例如，Yang 等利用 1997~2003 年的产业层面面板数据，发现污染减排费用与创新投入之间存在正向相关关系，意味着更强的环境保护力度将引发更多的创新（Yang et al., 2012）。二是环境规制对企业经济绩效的影响，通常用企业生产率来衡量经济绩效，如 Berman 和 Bui（2001）发现尽管洛杉矶严格的大气环境规制带来了更高的成本，坐落在洛杉矶的炼油厂相对于美国其他炼油厂的生产效率更高，这一结论支持了波特假说。Zhang 等（2011）采用了 ML 生产函数评估 1989~2008 年中国企业全要素生产率的增长，也发现更为严格的环境规制促进了中国产业生产率的增长。三是研究环境规制、企业创新和企业竞争力提升的传导效应（Lanoie et al., 2011）。总之，在研究环境规制与创新、企业生产率的文献中，虽然因具体指标选取的不同，最终结果也会有所差异，但多数研究结果认为环境规制能够对企业技术创新产生正向影响。

“成本假说”和“波特假说”争论的背后，其实是环境规制对企业生产率正、负两方面影响综合比较的结果（Zhang et al., 2011）。“成本假说”认为，在技术、资源配置和消费者需求固定的假设下，企业已经做出最优选择，环境规制的引入只会增加企业的成本，从而削弱企业生产率。显然，“成本假说”强调环境规制对企业生产率的负面影响。“波特假说”则从动态的角度出发，认为设计合理的环境规制可以诱导技术创新的补偿效应，从而带来对企业生产率的正面影响。当这种“创新补偿”效应大于企业“遵循成本”时，环境规制就有可能产生积极作用。因此，“波特假说”实际上强调环境规制对企业生产率的正面效应对负面效应的补偿和超越。

中国正处于经济转型的关键时期，全球化、市场化和分权化正深刻影响着中国经济和社会的发展。虽然已有部分文献基于“波特假说”理论，使用不同数据和方法验证了环境规制对企业生产率的影响，但鲜有研究从地理区位视角探讨环境规制对中国企业生产率的影响。实际上，中国区域经济发展不平衡，各地区在资源禀赋、基础设施、产业发展和技术水平等方面存在显著差异。而且，中国的环境规制体系仍不够完善，各地区的环境规制水平和执行力度均具有显著差别（Porter, 1991），现有研究还未提及环境规制空间差异，以及环境规制空间相关性对企业生产率可能带来何种影响，而这一问题又是实现区域经济协调发展和环境可持续发展的关键。为此，我们采用环境规制地理空间数据和企业微观数据，通过计量模型的构建与估计，探讨环境规制对中国企业生产率的影响，不仅是对现有文献的有益补充，也能为中国环境规制体系的完善提供依据。

第二节　模型构建与变量选取

一、模 型 构 建

区域发展不平衡是转轨期中国的一个显著特征。各地区地方政府在实施和执行环境规制时，也因各自发展水平不同而存在差异。本书的主要目的是，考察环境规制空间差异，以及环境规制空间相关性对企业生产率的影响。因此，基于“波特假说”理论，我们设计如下总体模型：

$$\text{Productivity}_{ikt} = \alpha + \beta\,\text{ER}_{kt-1} + \gamma W\,\text{ER}_{kt-1} + \delta C_{ikt} + \text{Industry} + \text{Year} + \varepsilon \tag{13-1}$$

式中，$\text{Productivity}_{ikt}$ 为第 k 个城市第 i 个企业第 t 期的生产率；ER_{kt-1} 为第 k 个城市第 t–1 期的环境规制水平；$W\text{ER}_{kt-1}$ 为第 k 个城市第 t–1 期相邻空间单元的环境规制水平；W 为地理空间权重矩阵；为控制变量，如企业属性和城市属性等；ε 为残差项。由于数据所限，本书将企业生产率的研究时段设定为 2004~2007 年。同时，在该时间段内，国内经济还未受 2008 年金融危机的影响，因此选择该时段开展研究也有利于数据的平稳。为了缓解内生性问题，环境规制变量按滞后 1 期处理，即环境规制变量的时间区间为 2003~2006 年。鉴于每年企业数变动较大，难以构建精准的企业面板数据模型，因此我们采用混合数据模型进行估计，同时引入年份虚拟变量（Year）以控制年份差异，以及产业虚拟变量（Industry）以控制产业差异。模型估计使用 Stata12.0 软件进行。

需要说明的是，地理空间权重矩阵在本模型中是外生给定的。城市间环境规制相互作用发生在地理空间相邻的区域之间，某一个城市的环境规制水平受到相邻城市的环境规制水平的正向影响。若相邻城市 i 和 j 有共同的边界，则对应元素=1，否则设定=0，并对进行矩阵单位化。

二、企业生产率

本书使用企业全要素生产率（TFP）作为企业生产率的代理变量。企业全要素生产率的估计，源于 Yang 和 He（2014）。Yang 和 He（2014）系统整理了《中国工业企业数据库》，对企业级数据进行了详细的校核和整理。在此基础上，通过非平衡面板数据构建、资本变量处理和价格指数处理等步骤，得到估计企业全要素生产率的基础数据。在企业全要素生产率估计方面，选择 OP 方法进行估计。OP 方法是一种半参数估计，较传统使用的 OLS 方法来估计全要素生产率有两大优势：一是规避联立性（simultaneity）所引起的内生性；二是规避样本选择偏差（selection bias）所导致的内生性。用 OP 方法估计企业全要素生产率的表达式为

$$\text{TFP}_{it}^{\text{OP}} = ln\,\text{VA}_{it} - \beta_l \ln L_{it} - \beta_k lnK_{it} \tag{13-2}$$

式中，VA 为企业的工业增加值；K 为资本（企业的固定资产净值年平均余额）；L 为劳动力（全部从业人员年平均人数）。

本书考察的是环境规制对企业生产率的影响，因此需对企业样本进行必要的筛选，以使选取的企业样本属于污染密集型产业。我们采用单位产值排污费排序法筛选污染密

集型产业。具体方法是选取《中国工业企业数据库》2004 年企业排污费和企业产值两项指标，计算四位数产业的单位产值排污费，并按照单位产值排污费对四位数产业进行排序。我们最终选取单位产值排污费排在前 86 名的四位数产业，界定为本书的污染密集型产业。最终选取的企业样本数为 184804 个，样本企业数约占全部工业企业总量的 64%。

三、环境规制

我们选取环境规制强度表征城市的环境规制水平，并将环境规制强度界定为政府对环境污染排放控制的干预程度。我们借鉴赵宵伟（2014）关于环境污染排放量综合指数的计算方法，构建城市层面的环境规制强度综合指数，其计算步骤如下：

1. 计算城市 i 在全国范围内的环境污染排放相对强度 P_{ijt}

$$P_{ijt} = \frac{\dfrac{T_{ijt}}{Y_{it}}}{\dfrac{1}{276}\sum_{i=1}^{276}\dfrac{T_{ijt}}{Y_{it}}} \tag{13-3}$$

式中，P_{ijt} 为第 i 个城市第 t 年第 j 种污染物的环境污染排放相对强度；T_{ijt} 为第 i 个城市第 t 年第 j 种污染物的排放总量；Y_{it} 为第 i 个城市第 t 年的实际工业总产值。P_{ijt} 的数值越大并超过 1，表示第 i 个城市第 t 年第 j 种污染物的排放强度在全国范围内越是相对高，则表示环境规制强度越弱。

2. 计算环境污染排放相对强度综合指数 P_{it}

由于 P_{ijt} 是一个无量纲的变量，因此进行如下加总平均是有意义的：

$$P_{it} = \frac{1}{3}\left(P_{i1t} + P_{i2t} + P_{i3t}\right) \tag{13-4}$$

式中，P_{it} 为第 i 个城市第 t 年的环境污染排放相对强度综合指数；考察的三种污染物分别为工业废水、工业 SO_2 和工业烟尘。

3. 计算环境规制强度综合指数 ER_{it}

$$ER_{it} = \frac{1}{P_{it}} \tag{13-5}$$

式中，ER_{it} 为第 i 个城市第 t 年的环境规制强度综合指数，由环境污染排放强度综合指数逆处理得到。ER_{it} 越大，政府环境污染治理越努力，实行较为严格环境标准；反之，环境规制强度较弱。

四、控制变量

企业生产率增长与企业属性和企业所在地的城市属性具有密切关系，因此我们分别选取相关变量予以控制。企业属性包括：①企业生存年数，企业存在的时间越长，其适应政策环境和区域环境的能力可能更强，从而带来更高的生产率；②企业规模，企业规模越大，规模效应可能更显著，从而带来更高的生产率；③企业是否获得贷款，用以表征企业与地方政府之间的关系；④企业所有制属性，在转轨经济背景下，所有制是影响企业生产率增长的重要因素之一。城市属性包括：①市场潜力，代表一个城市的消费能力，根据新经济地理理论，市场潜力越大的地区，越有可能带动产业发展和产业生产率的提升；②产业结构，用地级市工业增加值在国民生产总值（GDP）中的比例来衡量，控制不同城市的经济结构和产业特征；③人力资本，用每千人拥有的高等教育在校人数来衡量，一般来说，一个城市人力资本越强，企业生产率可能增长越快；④集聚外部性，用单位面积制造业工人总数计算，用以刻画城市集聚规模经济的大小。城市集聚经济往往带来知识溢出效应，有利于企业将的相互学习和信息交流，从而有助于提高企业生产率。最后，我们还引入了年份（year dummy）和产业类型（industry dummy）两个虚拟变量，以控制时间和产业差异。表 13-1 给出了变量定义。

表 13-1　变量定义表

变量种类	变量名	变量含义	年份
因变量	TFP	企业全要素生产率	2004~2007
自变量	ER	环境规制强度综合指数	2003~2006
	WER	邻近城市环境规制强度综合指数	2003~2006
控制变量	age	企业生存年数	2004~2007
	size	企业全部从业人员数	2004~2007
	loan	企业是否有贷款	2004~2007
	owner	企业所有制虚拟变量	2004~2007
	market	城市全社会消费品零售总额	2004~2007
	human	城市每千人拥有的高等教育在校人数	2004~2007
	indus	城市工业增加值占 GDP 比例	2004~2007
	exter	城市单位面积制造业工人总数	2004~2007
	year dummy	年份虚拟变量	2004~2007
	industry dummy	产业类型虚拟变量	2004~2007

本书所使用的基础数据来源于历年《中国统计年鉴》、《中国城市统计年鉴》和《中国区域经济统计年鉴》，以及国家统计局维护的《中国工业企业数据库》（2004~2007 年）。GDP 数据、工业总产值数据等经济数据通过历年年均居民消费价格指数（CPI）换算至 1998 年可比价。

第三节　实证结果与分析

一、企业生产率与环境规制强度的空间差异

以 2007 年为例，以企业从业人数作为权重，本书将企业全要素生产率（企业 TFP）加权计算，得到 2007 年城市全要素生产率（城市 TFP），以直观考察全要素生产率在城市尺度的空间差异。结果表明，在地级市层面，城市 TFP 表现出显著的空间差异性（图 13-1）。山东半岛、江苏省、浙江省和广东省是城市 TFP 比较高的地区，绝大部分地区 TFP 高于 2.5，部分地区超过 2.7。河南、湖南和云南的部分城市 TFP 也较高。中西部广

大地区，以及东北地区的城市 TFP 则相对较低。东部地区的城市 TFP 较高，除了得益于该区域较高的经济发展水平、较成熟的市场机制，以及区位优势外，可能还与这些地区较高的环境规制水平有关。中西部地区的城市 TFP 较低，自身区位条件存在劣势、市场机制未充分发育，抑或环境规制未能发挥技术进步促进作用等可能是其主要原因。

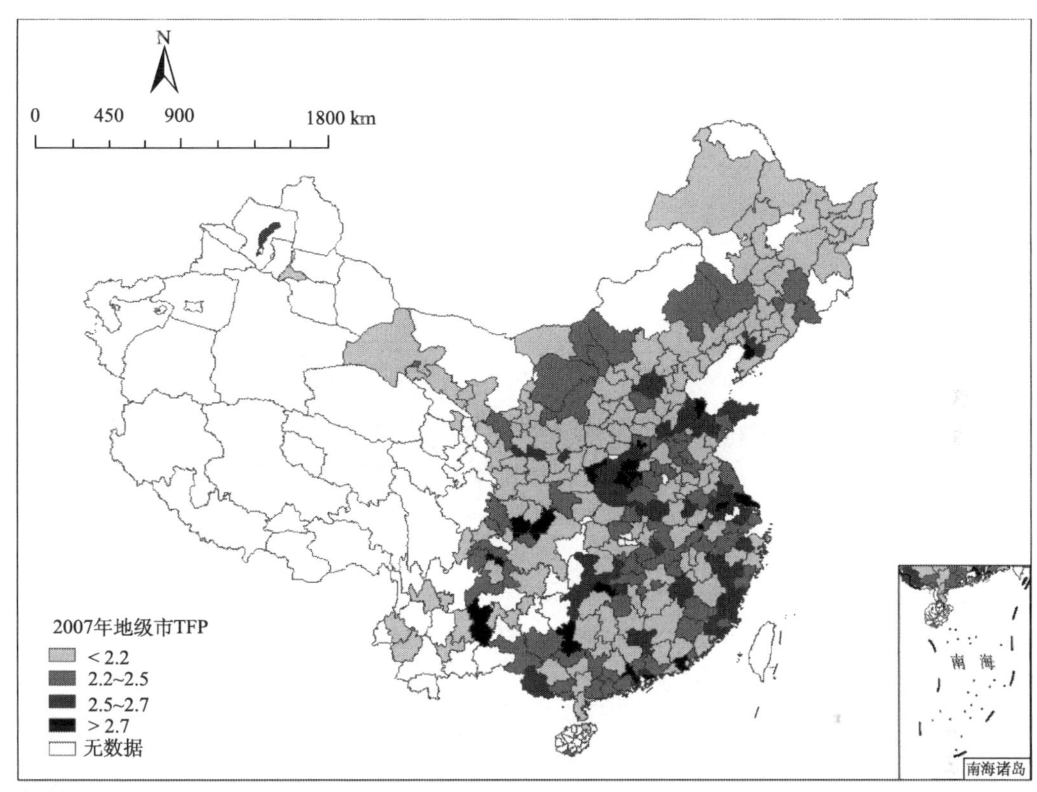

图 13-1　中国城市全要素生产率（TFP）分布图（2007 年）

本书基于环境污染排放量构建环境规制强度综合指数，其基本逻辑是政府通过对企业环境污染排放物的控制与削减，实现对环境污染的控制和环境质量的改善。如果一个城市单位工业产值的污染排放量越少，则污染控制的力度就越大，相应地环境规制强度也越大。以 2006 年为例，图 13-2 展示了在地级市尺度上，中国环境规制强度存在显著空间差异性。第一梯队主要包括北京、天津、山东半岛城市群、上海、浙江省、福建省，以及广东省等东部沿海地区；第二梯队主要包括与东部省份接壤的中部地区城市；第三梯队则包括中部和广大西部地区。图 13-2 所展示的空间布局不仅表现为环境规制强度由东部、中部、再到西部的显著递减规律；而且还表现出邻近城市环境污染强度之间的空间相关性。例如，东部地区的山东半岛城市群和浙江省、广东省均表现出高值集聚；而西部地区的环境规制强度普遍较低，表现出显著的低值集聚。环境规制强度的空间不平衡性，以及空间相关性可能是造成中国企业生产率空间差异的重要原因，我们将通过构建计量模型加以验证。

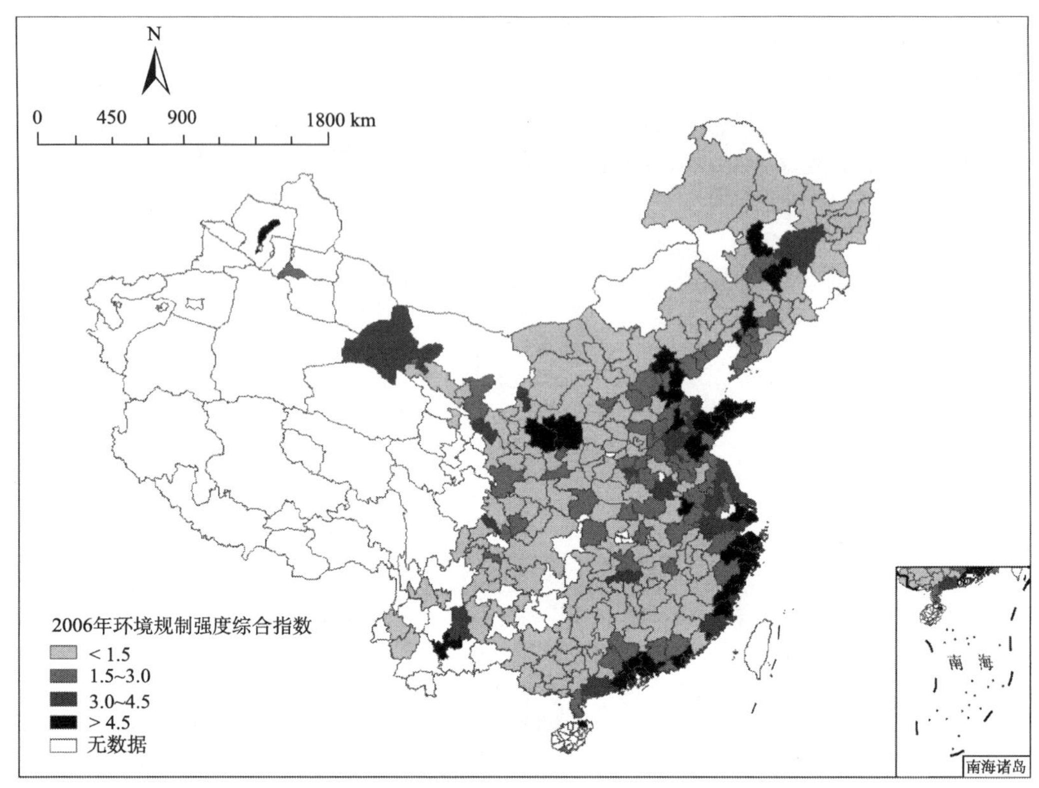

图 13-2　中国地级市环境规制强度空间差异示意图（2006 年）

二、环境规制、地理区位与企业生产率增长的实证分析

通过构建 2004~2007 年微观企业层面的混合数据模型，我们实证检验了环境规制、地理区位与企业生产率之间的内在关系。通过观察解释变量的皮尔森相关系数矩阵，发现变量之间相关系数绝对值一般都在 0.5 以内，表明解释变量之间的多重共线性现象比较弱，其对模型估计影响较小。为了减少模型中可能存在的异方差问题对估计结果稳健性影响，我们采用异方差一致协方差矩阵，对模型回归结果的标准误差和 t 统计值进行了修正，使得 OLS 估计方法的结果更为稳健可靠。

除了使用 OLS 回归方法外，我们还使用了分位回归方法。分位回归方法有两个优点：一是通过对不同的分位数进行回归，可以对条件分布的不同位置进行分析；二是如同中值对于异常值的敏感程度小于均值一样，分位数对于异常值的敏感程度也远小于均值，分位回归只受到是否存在异常值的影响，而与其具体位置无关。因此，分位回归是稳健性强于 OLS 的回归技术之一。分位回归估计的是出于条件分布的某个分位点的样本如何受到各个变量的影响，这可以使我们在一定程度上了解不同效率的企业如何受环境规制的影响，进而从一个侧面分析环境规制与企业生产率之间是否存在显著的自选择效应。我们选取 0.1、0.5、0.9 三个分位点进行探讨。

表 13-2 展示了 OLS 回归结果（模型 1 和模型 2）和分位回归结果（模型 3～模型 8）。

首先，模型 1 检验本城市环境规制及邻近城市环境规制对本城市企业生产率的影响。结果显示，本城市环境规制强度综合指数提高 1%，则企业生产率显著提高 0.008%。这一结果表明，我国环境规制对企业生产率有着较为稳健的显著促进作用，研究结果支持了"波特假说"。童伟伟等认为严格的环境规制政策体系对企业排污行为提出了较高的强制性要求，并导致企业排污经济成本上升，这就对企业从事减污技术创新、发展循环经济与清洁生产方式等环境技术创新活动形成了较强的激励；因此，为抵消严格的环境规制所导致的企业生产成本上升对企业竞争力的不利影响，企业需要通过生产过程创新或产品创新，以降低生产成本，提升产品质量，最终增强企业生产率（Dong et al., 2012）。同时我们还发现，邻近城市环境规制综合指数提高 1%，本城市企业生产率也能显著提高 0.002%。该结果表明城市之间环境规制的相互作用可以显著影响企业生产率。对此，本书从以下两个方面进行解释：一是邻近城市环境规制的增强将促进本城市环境规制的增强。这看似与传统的"竞次式"区域竞争理论不相符，但我们深入观察可以发现，随意的放松环境规制其实并不利于区域招商引资，再加上民众环保意识的觉醒，也进一步迫使地方政府向周边区域环境规制水平看齐。因此，邻近城市环境规制的增强可以间接提高企业生产率。二是从企业迁移的角度看，由于经济发展水平、技术水平、文化认同和政府效率等原因，企业迁移大部分发生在邻近地区之间，而非远距离的外省区域。如果邻近地区的环境规制强度也较高，那么企业往往放弃迁移的念头，而转向通过提高技术水平应对本地环境规制的要求。

在模型 2 中，我们加入了环境规制强度综合指数的平方项，以检验环境规制与企业生产率是否存在非线性关系。估计结果显示，环境规制强度和邻近城市环境规制强度平方项的系数均显著为负，表明环境规制强度与企业生产率之间确实具有显著的非线性关系。企业生产率与环境规制强度之间存在先增长、后下降的关系，表明过于严格的环境规制不利于企业生产率的提高。这可能与环境规制强度超过一定阈值后，企业控制污染成本急速提高有关。这一结论验证了"波特假说"关于"设计良好的环境规制有利于提升企业生产率的理论假说"。

模型 3～模型 8 展示了分位回归结果。我们选取 0.1、0.5、0.9 三个分位点，分别代表低效率企业、中等效率企业和高效率企业。结果显示，环境规制强度对中等效率企业和高效率企业提高生产率具有显著的促进作用，而对低效率企业的生产率作用不显著（模型 3）。可能的解释是效率较高的企业，位于环境规制强度较强的城市内，可能发生"波特假说"所提出的"创新补偿"效应的概率更大，企业所具有的技术能力和管理能力将有助于技术创新的实现。而对于低效率企业来说，较高的环境规制强度将提高企业运营成本，进而挤压企业利润空间，在企业技术能力较弱的压力下，企业很难有实力进行技术创新，其结果是企业生产率提升乏力，甚至出现下降的可能。鉴于环境规制强度对低效率企业生产率作用不显著，本模型估计结果一定程度上预示了不同效率的企业均有可能进入环境规制较强的城市，即企业的自选择效应不显著。这一结论也进一步证明了模型 1 和模型 2 所显示的显著关系并非来自企业的自选择效应，而确与环境规制的"创新补偿"效应有关。邻近城市环境规制强度对所有效率水平的企业生产率均有显著的正向影响（模型 3、模型 5 和模型 6），这可能与上述企业迁移视角的解释相关。另外，与

OLS 模型类似，分位回归也显示了环境规制强度与不同效率企业生产率均为非线性关系。

表 13-2　环境规制强度对企业 TFP 的影响表

	OLS 回归		分位回归					
			0.1	0.1	0.5	0.5	0.9	0.9
	（1）	（2）	（3）	（4）	（5）	（6）	（7）	（8）
ER	0.00885***	0.0249***	−0.000509	0.0163***	0.00770***	0.0178***	0.0274***	0.0469***
WER	0.00216***	0.00635***	0.00252***	0.0108***	0.00221***	0.00653***	0.00220***	0.00222**
ER^2		−0.000563***		−0.000630***		−0.000393***		−0.000792***
WER^2		−0.000128***		−0.000220***		−0.000115***		−0.0000444**
age	0.00266***	0.00264***	0.00412***	0.00397***	0.00374***	0.00369***	0.00162***	0.00174***
size	−0.808**	−0.676*	0.126***	0.138***	0.0314	0.0316	−0.336***	−0.337***
loan	0.0168***	0.0156***	0.0598***	0.0565***	0.0321***	0.0292***	−0.0479***	−0.0459***
market	−0.0770***	−0.132***	−0.0149*	−0.0914***	−0.0691***	−0.110***	−0.118***	−0.163***
human	0.00442***	0.00511***	0.00115***	0.00238***	0.00381***	0.00437***	0.00707***	0.00743***
indus	0.000851***	0.000314	0.00222***	0.00143***	0.000983***	0.000328	−0.000999***	−0.00135***
exter	−10.56	237.2***	116.4***	516.9***	−17.21	196.8***	−214.9***	−29.49
owner	Y	Y	Y	Y	Y	Y	Y	Y
year	Y	Y	Y	Y	Y	Y	Y	Y
industry	Y	Y	Y	Y	Y	Y	Y	Y
constant	3.287***	3.225***	1.975***	1.879***	3.227***	3.192***	4.559***	4.499***
N	184804	184804	184804	184804	184804	184804	184804	184804
R^2	0.156	0.158	0.107	0.109	0.088	0.089	0.075	0.076

***表示 $p<0.01$；**表示 $p<0.05$；*表示 $p<0.1$。

中国经济社会发展的区域不平衡特征明显，不同地理区位具有不同的资源和技术要素，环境规制所产生的作用也可能不尽相同。表 13-3 给出了东部、中部和西部地区环境规制与企业生产率的实证结果。估计结果表明，环境规制对企业生产率的影响具有显著的地区差异。①针对东部地区，环境规制强度变量和邻近城市环境规制强度变量的回归系数均显著为正，预示着环境规制对企业生产率的提高具有显著的正向作用。这一结论与“波特假说”相符。东部地区具备较高的经济发展水平、技术水平，以及良好的人力资本都可以为企业发挥“创新补偿效应”提供支撑。因此，在东部地区适当提高环境规制强度，可以促进企业生产率的提高，从而实现经济效益和环境效益的双赢局面。②对于中部地区，环境规制强度变量的回归系数为正，但并不显著。相比之下，邻近城市环境规制强度变量的回归系数显著为正。中部地区在经济发展和技术水平等方面均处于中游，环境规制所带来的“遵循成本”难以被“技术创新”补偿效应所抵消，使得环境规制对企业生产率增长影响不明显。③对于西部地区，环境规制强度变量的系数显著为负，环境规制并没有促进西部地区污染型企业生产率的提高，反而在一定程度上降低了企业生产率。西部地区总体上技术水平较低、人力资本不足，难以支撑环境规制引致的“创新补偿”，因此较强环境规制的结果是导致企业成本增加，利润下降。这与王国印和王动（2011），以及李春米和毕超（2012）的研究结论相似。这一结论客观上也表明，环境规制对企业生产率增长的促进作用存在地区差异，“波特假说”在较发达的东部地区得到了很好的支持（Sheng, 2012），而“成本假说”解释西部地区环境规制对企业生产率的影响具有更强的实用性。研究还进一步发现（模型 5），与东部和中部地区不同，西部地区邻近城市环境规制强度变量的回归系数不显著，表明西部地区城市之间的相互作用较弱，还未形成有效的环境规制区域联系。

表 13-3　环境规制对不同区域企业生产率的影响

	东部		中部		西部	
	（1）	（2）	（3）	（4）	（5）	（6）
ER	0.00791***	0.0270***	0.00321	0.0734***	−0.0196***	0.00804
WER	0.000840***	0.00296***	0.00769***	0.0209***	−0.00130	0.00836*
ER^2		−0.000586***		−0.0106***		−0.00461**
WER^2		−0.0000705***		−0.000715***		−0.000446**
age	0.00205***	0.00200***	0.00457**	0.00458**	0.00337***	0.00332***
size	0.108*	0.118**	−0.500***	−0.496***	−0.0280	−0.00247
loan	0.0183***	0.0182***	0.00152	0.000699	−0.0276*	−0.0299**
market	−0.0729***	-0.119***	0.272***	0.184***	0.0849**	0.0682*
human	0.00420***	0.00455***	−0.00491***	−0.00410***	−0.00565***	−0.00539***
industry	0.00117***	0.000756***	−0.00249***	−0.00255***	−0.0000280	−0.000128
externality	−12.96	164.1***	10095.9***	9399.4***	8374.3***	7968.2***
ownership	Y	Y	Y	Y	Y	Y
year	Y	Y	Y	Y	Y	Y
industry	Y	Y	Y	Y	Y	Y
constant	3.318***	3.249***	3.205***	3.097***	3.256***	3.212***
N	117892	117892	46737	46737	20175	20175
R^2	0.155	0.156	0.187	0.188	0.170	0.170

***表示 $p<0.01$；**表示 $p<0.05$；*表示 $p<0.1$。

第四节　小结与讨论

关于环境规制是否对企业生产率造成影响，现有研究提出了“成本假说”和“波特假说”两种理论。“成本假说”认为环境规制增加了企业的生产成本，因此会对企业生产率造成负面影响。“波特假说”则认为设计良好的环境规制可以促进企业创新，从而提高企业生产率。基于地理区位视角，我们应用中国环境规制空间数据和微观企业数据，实证分析了环境规制空间差异与环境规制空间相关性对企业生产率的影响。结果表明，从全国范围来看，环境规制强度与企业生产率均存在显著的空间差异性。进一步的计量分析表明，环境规制显著促进企业生产率的提升，并且，环境规制空间差异与企业生产率之间的关系并非简单的线性关系，而是存在显著的倒U形关系，表明过高的环境规制水平并不利于企业生产率增长；邻近城市环境规制也能显著促进企业生产率的增长，表明环境规制空间相关性亦发挥作用；环境规制对效率高的企业更具有促进作用，而对效率低的企业影响不显著；不同地理区位下，环境规制对企业生产率的影响也不同，相对于中西部地区来说，东部地区环境规制促进企业生产率提升的作用更强。

以上实证结果带来的政策启示主要为：①在现阶段，一定强度的环境规制可以促进企业生产率的提升，因此需要继续探索不同方式、不同强度的环境规制工具，尤其是加快经济调控型环境规制工具的研究，如大力提高环境立法和执法力度，稳步推进环境税改革、完善排污权交易机制等，从而实现企业生产率与污染控制的“双赢”，促进区域协调可持续发展；②加快推进区域联动的环境规制网络建设，需要在区域或城市群层面加大环境规制措施和实施力度的协调，建立区域联动环境规制网络构建，促进区域整体环境效益提升；③结合中国环境保护的实际需要，制定有针对性和空间差异性的环境规制体系。根据东、中、西部地区的各自特点，改革“一刀切”的环境规制政策，因地制宜实施有弹性的环境规制管理体系。

本书表明，“成本假说”和“波特假说”并不是截然对立的两个理论假说。在地理区位视角下，环境规制对中国企业生产率的影响具有复杂性，“成本假说”和“波特假说”具有各自的解释空间。环境规制对中国企业生产率的影响可能存在着内涵更丰富的区域差异、产业差异和企业差异。未来的研究需要在中国经济转型的特殊背景下，从不同理论视角和空间尺度，深入探讨环境规制与企业生产率的内在关系。

参 考 文 献

艾迪斯. 1997. 企业生命周期. 北京：中国社会科学出版社

白雪洁，宋莹. 2009. 环境规制、技术创新与中国火电行业的效率提升. 中国工业经济，(8): 68-77

蔡运龙. 2010. 当代自然地理学态势. 地理研究, 29(1): 1-12

曹东，王金南. 1999. 中国工业污染经济学. 北京：中国环境科学出版社

陈刚，陈红儿. 2001. 区际产业转移理论探微. 贵州社会科学, (4): 2-6

陈计旺. 1999. 区际产业转移与要素流动的比较研究. 生产力研究, 3: 64-67

陈建军. 2002. 中国现阶段产业区域转移的实证研究——结合浙江 105 家企业的问卷调查报告的分析. 管理世界, (6): 64-74

陈建军. 2002. 中国现阶段的产业区域转移及其动力机制. 中国工业经济, 8: 37-44

陈江龙，陈雯，王宜虎，等. 2006. 太湖地区工业绿色化进程研究——以无锡市为例. 湖泊科学, 18(6): 621-626

陈雯，左文芳. 2003. 工业绿色化：工业环境地理学研究动向. 地理研究, 22(5): 601-608

陈耀，冯超. 2008. 贸易成本，本地关联与产业集群迁移. 中国工业经济, (3): 76-83

成艾华. 2011. 技术进步，结构调整与中国工业减排——基于环境效应分解模型的分析. 中国人口资源与环境, 21(3): 41-47

褚鸣. 1999. 趋势与现实——论经济全球化的负面影响. 国外社会科学, 1999(6): 63-65

戴宏伟. 2008. 产业转移研究有关争议及评论. 中国经济问题, 3: 3-9

董敏杰，梁泳梅，李钢. 2011. 环境规制对中国出口竞争力的影响——基于投入产出表的分析. 中国工业经济, 3: 57-67

杜雯翠，朱松，张平淡. 2014. 我国工业化与城市化进程对环境的影响及对策. 财经问题研究, (5): 22-29

范剑勇. 2004. 长三角一体化，地区专业化与制造业空间转移. 管理世界, (11): 77-84

方铭，许振成，彭晓春，等. 2009. 人口城市化与城市环境定量关系研究——以广州市为例. 安徽农业科学, 37(34): 17041-17044

方颖，纪衎，赵扬. 2011. 中国是否存在“资源诅咒”. 世界经济, (4): 144-160

冯根福，刘志勇，蒋文定. 2010. 我国东中西部地区间工业产业转移的趋势，特征及形成原因分析. 当代经济科学, (2): 1-10

傅京燕. 2008. 我国对外贸易中污染产业转移的实证分析——以制造业为例. 财贸经济, (5): 97-102.

傅京燕，李丽莎. 2010. 环境规制，要素禀赋与产业国际竞争力的实证研究——基于中国制造业的面板数据. 管理世界, (10): 87-98

傅京燕，周浩. 2011. 对外贸易与污染排放强度——基于地区面板数据的经验分析(1998~2006). 财贸研究, (2): 8-14

傅帅雄，张可云，张文彬. 2011. 环境规制与中国工业区域布局的 “污染天堂” 效应. 山西财经大学学报, (7): 8-14

傅勇，张晏. 2007. 中国式分权与财政支出结构偏向：为增长而竞争的代价. 管理世界, 3: 4-12, 22

高鸿业. 2001. 西方经济学. 北京：中国人民大学出版社

高申. 2012. 中国五城市大气可吸入颗粒物和细颗粒物源解析. 天津医科大学博士论文

高爽, 魏也华, 陈雯, 等. 2011. 发达地区制造业集聚和水污染的空间关联——以无锡市区为例. 地理研究, 5: 902-912

耿强, 杨蔚. 2010. 中国工业污染的区域差异及其影响因素——基于省级面板数据的 GMM 实证分析. 中国地质大学学报: 社会科学版, 10(5): 12-16

顾杨妹. 2005. 日本人口与资源、环境的可持续发展研究. 人口学刊, (6): 43-46

国家统计局, 环境保护部. 2013. 中国环境统计年鉴. 北京: 中国统计出版社

韩福荣, 徐艳梅. 2002. 企业仿生学. 北京: 企业管理出版社

何瑛, 何爱英. 2007. 中小企业的特点对污染治理的影响与解决途径分析. 经济师, (1): 205-206

贺灿飞, 朱彦刚. 2010. 中国资源密集型产业地理分布研究——以石油加工业和黑色金属产业为例. 自然资源学报, 25(3): 488-501

贺灿飞, 谢秀珍. 2006. 中国制造业地理集中与省区专业化. 地理学报, 61(2): 212-222

贺灿飞, 高翔, 潘峰华, 等. 2010. 城市可持续发展和企业的环境行为——对昆明市企业环境行为的分析. 城市发展研究, 7: 29-35, 56

贺灿飞, 郭琪, 马妍, 等. 2014. 西方经济地理学研究进展. 地理学报, 8: 1207-1223

贺灿飞, 谢秀珍, 潘峰华. 2008. 中国制造业省区分布及其影响因素. 地理研究, 27(3): 623-635

贺灿飞, 张腾, 杨晟朗. 2013. 环境规制效果与中国城市空气污染. 自然资源学报, 10: 1651-1663

洪开荣, 浣晓旭, 孙倩. 2013. 中部地区资源—环境—经济—社会协调发展的定量评价与比较分析. 经济地理, 12: 16-23

环境保护部. 2012. HJ633-2012 环境空气质量指数(AQI)技术规定(试行). 中华人民共和国环境保护标准

黄涛. 2013. 环境承载力与承接国际产业转移的能力分析——以湖北省为例. 区域经济评论, (3): 35-40.

黄志基, 贺灿飞, 杨帆, 等. 2015. 中国环境规制、地理区位与企业生产率增长. 地理学报, 70(10): 1581-1591

江珂. 2011. 中国环境规制对 FDI 行业份额的影响分析——基于中国 20 个污染密集型行业的面板数据分析. 工业技术经济, 6: 139-146

金祥荣, 谭立力. 2012. 环境政策差异与区域产业转移——一个新经济地理学视角的理论分析. 浙江大学学报(人文社会科学版), 5: 51-60

金煜, 陈钊, 陆铭. 2006. 中国的地区工业集聚: 经济地理, 新经济地理与经济政策. 经济研究, 4: 79-89

李春米, 毕超. 2012. 环境规制下的西部地区工业全要素生产率变动分析. 西安交通大学学报: 社会科学版, 32(1): 18-22

李小建, 李国平, 曾刚. 2006. 经济地理学. 北京: 教育出版社, 93-187

李燕, 贺灿飞. 2013. 1998~2009 年珠江三角洲制造业空间转移特征及其机制. 地理科学进展, 32(5)

李玉楠, 李廷. 2012. 环境规制、要素禀赋与出口贸易的动态关系——基于我国污染密集产业的动态面板数据. 国际经贸探索, 01: 34-42

厉以宁, 章铮. 1995. 环境经济学. 北京: 中国计划出版社

联合国环境规划署. 2012. 全球环境展望——我们想要的未来报告. 北京

联合国水机制. 2015. 水资源短缺. http: //www. un. org/zh/waterforlifedecade/scarcity. shtml. 2015-12-14

梁琦. 2004. 产业集聚论. 北京: 商务印书馆

林群慧, 陈冠益, 范志华, 等. 2011. 我国区域产业梯度转移中的环境风险及对策. 环境科学研究, 7: 807-811

蔺雪芹, 方创琳. 2008. 城市群地区产业集聚的生态环境效应研究进展. 地理科学进展, 27(3): 110-118

刘华军, 杨骞. 2014. 环境污染、时空依赖与经济增长. 产业经济研究, 1: 81-91

刘群慧, 胡蓓, 刘二丽. 2009. 组织结构、创新气氛与时基绩效关系的实证研究. 研究与发展管理, 21(5):

47-56
刘荣茂, 张莉侠, 孟令杰. 2006. 经济增长与环境质量: 来自中国省际面板数据的证据. 经济地理, 26(3): 374-377
刘卫东等. 2013. 经济地理学思维. 北京: 科学出版社.
陆大道. 1990. 中国工业布局的理论和实践. 北京: 科学出版社
陆铭, 陈钊. 2009. 以邻为壑的经济增长——为什么经济开放可能加剧市场分割. 经济研究, 3: 42-42
陆旸. 2012. 从开放宏观的视角看环境污染问题: 一个综述. 经济研究, 2: 146-158
马丽梅, 张晓. 2014. 中国雾霾污染的空间效应及经济, 能源结构影响. 中国工业经济, (4): 19-31
孟庆峰, 李真, 盛昭瀚, 等. 2010. 企业环境行为影响因素研究现状及发展趋势. 中国人口资源与环境, (9): 100-106
倪小芳. 2012. 长三角区域经济一体化进程中制造业集聚与分工探析. 宁波: 宁波大学硕士学位论文
邱风, 朱勋. 2007. 电力短缺对浙江产业集聚影响的实证研究. 浙江学刊, (2): 158-161
仇方道, 蒋涛, 张纯敏, 等. 2013. 江苏省污染密集型产业空间转移及影响因素. 地理科学, 33(7): 789-96
沈静, 魏成. 2012. 环境管制影响下的佛山陶瓷产业区位变动机制. 地理学报, 67(4): 467-478
沈静, 向澄, 柳意云. 2012. 广东省污染密集型产业转移机制: 基于 2000~2009 年面板数据模型的实证. 地理研究, 31(2): 357-368
沈能, 刘凤朝. 2012. 高强度的环境规制真能促进技术创新吗?——基于 “波特假说” 的再检验. 中国软科学, (4): 49-59
史进, 贺灿飞. 2014. 企业空间动态研究进展. 地理科学进展, 33(10): 1342-1353
苏梽芳, 胡日东, 林三强. 2009. 环境质量与经济增长库兹尼茨关系空间计量分析. 地理研究, 2: 303-310
孙中伟. 2015. 产业转移与污染灾难——基于“依附性”省际关系的分析. 北京行政学院学报, 1: 23-28
覃子建. 2000. 我国城市环境问题及其对策. 中国人口·资源与环境, (S2): 55-56
唐德才. 2009. 工业化进程, 产业结构与环境污染——基于制造业行业和区域的面板数据模型. 软科学, 23(10): 6-11
田东文, 焦旸. 2006. 污染密集型产业对华转移的区位决定因素分析. 国际贸易问题, 08: 120-124
童伟伟, 张建民. 2012. 环境规制能促进技术创新吗——基于中国制造业企业数据的再检验. 财经科学, 11: 66-74
王炳成. 2011. 企业生命周期研究述评. 技术经济与管理研究, 4: 52-55
王国印, 王动. 2011. 波特假说, 环境规制与企业技术创新——对中东部地区的比较分析. 中国软科学, (1): 100-112
王缉慈. 1994. 现代工业地理学. 北京: 中国科学技术出版社
王缉慈. 2001. 创新的空间: 企业集群与区域发展. 北京: 北京大学出版社
王缉慈. 2010. 超越集群: 中国产业集群的理论探索. 北京: 科学出版社
王家庭, 曹清峰, 田时嫣. 2012. 产业集聚、政府作用与工业地价: 基于 35 个大中城市的经验研究. 中国土地科学, 9: 12-20
王建明, 闫本宗, 陈红喜. 2007. 基于社会责任的企业环境信息披露博弈分析. 生态经济, (4): 56-59
王军. 2008. 理解污染避难所假说. 世界经济研究, 1: 59-65, 86
王立平, 管杰, 张纪东. 2010. 中国环境污染与经济增长: 基于空间动态面板数据模型的实证分析. 地理科学, 30(6): 818-825
王齐. 2005. 环境管制促进技术创新及产业升级的问题研究. 济南: 山东大学博士学位论文
王婷, 吕昭河. 2012. 人口增长、收入水平与城市环境. 中国人口、资源与环境, (4): 143-149

王文剑, 仉建涛, 覃成林. 2007. 财政分权、地方政府竞争与FDI的增长效应. 管理世界, 3: 13-22, 171
王先庆. 1998. 产业扩张. 广州: 广东经济出版社
王羊, 刘金龙, 冯喆等. 2012. 公共池塘资源可持续管理的理论框架. 自然资源学报, 27(10): 1797- 1807
王莹, 陈玉成, 李章平. 2012. 我国城市土壤重金属的污染格局分析. 环境化学, 06: 763-770
未良莉, 孙欣, 王立平. 2010. 产业转移与环境污染的空间动态面板分析. 经济问题探索, (10): 23-27
魏后凯, 白玫, 王业强, 等. 2010. 中国区域经济的微观透析: 企业迁移的视角. 北京: 经济管理出版社
魏玮, 毕超. 2011. 环境规制、区际产业转移与污染避难所效应——基于省级面板Poisson模型的实证分析. 山西财经大学学报, 08: 69-75
夏光. 1992. 环境污染与经济机制. 北京: 中国环境科学出版社
肖宏. 2008. 环境规制约束下污染密集型企业越界迁移及其治理. 上海: 复旦大学博士学位论文
熊鹰. 2007. 政府环境管制、公众参与对企业污染行为的影响分析. 南京农业大学博士论文
徐海英. 2010. 当代西方人文地理学全球化概念与研究进展. 人文地理, 5: 16-21
徐康宁, 韩剑. 2006. 中国钢铁产业的集中度, 布局与结构优化研究——兼评2005年钢铁产业发展政策. 中国工业经济, (2): 37-44
徐康宁, 王剑. 2006. 自然资源丰裕程度与经济发展水平关系的研究. 经济研究, 01: 78-89
闫逢柱, 苏李, 乔娟. 2011. 产业集聚发展与环境污染关系的考察——来自中国制造业的证据. 科学学研究, 29(1): 79-83
严冀, 陆铭. 2003. 分权与区域经济发展: 面向一个最优分权程度的理论. 世界经济文汇, 3: 55-66
阎云翔. 1994. 一个礼物的流动. 上海: 上海人民出版社
杨菊萍. 2010. 集群企业的迁移: 影响因素、方式选择与绩效表现. 杭州: 浙江大学博士学位论文
杨汝岱, 朱诗娥. 2013. 企业、地理与出口产品价格——中国的典型事实. 经济学(季刊), 4: 1347-1368
杨吾扬. 1989. 环境、规划与地理学. 地理环境研究, (1): 18-25
姚圣. 2012. 政治缓冲与环境规制效应. 财经论丛, (1): 84-90
姚永玲, 赵宵伟. 2012. 城市服务业动态外部性及其空间效应. 财贸经济, (1): 101-107
尹向飞. 2011. 技术效应、资本深化、规模效应和收入效应对环境影响的研究——基于1985~2008年第二产业数据的实证分析. 中国科技论坛, 5: 108-113
袁丰, 宋正娜. 2012. 改革开放以来太湖流域工业企业布局演变. 湖泊科学, 24(1): 27-33
曾伟军. 2012. 空间环境经济学与环境经济地理学之比较及其启示. 环境经济研究进展, 5: 55
曾文慧. 2008. 流域越界污染规制: 对中国跨省水污染的实证研究. 经济学(季刊), 7(20): 447-464
曾贤刚. 2010. 环境规制、外商直接投资与"污染避难所"假说——基于中国30个省份面板数据的实证研究. 经济理论与经济管理, 2010(11): 65-71
张成, 陆旸, 郭路, 等. 2011. 环境规制强度和生产技术进步. 经济研究, (2): 113-124
张华, 贺灿飞. 2007. 区位通达性与在京外资企业的区位选择. 地理研究, 26(5): 984-994.
张可, 豆建民. 2013. 集聚对环境污染的作用机制研究. 中国人口科学, 5: 105-116+128
张可, 汪东芳. 2014. 经济集聚与环境污染的交互影响及空间溢出. 中国工业经济, 6: 70-82
张可云, 傅帅雄, 张文彬. 2009. 产业结构差异下各省份环境规治强度量化研究. 江淮论坛, 6: 0-15
张鹏, 陈卫民, 李雅楠. 2013. 外商直接投资、市场化与环境污染——基于1998~2009年我国省际面板数据的经验研究. 国际贸易问题, 6: 88-97
张少华, 陈浪南. 2009. 经济全球化对我国环境污染影响的实证研究. 国际贸易问题, (11): 68-73
张少华, 陈浪南. 2009. 外包对于我国环境污染影响的实证研究: 基于行业面板数据. 当代经济科学, 1: 26-32, 125
张五常. 2009. 中国的经济制度. 北京: 中信出版社

张燕. 2009. 环境管制视角下污染产业转移的实证分析——以江苏省为例. 当代财经, 01: 88-91

张铁男, 李倩倩, 罗运阔, 等. 2010. 珠三角区域空气质量指数(RAQI)的研究. 环境科学与技术, 03: 9-13, 22

张赞. 2006. 中国工业化发展水平与环境质量的关系. 财经科学, (2): 47-54

赵楚年, 郭廷彬, 吕克解, 等. 1997. 自然地理与人文地理的交叉是现代地理学发展的趋势. 地球科学进展, (1): 80-82

赵红. 2011. 环境规制对中国产业绩效影响的实证研究. 北京: 经济科学出版社

赵细康. 2003. 环境保护与产业国际竞争力: 理论与实证分析. 北京: 中国社会科学出版社

赵霄伟. 2014. 环境规制, 环境规制竞争与地区工业经济增长——基于空间 Durbin 面板模型的实证研究. 国际贸易问题, (7): 82-92

中国国家统计局. 2013. 全国环境统计公报. http: //zls. mep. gov. cn/hjtj/qghjtjgb/201510/ t20151029_315798. htm. 2015-12-1

中国国家统计局. 2014. 全国环境统计公报. http: //zls. mep. gov. cn/hjtj/qghjtjgb/201510/ t20151029_315798. htm. 2015-12-1

中华人民共和国国家统计局. 2003. 中国统计年鉴. 北京: 中国统计出版社

中华人民共和国国家统计局. 2011. 中国统计年鉴. 北京: 中国统计出版社

中华人民共和国环境保护部. 2014a. 淡水环. http: //jcs. mep. gov. cn/hjzl/zkgb/2014zkgb/201506/ t20150605_303011. htm. 2015-12

中华人民共和国环境保护部. 2014b. 中国环境质量统计公报. http: //www. zhb. gov. cn/gkml/hbb/qt/ 201506/t20150604_302942. htm. 2015-12-1

周黎安. 2008. 中国地方政府公共服务的差异: 一个理论假说及其证据. 新余高专学报, 4: 5-6

周黎安, 赵鹰妍, 李力雄. 2013. 资源错配与政治周期. 金融研究, 3: 15-29

周沂, 贺灿飞, 刘颖. 2015. 中国污染密集型产业地理分布研究. 自然资源学报, 30(7): 1183-119

周沂, 贺灿飞, 王锐, 等. 2014. 环境外部性与污染型企业城市内空间分布特征——基于深圳污染型企业的实证分析. 地理研究, 33(5): 817-830

朱华晟, 王缉慈. 2002. 论产业群内地方联系的影响因素——以东莞电子信息产业群为例. 经济地理, 4: 385-389, 393

朱岳林. 2006. 中国环境管理体系剖析和创新的思路. 环境科学与管理, 7: 7-9+11

宗良刚. 2005. 环境管理学. 北京: 中国农业出版社

Aaron V D, Martin R V, Brauer M, et al. 2015. Use of satellite observations for long-term exposure assessment of global concentrations of fine particulate matter. Environmental Health Perspectives, 123(2): 135-143

Adelheid Holl. 2004. Manufacturing location and impacts of road transport infrastructure: empirical evidence from Spain. Regional Science and Urban Economics, 34: 341-363

Affolderbach J. 2011. Environmental bargains: Power struggles and decision making over British Columbia's and Tasmania's old-growth forests. Economic Geographys, 87(2): 181-206

Affolderbach J, Galt R, Jepson W. 2007. Economy and Environment: Environmental Perspectives in Economic Geography. Paper and Panel Sessions at the Annual Meeting of the Association of American Geographers, San Francisco, April: 14-17

Ahmad J, Kwan A C C. 1991. Causality between exports and economic growth: Empirical evidence from Africa. Economics Letters, 37(3): 243-248

Ahuja G. 2000. Collaboration networks, structural holes, and innovation: A longitudinal study. Administrative science quarterly, 45(3): 425-455

Aitken B J, Harrison A E. 1999. Do Domestic Firms Benefit from Direct Foreign Investment? Evidence from Venezuela. American Economic Review, 89(3): 605-618

Aldy J E. 2010. Post-Kyoto international climate policy: research from the Harvard Project on International Climate Agreements. Cambridge : Cambridge University Press

Altenburg T, Meyer-Stamer J. 1999. How to promote clusters: policy experiences from Latin America. World Development, 27(9): 1693-1713

Amacher G S, Malik A S. 1996. Bargaining in environmental regulation and the ideal regulator. Journal of Environmental Economics and Management, 30(2): 233-253

Ambec S, Cohen M A, Elgie S. 2013. The Porter hypothesis at 20: Can environmental regulation enhance innovation and competitiveness. Ssrn Electronic Journal, 116(3): 583-587

Ambec S, Cohen M A, Elgie S, et al. 2013. The Porter hypothesis at 20: Can environmental regulation enhance innovation and competitiveness. Review of Environmental Economics and Policy, 7(1): 2-22

Amin A, Thrift N. 1994. Globalization, institutional thickness and local prospects. Revue Deconomie Regionale Et Urbaine, 3(3): 405-427

Amirkhalkhali S, Dar A A. 1995. A varying-coefficients model of export expansion, factor accumulation and economic growth: Evidence from cross-country, time series data. Economic Modelling, 12(4): 435-441

An S. 2004. On Economic Development in the Borders of Administrative Regions. Beijing: China Economic Publishing Press

Anderson T L, Leal D R. 2001. Water Market: Priming the invisible pump. Washington D C, Cato institute

Angel D. 2000. Environmental innovation and regulation. In: ClarkG, FeldmanM, GertlerM. The Oxford Handbook of Geogra- phy. Oxford : Oxford University Press, 607-622

Antle J M, Heidebrink G. 1995. Environment and development: Theory and international evidence. Economic Development and Cultural Change, 43: 603-625

Antweiler W, Copeland B R, Taylor M S. 2001. Is free trade good for the environ- ment. American Economic Review, 91(4): 877-908

Aoyama Y, Berndt C, Glückler J, et al. 2011. Emerging themes in economic geography: Outcomes of the economic geography 2010 workshop. Economic Geography, 87(2): 111-126

Asia News. 2005. Pearl River Pollution a Serious Concern. http: //www. asianews. it/news-en/Pearl-River-pollution-a-serious-concern-3264. html. 2011-9-5

Atkinson S, Tietenberg T. 1991. Market failure in incentive-based regulation: The case of emissions trading. Journal of Environmental Economics and management, 21(1): 17-31

Audretsch D B, Houweling P, Thurik A R. 2000. Firm survival in the Netherland s. Review of Industrial Organization, 16(1): 1-11

Audretsch D B, Santarelli E, Vivarelli M. 1999. Start-up size and industrial dynamics: Some evidence from Italian manufacturing. International Journal of Industrial Organization, 17(7): 965-983

Awokuse T O. 2005. Exports, economic growth and causality in Korea. Applied Economics Letters, 12(11): 693-696

Ayres R U, Ayres L. 2002. A Handbook of Industrial Ecology. A Handbook of Industrial Ecology

Bai C, Du Y, Tai Z, et al. 2004. Local protectionism and regional specialization: Evidence from China's industries. Journal of International Economics, 63(2): 397-417

Bakker J, Baum M J. 2000. Neuroendocrine regulation of GnRH release in induced ovulators. Frontiers in neuroendocrinology, 21(3): 220-262

Banister D, Berechman J. 2000. Transport Investment and Economic Development. London: UCL Press

Barak R. 2009. Governance in China and its impact on water pollution abatement efforts. The Challenges of Implementing Performance Appraisal: A Case Study of A Multinational Corporation Subsidiary in China, 121

Barbera A J, McConnell V D. 1986. Effects of pollution control on industry productivity: A factor demand approach. The Journal of Industrial Economics, 1986: 161-172

Barbera A J, McConnell V D. 1990. The impact of environmental regulations on industry productivity: Direct and indirect effects. Journal of environmental economics and management, 18(1): 50-65

Barbieri E, Di Tommaso M R, Bonnini S. 2012. Industrial development policies and performances in Southern China: Beyond the specialised industrial cluster program. China Economic Review, 23(3): 613-625

Barles S. 2010. Society, energy and materials: the contribution of urban metabolism studies to sustainable urban development issues. Journal of Environmental and Planning Management , 53(4): 439-455

Barona E, Ramankutty N, Hyman G, et al. 2010. The role of pasture and soybean in deforestation of the Brazilian Amazon. Environmental Research Letters, 5(2): 024002

Barrett S. 1994. Self-enforcing international environmental agreements. Oxford Economic Papers, 46(Supplement Oct): 878-894

Barrett S. 1994. Strategic environmental policy and intrenational trade. Journal of Public Economics, 54(3): 325-338

Bartik T J. 1985. Business location decision in the United States: Estimates of the effects of unionization, taxes and other characteristics of states. Journal of Business and Location Statistics, 3(1): 14-22

Bartik T J. 1988. The effects of environmental regulation on business location in the United States. Growth and Change, 19(3): 22-44, 129-151

Bartik T J. 1989. Small business start-ups in the United States: Estimates of the effects of characteristics of states. Southern Economic Journal, 55(4): 1004-1018

Becker R, Henderson V. 2000. Effects of air quality regulations on polluting industries. Journal of political Economy, 108(2): 379-421

Berman E, Bui L T M. 2001. Environmental regulation and productivity: Evidence from oil refineries. Review of Economics and Statistics, 83(3): 498-510

Bernard A B, Jensen J B. 2004. Exporting and productivity in the USA. Oxford Review of Economic Policy, 20(3): 343-357

Biorn E, Golombek R, Raknerud A. 1998. Environmental regulations and plant exit. Environmental & Resource Economics, 11(1): 35-59

Boschma R A, Frenken K. 2011. The emerging empirics of evolutionary economic geography. Journal of Economic Geography, 11(2): 295-307

Brainard J. 1999. Integrating geographical information systems into travel cost analysis and benefit transfer. International Journal of Geographical Information Science, 13(3): 227-246

Brakman S, Garretsen H, Van Marrewijk C. 2001. An introduction to geographical economics: Trade, location and growth. London: Cambridge university press

Brander J A, Spencer B J. 1985. Export subsidies and international market share rivalry. Journal of International Economics, 18(1-2): 83-100

Brandt L, Van Biesebroeck J, Zhang Y. 2012. Creative accounting or creative destruction? Firm-level productivity growth in Chinese manufacturing. Journal of Development Economics, 97(2): 339-351

Braun B. 1998. A politics of possibility without the possibility of politics. Thoughts on Harvey's Trouble with Difference, 88(4): 712-719

Braun B. 2002. The intemperate rainforest: nature, culture, and power on Canada's west coast. Environmental Ethics, 2002(4): 158-159 of Minnesota Press

Braun B. 2003. Introduction: tracking the power geometries of international critical geography. London: Environment and planning d-society &space

Brereton F, Clinch J P, Ferreira S. 2008. Happiness, geography and the environment. Ecological Economics, 65(2): 386-396

Bridge G. 1998. Excavating nature: environmental narratives and discursive regulation in the mining industry. In: Herod A O, Tuathail G, Roberts S. An Unruly World? Globalisation, Governance and Geography. London: Routledge, 219-243

Bridge G. 2000. The social regulation of resource access and environmental impact: production, nature and contradiction in the US copper industry. Geoforum, 31(2): 237-256

Bridge G. 2008. Environmental economic geography: a sympathetic critique. Geoforum, 39(1): 76-81

Bridge G. 2008. Global production networks and the extractive sector: governing resource-based development. Journal of Economic Geography, 8(3): 389-419

Bridge G, McManus P. 2000. Sticks and stones: environmental narratives and discursive regulation in the forestry and mining sectors. Antipode, 32(1): 10-47

Brixy U, Grotz R. 2007. Regional patterns and determinants of birth and survival of new firms in Western Germany. Entrepreneurship & Regional Development, 19(19): 293-312

Brouwer A E, Mariotti I, Van Ommeren J N. 2004. The firm relocation decision: An empirical investigation. The Annals of Regional Science, 38(2): 335-347

Brown G G, Reed P, Harris C C. 2002. Testing a place-based theory for environmental evaluation: an Alaska case study. Applied geography, 22(1): 49-76

Brunnermeier S B, Cohen M A. 2003. Determinants of environmental innovation in US manufacturing industries. Journal of environmental economics and management, 45(2): 278-293

Brunnermeier S B, Levinson A. 2004. Examining the evidence on environmental regulations and industry location. The Journal of Environment & Development, 13(1): 6-41

Bruyn S M, Heintz R J. 1998. The Environmental Kuznets Curve hypothesis Handbook of Environmental Economics. Oxford: Blackwell Publishing Co, 656-677

Cao J, Garbaccio R, Ho M. 2009. China's 11th five-year plan and the Rnvironment: Reducing SO_2 emissions. Review of Environmental Economics and Policy, 3(2): 231-250

Cao K, Ye X. 2013. Coarse-grained parallel genetic algorithm applied to a vector based land use allocation optimization problem: The case study of Tongzhou Newtown, Beijing, China. Stochastic Environmental Research and Risk Assessment, 27(5): 1133-1142

Castree N, Braun B. 1998. The construction of nature and the nature of construction, in Remaking Reality, Routledge

Catin M, Luo X, Van Huffel C. 2005. Openness. Industrialization and Geographic concentration of economic activities in China, World Bank Policy Research Paper, 3706

Caves R E. 1998. Industrial organization and new findings on the turnover and mobility of firms. Journal of economic literature, 36(4): 1947-1982

Cefis E, Marsili O. 2005. A matter of life and death: innovation and firm survival. Industrial and Corporate change, 14(6): 1167-1192

Cefis E, Marsili O. 2006. Survivor: The role of innovation in firms' survival. Research Policy, 35(5): 626-641

Chan C K, Yao X. 2008. Air pollution in mega cities in China. Atmospheric Environment, 42(1): 1-42

Chan H S, Cheung K C, J M K. 1993. "The Socio-political Limits of Environmental Control in the People's Republic of China: A Case Study in Guangzhou in Public Administration, " in S Nagel and M Mills, eds. Public Policy and the People's Republic of China. New York, NY: Macmillan, 63-82

Chen K, Bao S, Mai Y, et al. 2014. Agglomeration and location choice of foreign financial institutions in China. GeoJournal, 79(2): 255-266

Chen Kt S. 1994. Strategic environmental policy and intrenational trade. Journal of public China: Beyond the Spe, 79(2): 255-266

Chenery H B. 1961. Comparative advantage and development policy. The American economic review, 51(1): 18-51

Chichilnisky G. 1994. North-south trade and the global environment. The American Economic Review, 84(4): 851-874

Christainsen G B, Haveman R H. 1981. Public regulations and the slowdown in productivity growth. The American Economic Review, 71(2): 320-325

Christmann P, Taylor G. 2001. Globalization and the environment: Determinants of firm self-regulation in China. Journal of International Business Studies, 32(3): 439-458

Coase R H. 1960. Problem of social cost. the Journal of Law & economics, 3(4): 81-112

Cohen A J, Anderson H R, Ostro B, et al. 2005. The global burden of disease due to outdoor air pollution. Journal of toxicology and environmental health Part A, (68): 1-7

Cole M A. 2003. Development, trade and the environment: How robust is the environmen- tal Kuznets curve. Environment and Development Economics, 8: 557-580

Cole M A. 2004. Trade, the pollution haven hypothesis and the environmental Kuznets curve: Examining the linkages. Ecological economics, 48(1): 71-81

Cole M A, Elliott R J R. 2003. Determining the trade-environment composition effect: The role of capital, labor and environmental regulations. Journal of Environmental Economics and Management, 46(3): 363-383

Cole M A, Elliott R J. 2005. FDI and the capital intensity of "dirty" sectors: a missing piece of the pollution haven puzzle. Review of Development Economics, 9(4): 530-548

Cole M A, Rayner A J, Bates J M. 1997. The environmental Kuznets curve: An empirical analysis. Environment and Development Economics, 2(4): 401-416

Collins J M. 1998. Military Geography for Professionals and the Public. Journal of Military History, 63(2)

Copeland B , Taylor S. 2003. Trade, Growth and the Environment. Social Science Electronic Publishing, 42(1): 7-71

Copeland B R, Taylor M S. 1994. North-South trade and the environment. The quarterly journal of Economics, 109(3): 755-787

Copeland B R, Taylor M S. 1995. Trade and transboundary pollution. American Economic Review, (85): 716-737

Copp D H, DavidsonA G F, Cheney B A. 1961. Evidence for a new parathyroid hormone which lowers blood calcium. Endocrinology, 70(70): 638-649

Costantini V, Massimiliano M, Montini A. 2011. Environmental performance, innovation and regional spillovers. In DIME Final Conference, 6

Cox K R, Mair A. 1988. Locality and community in the politics of local economic development. Annals of the Association of American Geographers, 78(2): 307-325

Cumberland J H. 1979. Interregional Pollution Spillovers and Consistency of Environmental Policy. New York: NYU Press

Daily G C. 1997. Nature's services: Societal dependence on natural ecosystems. Natures Services Societal Dependence on Natural Ecosystems, 1(00): 220-221

Dalton R J, Rohrschneider R. 2002. Political action and the political context: a multi-level model of environmental activism. VS Verlag für Sozialwissenschaften

Damodaran A. 2002. Conflict of trade-facilitating environmental regulations with biodiversity concerns: The case of coffee-farming units in India. World Developmentc, 30(7): 1123-1135

d'Arge R C, Kneese A V. 1972. Environmental quality and international trade. International Organization, 26(02): 419-465

Dasgupta S, Huq M, Wheeler D. 1997. Bending the rules: Discretionary pollution control in China. World Bank, Policy Research Department, Environment, Infrastructure, and Agriculture Division

Dasgupta S, Huq M, Wheeler D. 2001. Water pollution abatement by Chinese industry: Cost estimates and policy implications. Applied Economics, 33(4): 547-557

Dasgupta S, Laplante B, Mamingi N, et al. 2001. Inspections, pollution prices, and environmental performance: Evidence from China. Ecological Economics, 36(3): 487-498

Dasgupta S, Laplante B, Wang H. 2002. Confronting the environmental Kuznets curve. Journal of economic perspectives, 16(1): 147-168

Dasgupta S, Wheeler D. 1996. Citizens Complaints as Environmental Indicators: Evidence from China. Washington, DC: World Bank, Policy Research Working Paper Series 1704

Davis M A, Fisher J D M, Whited T M. 2014. Macroeconomic implications of agglomeration. Econometrica, 82(2): 731-764

Day K A. 2005. Environmental enforcement in China. China's environment and the challenge of sustainable development. New York, M. E. Sharpe: 102-120

De Bruyn S M. 2000. The environmental Kuznets curve hypothesis In: Economic Growth and the Environment. Netherlands: Springer, 77-98

De Vries F P, Withagen C. 2005. Innovation and environmental stringency: the case of sulfur dioxide abatement. Discus- sion Paper of the University of Tilburg, 18

Deacon R T, Kolstad C D, Kneese A V. 1998. Research trends and opportunities in environmental and natural resource economics. Environmental and resource Economics, 11(3-4): 383-397

Dean J M, Lovely M E, Wang H. 2009. Are foreign investors attracted to weak environmental regulations. Evaluating the evidence from China. Journal of Development Economics, 90(1): 1-13

Devereux M 2007 . Macroeconomic implications of agglomeration. Econometrica, with biodiversity concerns: The case of coffee-farming units in In91(3): 413-435

Dicken P. 1976. The multiplant business enterprise and geographical space: Some issues in the study of external control and regional development. Regional Studies, 10(4): 401-412

Dicken P. 1992. Global shift: the internationalisation of economic activity. London: Paul Chapman

Dicken P. 1994. The roepke lecture in economic geography global-local tensions: Firms and states in the global space-economy. Economic Geography, 70(2): 101-128

Dickson B, Mathew P, Mickleburgh S. 2005. An Assessment of the Conservation Status, Management and Regulation of the Trade in Pericopsis Elata. Cambridge, UK: Fauna & Flora International

Dinda S. 2004. Environmental Kuznets curve hypothesis: a survey. Ecological economics, 49(4): 431-455

Dion C, Lanoie P, Laplante B. 1998. Monitoring of pollution regulation: Do local conditions matter. Journal of Regulatory Economics, 13(1): 5-18

Doms M, Dunne T, Roberts M J. 1995. The role of technology use in the survival and growth of manufacturing plants. International journal of industrial organization, 13(4): 523-542

Dong B, Gong J, Zhao X. 2012. FDI and environmental regulation: Pollution haven or a race to the top. Journal of Regulatory economics, 41(2): 216-237

Dong Y L, Ishikawa M, Liu X B. 2011. The determinants of citizen complaints on environmental pollution: An empirical study from China. Journal of Cleaner Production, 19(I12): 1306-1314

Dowell G, Hart S, Yeung B. 2000. Do corporate global environmental standards create or destroy market value. Management Sciencec, 46(8): 1059-1074

Du J. 2008. Ceceporate global environ: Agglomeration vs institutions. International Journal of Finance & Economics, 13(1): 92-107

Duan J, Tan J, Wang S. 2012. Size distributions and sources of elements in particulate matter at curbside, urban and rural sites in Beijing. Journal of Environmental Sciences, 24(1): 87-94

Duc T A , Vachaud G, Bonnet M P, et al. 2007. Experimental investigation and modelling approach of the impact of urban wastewater on a tropical river—A case study of the Nhue River, Hanoi, Viet Nam. Journal of Hydrology, 334(3): 347-358

Duffy-DenoKT. 1992. Pollution abatement expenditures and regional manufacturing activity. Journal of Regional Science, 32(4): 419-436

Duranton G, Puga D. 2000. Diversity and specialisation in cities: Why, where and when does it matter. Urban Studiese, 37(3): 533-555

Earnhart D, Lizal L. 2002. Effects of ownership and financial status on corporate environmental performance. Cepr Discussion papers, 34(1): 111-129

Earnhart D, Lizal L. 2007. Direct and indirect effects of ownership on firm-level environmental performance. Eastern European Economics, 45(4): 66-87

Economy E. 2005. Environmental enforcement in China. China's environment and the challenge of sustainable development, 102-120

Economy E. 2010. The River Runs Black: The Environmental Challenge to China's Future. Ithaca, NY: Cornell University Press

Ederington J, Levinson A, Minier J. 2004. Trade liberalization and pollution havens. Advances in Economic Analysis & Policy, 3(2): 1330

Eiser J R, Reicher S D, Podpadec T J. 1996. Attitudes to privatization of UK public utilities: Anticipating industrial practice and environmental effects. Journal of Consumer Policy, 19(2): 193-208

Ekins P. 1986. The Living Economy: A New Economics in the Making. London: Routledge

Elbers C, Withagen C. 2004. Environmental policy, population dynamics and agglomeration. Contributions in Economic Analysis & Policy, 3(2): 3

Ellison G, Glaeser E L. 1994. Geographic concentration in US manufacturing industries: A dartboard approach. National Bureau of economic research. No. 4840

Ellison G, Glaeser E L. 1997. Geographic concentration in U. S. manufacturing industries: A dartboard approach. Journal of Political Economy, 105(5): 889-927

EM-DAT . 2011. EM-DAT: The OFDA/CRED International Disaster Database. Université Catholique de Louvain. Brussels. www. emdat. be. 2015-12-1

Erb K H, Krausmann F, Lucht W. 2009. Embodied HANPP: Mapping the spatial disconnect between global biomass production and consumption. Ecological Economics, 69: 328-334

Eskeland G S, Harrison A E. 2003. Moving to greener pastures. Multinationals and the pollution haven hypothesis. Journal of development economics, 70(1): 1-23

Esty D C. 1996. Revitalizing environmental federalism. Michigan Law Review, 95(3): 570-653

Esty D C, Geradin D. 1997. Market access, competitiveness, and harmonization: Environmental protection in regional trade agreements. Harvard Environmental Law Review, 21: 265-336

Falkenmark M, Rockström J. 2004. Balancing water for humans and nature: The new approach in ecohydrology. London: Earthscan

Fan C C, Scott A J. 2003. Industrial agglomeration and development: A survey of spatial economic issues in East Asia and a statistical analysis of Chinese regions. Economic geography, 79(3): 295-319

Fan J. 2006. Industrial agglomeration and difference of regional labor productivity: Chinese evidence with international comparison. Economic Research Journal, 11: 72-81

Fang M, Chan C, Yao X H. 2009. Managing air quality in a rapidly developing nation: China. Atmospheric Environment, 43(1): 79-86

FAO. 2011. State of the World's Forests. Food and Agriculture Organization of the United Nations, Rome

FAO . 2012. FAO Statistics. Food and Agriculture Organization of the United Nations, Rome

Ferreira P C, Facchini G. 2005. Trade liberalization and industrial concentration: Evidence from Brazil. The Quarterly Review of Economics and Finance, 45(2): 432-446

Florida R. 1996. The environment and the new industrial revolution. California Management Review, 38(Autumn): 80-115

Foley J A, Ramankutty N, Brauman K A, et al. 2011. Solutions for a cultivated planet. Nature , 478: 337-342

Forslid R, Ottaviano G I. 2003. An analytically solvable core - periphery model. Journal of Economic Geography, 3(3): 229-240

Foster S, Garduno H, Kemper K, et al. 2006. Groundwater quality protection: de ning strategy and setting priorities. Briefing Note Series 8. World Bank. Washington. DC

Frank A A M, De Leeuw, Moussiopoulos N, et al. 2001. Urban air quality in larger conurbations in the European Union. Environmental Modelling & Software, 16(4): 399-414

Fredriksson P G, List J A, Millimet D L. 2003. Bureaucratic corruption. Environmental policy and inbound US FDI: Theory and evidence. Journal of Public Economics, 87: 1407-1430

Fridman Y A, Rechko G N, Pimonov A G. 2012. Competitive advantages and innovation in regional economies. Regional Research of Russia, 2(3): 206-213

Friedman T. 2005. The world is flat: A brief history of the globalized world in the 21st century. London: Allen Lane

Fujita M, Krugman P, Mori T. 1999. On the evolution of hierarchical urban systems. European Economic Review, 43(2): 209-251

Gandy M. 1997. The making of a regulatory crisis: restructuring New York City's water supply. Transactions of the Institute of British Geographers, 22(3): 338-358

Gao H, Chen J, Wang B. 2011. A study of air pollution of city clusters. Atmospheric Environment, 45(18): 069-3077

Geroski P A. 1995. What do we know about entry. International Journal of Industrial Organization, 13(4): 421-440

Gibbon P, Bair J, Ponte S. 2008. Governing global value chains: an introduction. Economy and Society, 37(3): 315-338

Gibbs D. 1996. Integrating sustainable development and economic restructuring: a role for regulation theory. Geoforum, 27(1): 1-10

Gibbs D. 2000. Ecological modernisation, regional economic development and regional development agencies. Geoforum, 31(1): 9-19

Gibbs D. 2006. Prospects for an environmental economic geography: Linking ecological modernization and regulationist approaches. Economic Geography, 82(2): 193-215

Gibbs D, Healy M. 1997. Industrial geography and the environment. Applied Geography, 17(3): 93-2001

Gibbs D, Jonas A, While A. 2002. Changing governance structures and the environment: economy-environment relations at the local and regional scales. Journal of Environmental Policy & Planning, 4(2): 123-138

Gollop F M, Roberts M J. 1983. Environmental regulations and productivity growth: The case of fossil-fueled electric power generation. The Journal of Political Economy, 91(4): 654-674

Gray W B. 1987. The cost of regulation: OSHA, EPA and the productivity slowdown. The American Economic Review, 77(77): 998-1006

Gray W B, Deily M E. 1996. Compliance and enforcement: Air pollution regulation in the u. s. steel industry . Journal of Environmental Economics & Management, 31(1): 96-111

Gray W B, Shadbegian R J. 2004. 'Optimal'pollution abatement——whose benefits matter, and how much. Journal of Environmental Economics and Management, 47(3): 510-534

Gray W B, Shadbegian R J. 2005. When and why do plants comply? paper mills in the 1980s. Law & Policy, 27(2): 238-261

Gray W B, Shadbegian R J. 2007. The environmental performance of polluting plants: A spatial analysis. Journal of Regional Science, 47(1): 63-84

Gray W B, Shadbegian R J, Wang C, et al. 2014. Corrigendum to: Do epa regulations affect labor demand? evidence from the pulp and paper industry. Journal of Environmental Economics & Management, 69: 62

Greenstone M. 2001. The impacts of environmental regulations on industrial activity: Evidence from the 1970 & 1977 clean air act amendments and the census of manufactures(No. w8484). National bureau of economic research

Greenstone M. 2002. The impacts of environmental regulation on industrial activity: Evidence from the 1970 and 1977 clean air act amendments and the census of manufactures. Journal of Political Economy, 110(6): 1175-1219

Greenwald B, Stiglitz J E. 2006. Helping infant economies grow: Foundations of trade policies for developing countries. American Economic Review, 96(2): 141-146

Grether J M, Melo J D. 2003. Globalization and dirty industries: Do pollution havens matters. CEPR Discussion Paper, No. 3932

Grossman G M, Krueger A B. 1991. Environmental impacts of a North American free trade agreement. Social

Science Electronic Publishing, 8(2): 223-250

Grossman G M, Krueger A B. 1995. Economic growth and the environment. The Quarterly Journal of Economics, 110(2): 353-378

Grubel H G, Lloyd P J. 1975. Intra-industry trade: The theory and measurement of international trade in differentiated products. London: Macmillan

Hamamoto M. 2006. Environmental regulation and the productivity of Japanese manufacturing industries. Resource and Energy Economics, 28(4): 299-312

Han Z, Guo J, Yang D. 2011. The spatial relationship between coastal economic belt in liaoning province and it's hinterland and interaction strategy. Economic Geography, 5: 007

Hanink D M. 1995. The economic geography in environmental issues: A spatial- analytic approach. Progress in Human Geography, 19(3): 372-387

Hanink D M. 1995. The evaluation of wilderness in a spatial context. Growth and Change, 26: 425-441

Hanink D, Heidkamp P, Osleeb J. 2006. Call for Papers. In: Second International Conference on Environmental Economic Geography. University of Connecticut, Storrs

Hanna R. 2010. US environmental regulation and FDI: Evidence from a panel of US-based multinational firms. American Economic Journal: Applied Economics, 2: 158-189

Hanon B. 1994. Sense of place: geographic discounting by people, animals, and plants. Ecological Economics , 10: 157-174

Hansen L G. 1999. Environmental regulation through voluntary agreements. Springer Netherlands, MPRA paper No. 47537

Hanson S. 1999. Isms and schisms: healing the rift between the nature-society and space-society traditions in human geography. Annals of the Association of American Geography, 89(1): 133-143

Harbaugh B, Levinson A, Wilson D. 2002. Reexamining the empirical evidence for an environmental Kuznets curve. Review of Economics and Statistics, 84(3): 541-551

Hardin G. 1968. The tragedy of the commons. Science, 162(3859): 1243-1248

Harrison A. 1996. Openness and growth: A time-series, cross-country analysis for developing countries. Journal of Development Economics, 48(2): 419-447

Harrison B, Glasmeier A K. 1997. Response: Why business alone won't redevelop the inner city: A friendly critique of Michael Porter's approach to urban revitalization. Economic Development Quarterly, 11(1): 28-39

Hatemi-J A. 2002. Export performance and economic growth nexus in Japan: A bootstrap approach. Japan and the World Economy, 14(1): 25-33

Hatzipanayotou P. 2002. Openness and growth: A time-series, cross-country analysis for develop. Canadian Journal of Economics/Revue canadienne d'économique, 35(4): 805-818

Hatzipanayotou P, Lahiri S, Michael M S. 2002. Can cross-border pollution reduce pollution. Canadian Journal of Economics/Revue canadienne d'économique, 35(4): 805-818

Hayami Y. 1984. Assessment of the green revolution. Agricultural development in the third world, 389-396

Hayter R. 2008. Environmental economic geography. Geography compass, 2(3): 831-850

He C. 2006. Regional decentralisation and location of foreign direct investment in China. Post-communist economies, 18(1): 33-50

He C, Pan F. 2010. Economic transition, dynamic externalities and city-industry growth in china. Urban Studies, 47(1), 121-144

He C, Wang J. 2010. Geographical agglomeration and co-agglomeration of foreign and domestic enterprises: A case study of Chinese manufacturing industries. Post-Communist Economies, 22(3): 323-343

He C, Wang J. 2012. Regional and sectoral differences in the spatial restructuring of Chinese manufacturing industries during the post-WTO period. Geo Journal, 77(3): 361-381

He C, Zhu S. 2007. Economic transition and industrial restructuring in China: Structural convergence or divergence. Post-Communist Economies, 19(3): 317-342

He C, Pan F, Yan Y. 2012. Is economic transition harmful to China's urban environment. Evidence from industrial air pollution in Chinese cities. Urban Studies, 49(8): 1767-1790

He C, Wei Y D, Xie X. 2008. Globalization, institutional change, and industrial location: Economic transition and industrial concentration in China. Regional Studies, 42(7): 923-945

He C, Zhang T, Rui W. 2012. Air quality in urban China. Eurasian Geography and Economics, 53(6): 750-771

He G, Lu Y, Mol A P J. 2012. Changes and challenges: China's environmental management in transition. Environmental Development, 3: 25-38

He J. 2005. Estimating the economic cost of China's new desulfur policy during her gradual accession to WTO: The case of industrial SO_2 emission. China Economic Review, 16(4): 364-402

He J. 2006. Pollution haven hypothesis and environmental impacts of foreign direct investment: The case of industrial emission of sulfur dioxide(SO_2)in Chinese provinces. Ecological Economics, 60(1): 228-245

He J. 2009. China's industrial SO_2 emissions and its economic determinants: EKC's reduced vs. structural model and the role of international trade. Environment and Development Economics, 14(2): 227-262

He J. 2010. What is the role of openness for China's aggregate industrial SO_2 emission. A structural analysis based on the divisia decomposition method. Ecological Economics, 69(4): 868-886

Head K, Ries J, Swenson D. 1995. Agglomeration benefits and location choice: Evidence from Japanese manufacturing investments in the United States. Journal of international economics, 38(3): 223-247

Heidkam P, Hanink D M, Cromley R G. 2008. A land use model of the effects of eco-labeling in coffee markets. Annals of Regional Science, 42: 725-746

Heidkamp C P. 2008. A theoretical framework for a "spatially conscious" economic analysis of environmental issues. Geoforum, 39(1): 62-75

Helland E, Whitford A B. 2003. Pollution incidence and political jurisdiction: Evidence from the TRI. Journal of Environmental Economics and Management, 46(3): 403-424

Henriques I, Sadorsky P. 1996. Export-led growth or growth-driven exports——The Canadian case. Canadian Journal of Economics, 29(3): 540-555

Hering L, Poncet S. 2009. The impact of economic geography on wages: Disentangling the channels of influence. China Economic Review, 20(1): 1-14

Hildebrandt M, Schulz R, Hoppe M. 2005. Postoperative routine EEG correlates with long-term seizure outcome after epilepsy surgery. Seizure, 14(7): 446-451

Hiroyuki T, Harutaka M. 2010. Evidence on the interjurisdictional competition for polluted industries within China. Environment and Development Economics, 15(3): 363-378

Holl A. 2004. Manufacturing location and impacts of road transport infrastructure: Empirical evidence from Spain. Regional Science and Urban Economics , 34: 341-363

Holtz-Eakin D, Selden T M. 1995. Stoking the fires. CO_2 emissions and economic growth. Social Science Electronic Publishing, 57(1): 85-101

Hopenhayn H A. 1992. Entry, exit, and firm dynamics in long run equilibrium. Econometrica, 60(5):

1127-1150

Horbach J. 2008. Determinants of environmental innovation——new evidence from German panel data sources. Research policy, 37(1): 163-173

HTAP. 2010. Hemispheric Transport of Air Pollution. Part A: Ozone and Particulate Matter. Air Pollution Studies No. 17. In: Dentener F, Keating T, Akimoto H. Prepared by the Task Force on Hemispheric Transport of Air Pollution(HTAP)acting within the framework of the Convention on Long-range Transboundary Air Pollution(LRTAP)of the United Nations Economic Commission for Europe(UNECE). United Nations, New York and Geneva

Huang Z, Wei Y D, He C, et al. 2015. Urban land expansion under economic transition in China: A multi-level modeling analysis. Habitat International, 47: 69-82

Imperial M. 2005. Using Collaboration as a Governance Strategy: Lessons from Six Watershed Management Programs. Administration & Society, 37(3): 281-320

IPCC. 2001. Climate Change 2001: The Scientific Basis. In: Houghton J T, Ding Y, Griggs D J. Cambridge: Cambridge University Press

IPCC. 2007. Climate Change 2007: Synthesis Report. Contribution of Working Groups I, II and III to the Fourth Assessment Report of the Intergovernmental Panel on Climate Change. Geneva

IPCC. 2013. Climate change 2013: The Physical Science Basis. Contribution of working group I to the fifth assessment report of the intergovernmental panel on climate change. Cambridge: Cambridge University Press

J O'Connor . 1998. Natural Causes: Essays in Ecological Marxism. New York: Guilford Press

Jacobs M. 1991. The Green Economy. London: Pluto Press

Jacobs M. 1994. The limits to neoclassicism: towards an institutional environmental economics. Social theory and the global environment, New York: Rouledge

Jaffe A B, Newell R G, Stavins R N. 2005. A tale of two market failures: Technology and environmental policy. Ecological Economics, 54(2): 164-174

Jaffe A B, Peterson S R, Portney P R, et al. 1995. Environmental regulation and the competitiveness of US manufacturing: What does the evidence tell us. Journal of Economic literature, 33(1): 132-163

Jahiel A R. 1997. The contradictory impact of reform on environmental protection in China. The China Quarterly, 149: 81-103

Jahiel A R. 1998. The organization of environmental protection in China. The China Quarterly, 156: 757-787

Jenkins T, McLaren D. 1994. Working future. Jobs and the environment. Friends of the Earth, London

Jeppesen T, List J A, Folmer H. 2002. Environmental regulation and new plant location decisions: Evidence from a meta-analysis. Journal of regional science, 42(1): 19-49

Jie L, Larry D Q, Qunyan S. 2003. Interregional protection: Implications of fiscal decentralization and trade liberalization. China Economic Review, 14(3), 227-245

Johnes G. 2013. Trade in the greenhouse: Efficient policy in a global model. International Journal of Sustainable Economy, 5(1): 1-14

Jones S. 2013. Climate change policies of city governments in federal systems: An analysis of vancouverarterly in the Unew york city. Regional Studiesi, 47(6): 974-992

Jorgenson D W, Wilcoxen P J. 1990. Environmental regulation and US economic growth. The Rand Journal of Economics, 1990: 314-340

Junyi S. 2006. A simultaneous estimation of environmental Kuznets curve: Evidence from China. China

Economic Review, 17(4): 383-394

Kagan R A, Gunningham N, Thornton D. 2003. Explaining corporate environmental performance: How does regulation matter. Law & Society Review, 37(1): 51-90

Kahn M E. 1999. The silver lining of rust belt manufacturing decline. Journal of Urban Economics, 46(3): 360-376

Kahn R F. 1931. The relation of home investment to unemployment. The Economic Journal, 173-198

Karlson S H. 1985. Spatial competition with location-dependent costs. Journal of Regional Science, 25(2): 201-214

Ke S. 2010. Agglomeration productivity and spatial spill over across Chinese cities. The Annals of Regional Sciencei, 45(1): 157-179

Keller W, Levinson A. 2002. Environmental Regulations and FDI inflows to US States: The Potential for a "Race to the Bottom''of Environmental Stringency. Review of Economics and Statistics, 84(4): 691-703

Keynes J M. 1930. Treatiseon Money. London: Mac. millan

Khanna M, Anton W R Q. 2002. Corporate environmental management: Regulatory and market-based incentives. Land economics, 78(4): 539-558

Kim S. 1995. Expansion of markets and the geographic distribution of economic activities: The trends in US regional manufacturing structure, 1860-1987. The Quarterly Journal of Economics, 881-908

Kirzner I M. 1979. Perception, opportunity, and profit: Studies in the theory of entrepreneurship. Chicago, IL: University of Chicago Press

Kissinger M, Rees W E. 2010. Importing terrestrial biocapacity: The US case and global implications. Land Use Policy, 27(2): 589-599

Kleinen T, Petschel-Held G. 2007. Integrated assessment of changes in flooding probabilities due to climate change. Climatic Change, 81(3-4): 283-312

Konisky D M, Woods N D. 2010. Exporting air pollution. Regulatory enforcement and environmental free riding in the United States. Political Research Quarterly, 63(4): 771-782

Krueger A B, Meyer B D. 2002. Labor supply effects of social insurance. Handbook of Public Economics, 4: 2327-2392

Krueger A O, Tuncer B. 1982. Growth of factor productivity in Turkish manufacturing industries. Journal of Development Economics, 11(3): 307-325

Krugman P. 1990. Increasing returns and economic geography. Journal of Political Economy, 99(3): 483-499

Krugman P R. 1980. Scale economies, product differentiation, and the pattern of trade. The American Economic Review, 70(5): 950-959

Krugman P R. 1985. Is the strong dollar sustainable. (No. w1644). Working paper, 103-155 Research

Krugman P R. 1991. Geography and Trade. Massachusetts : MIT press

Krugman P, Bergsten C F, Dornbusch R. 1991. International Aspects of Financial Crises. The Risk of Economic Crisis. Chicago: University of Chicago Press, 85-134

Krumme G. 1969. Toward a geography of enterprise. Economic Geography, 45(1): 30-40

Kucera V, Tidblad J, Kreislova K, et al. 2007. UN/ ECE ICP materials dose-response functions for the multi-pollutant situation. Water, Air and Soil Pollution Focus , 7: 249-258

Kunce M, Shogren J F. 2005. On interjurisdictional competition and environmental federalism. Journal of Environmental Economics and Management, 50(1): 212-224.

Kunce M. 2002. Exporting air pollution. Regulatory enforcement and environmental free riding in the United States, 51(2): 238-245

Kuznets S. 1955. Economic growth and income inequality. The American Economic Review, 45(1): 1-28

La Fountain C. 2005. Where do firms locate? Testing competing models of agglomeration. Journal of Urban Economics, 58: 338-366

Lakshmanan T R, Ratick S. 1980. Integrated models for economic-energy-environmental impact analysis. Economic—Environmental—Energy Interactions. Springer Netherlands, 7-39

Lambert D M, McNamara K T, Garrett M I. 2006. An application of spatial poisson models to manufacturing investment location analysis. Journal of Agricultural and Applied Economics, 38(01): 105-121

Lambin E F, Meyfroidt P. 2011. Global land use change, economic globalization, and the looming land scarcity. Proceedings of the National Academy of Sciences, 108(9): 3465-3472

Lange A, Quaas M F. 2007. Economic geography and the effect of environmental pollution on agglomeration. The BE Journal of Economic Analysis & Policy, 7(1): 1724

Lanjouw J O, Mody A. 1996. Innovation and the international diffusion of environmentally responsive technology. Research Policy, 25(4): 549-571

Lanoie P, Laurent-Lucchetti J, Johnstone N. 2011. Environmental policy, innovation and performance: New insights on the Porter hypothesis. Journal of Economics & Management Strategy, 20(3): 803-842

Lawrence A T. 1995. Leading-edge environmental management: Motivation, opportunity, resources, and processes. Greenwich, CTResearch in Corporate Social Performance and Policy. Special Research Volume: Sustaining the Natural Environment: Empirical Studies on the Interface of Nature and Organizations. http: //works. bepress. com/anne_lawrence/53/. 2015-12-1

Le Heron R B, Hayter R. 2002. Industrialization, techno-economic paradigms and the environment. In Knowledge, Industry and Environment: Institutions and innovation in territorial perspective : 11-30

Lee K S. 1989. The Location of Jobs in a Developing Metropolis: Patterns of Growth in Bogota and Cali. Colombia. New York: Oxford University Prcss

Levinson A. 1996. Environmental regulations and manufacturer’s location choices: Evidence from the census of manufacturers. Journal of Public Economics, 61(1): 5-29

Levinson A. 2003. Environmental regulatory competition: A status report and some new evidence. National Tax Journal, 91-106

Levinson A. 2007. Technology, international trade, and pollution from US manufacturing. National Bureau of Economic Research. No. W13616

Levinson A. 2009. Technology, international trade, and pollution from US manufacturing. American Economic Review, 99(5): 2177-2192

Levinson A, Taylor M S. 2008. Unmasking the pollution haven effect. International economic review, 49(1): 223-254

Li C, Bi C. 2012. Analysis of industrial total factor productivity in western regions considering environmental regulation. Journal of Xi'an Jiaotong University (Social Sciences), (1): 18-22

Li H. 2003. Economic transition and returns to education in China. Economics of education review, 22(3): 317-328

Li X, Pan J. 2012. China green development index report 2011. Springer Science & Business Media

Li Y, Wu F. 2014. Reconstructing urban scale: New experiments with the “provincial administration of counties” reform in China. The China Reviewn, 14(1): 147-173

Lieberthal K. 1995. Governing China: From Revolution through Reform. New York: W. W. Norton and Co

Lieberthal K. 1997. China's governing system and its impact on environmental policy implementation. China Environmental Series, (1): 3-8

List J A. 2001. US county-level determinants of inbound FDI: Evidence from a two-step modified count data model. International Journal of Industrial Organization, 19(6): 953-973

List J A, McHone W W. 2000. Measuring the effects of air quality regulations on “dirty” firm births: Evidence from the neo-and mature-regulatory periods. Papers in Regional Science, 79(2): 177-190

List J A, McHone W W, Millimet D L. 2004. Effects of environmental regulation on foreign and domestic plant births: Is there a home field advantage. Journal of Urban Economics, 56(2): 303-326

Liu L C, Fan Y, Wu G. 2007. Using LMDI method to analyze the change of China's industrial CO 2 emissions from final fuel use: an empirical analysis. Energy Policy, 35(11): 5892-5900

Liu Y, Cao S, Luo W. 2010. The sustainable develoment of ICT in China. The rise and future development of the internet. In Global information Technology Report 2009- 2010: ICT for Sustainability. In: Dutta S, Mia. World Economic Forum, Geneva

Lo C W H. 1995. Environmental protection in Hong Kong amidst transition: Is Hong Kong ready to manage its environment by law?. Environmental Management, 19(3): 331-344

Lo C W H, Fryxell G. 2003. Enforcement styles among environmental protection officials in China. Journal of Public Policy, 23(1): 81-115

Lo C W H, Fryxell G E. 2005. Governmental and societal support for environmental enforcement in China: An empirical study in Guangzhou. Journal of Development Studies, 41(4): 558-588

Lo C W H, Leung S W. 2000. Environmental agency and public opinion in Guangzhou: The limits of a popular approach to environmental governance. The China Quarterly, 163: 677-704

Lo C W H, Tang S. 2006. Institutional Reform, Economic Changes, and Local Environmental Management in China: The Case of Guangdong Province. Environmental Politics, 15(2): 190-211

Lorentzen P, Landry P, Yasuda J. 2010. Transparent athoritarianism? An analysis of political and economic barriers to greater government transparency in China. APSA(American Political Science Association) Annual Meeting Working Paper

Low P, Yeates A. 1992. Do “dirty industries” migrate. In: Low P. International Trade and the Environment Washington DC The World Bank: 135-154

Lu J, Tao Z. 2009. Trends and determinants of China's industrial agglomeration. Journal of urban economics, 65(2): 167-180

Lucas R E, Wheeler D, Hettige H. 1993. Economic Development, Environmental Regulation, and the International Migration of Toxic Industrial Pollution, 1960-1988 (Vol. 1062). World Bank Publications.

Ludema R, Wooton I. 1997. International trade rules and environmental cooperation under asynunetric information. International Economic Review, (38): 605-625

Lyons D I. 2007. A spatial analysis of loop closing among recycling, remanufacturing, and waste treatment firms in Texas. Journal of Industrial Ecology, 11(1): 43-54

Ma T, Li B, Fang C. 2006. Analysis of physical flows in primary commodity trade: A case study in China. Resources, Conservation and Recycling, 47(1): 73-81

Ma X, Ortolano L. 2000. Environmental Regulation in China. Lanham, MD: Rowman & Littlefield Publishing Group

Mac Bean A. 2007. China's Environment: Problems and Policies. The World Economy, 30(2): 195-362

Maddison D. 2006. Environmental Kuznets curves: A spatial econometric approach. Journal of Environmental Economics and management, 51(2): 218-230

Magat W, Krupnick A J, Harrington W. 2013. Rules in the making: A statistical analysis of regulatory agency behavior. Routledge

Mani M, Wheeler D. 1998. In search of pollution havens. Dirty industry in the world economy, 1960 to 1995. The Journal of Environment & Development, 7(3): 215-247

Manion M. 1991. Policy implementation in the People's Republic of China: Authoritative decisions versus individual interests. Journal of Asian Studies, 50: 253-279

Manuelli R E, Jones L E. 1995. A Positive Model of Growth and Pollution Controls. National Bureau of Economic Research

Markusen J R. 1995. The boundaries of multinational enterprises and the theory of international trade. The Journal of Economic Perspectives, 169-189

Markusen J R, Morey E R, Olewiler N. 1995. Competition in regional environmental policies when plant locations are endogenous. Journal of Public economics, 56(1): 55-77

Marshall A. 1890. Principles of Economics. London: Macmillan

Marshall A. 1890. Principles of Political Economy. New York: Maxmillan

Martin P, Ottaviano G I P. 1999. Growing locations: Industry location in a model of endogenous growth. European Economic Review, 43(2): 281-302

Mazzanti M, Zoboli R. 2006. Economic instruments and induced innovation: The European policies on end-of-life vehicles. Ecological Economics, 58(2): 318-337

McAusland C. 2002. Cross-hauling of polluting factors. Journal of Environmental Economics and Management, 44(3): 448-470

McConnell V D, Schwab R M. 1990. The impact of environmental regulation on industry location decisions: The motor vehicle industry. Land Economics, 66(1): 67-81

McLafferty S. 1992. Health and thc urban environment. Urban Geography, 13: 567-576

McManus P. 2002. The potential and limits of progressive neopluralism: a comparative study of forest politics in Coastal British Columbia and South East New South Wales during the 1990s. Environment and Planning A, 34(5): 845-865

McNee R B. 1960. Towards a more humanistic economic geography: The geography of enterprise. Tijdschrift voor Economische en Sociale Geografie, 51: 201-205

Mehaffey M H, Nash M S, Wade T G, et al. 2005. Linking land cover and water quality in New York City's water supply watersheds. Environmental Monitoring and Assessment, 107(1-3): 29-44

Mekonnen M M, Hoekstra A Y. 2011. The green, blue and grey water footprint of crops and derived crop products. Hydrology and Earth System Sciences, 15(5): 1577-1600

Melitz M J. 2003. The impact of trade on intra - industry reallocations and aggregate industry productivity. Econometrica, 71(6): 1695-1725

Millimet D L, List J A, Stengos T. 2003. The environmental Kuznets curve: Real progress or misspecified models. Review of Economics and Statistics, 85(4): 1038-1047

Millimet D L, Osang T. 2003. Environmental regulation and productivity growth: An analysis of US manufacturing industries. Empirical Modeling of the Economy and the Environment. Physica-Verlag HD, 7-22

Moomaw W R, Unruh G C. 1997. Are environmental Kuznets curves misleading us. The case of CO_2

emissions. Environment and Development Economics, 2(4): 451-463

Morrill R. 1989. The hanford environmental dose reconstruction project. The Professional Geographer, 41(2): 198-203

Morton D C, DeFries R S, Shimabukuro Y E. 2006. Cropland expansion changes deforestation dynamics in the southern Brazilian Amazon. Proceedings of the National Academy of Sciences, 103(39): 14637-14641

Mulatu A, Gerlagh R, Rigby D, et al. 2010. Environmental regulation and industry location in Europe. Environmental and Resource Economics, 45(4): 459-479

Munroe D K, York A M. 2003. Jobs, houses and trees: Changing regional structure, local land use-patterns, and forest cover in Southern Indiana. Growth and Change, 34(3): 299-320

Murphy J, Gouldson A. 2000. Environmental policy and industrial innovation: Integrating environment and economy through ecological modernisation. Geoforum, 31(1): 33-44

Mutersbaugh T. 2005. Fighting standards with standards: Harmonization, rents, and social accountability in certified agrofood networks. Environmental and Planning A, 37(11): 2033-2051

Myrdal G. 1957. Economic Theory and Under-Developed Regions. London: Gerald Duckworth & Co. Ltd

Nadeau L W. 1997. EPA effectiveness at reducing the duration of plant-level noncompliance. Journal of Environmental Economics and Management, 34(1): 54-78

Naughton B. 2007. The Chinese Economy: Transitions and Growth. Cambridge, MA: MIT Press

Naylor R, Steinfeld H, Falcon W. 2005. Losing the links between livestock and land. Science, 1117856(310): 1621-1622

Neumayer E. 2001. The human development index and sustainability——A constructive proposal. Ecological Economics, 39(1): 101-114

Nobre P, Siqueira L S P, de Almeida R A F. 2013. Climate simulation and change in the Brazilian Climate Model. Journal of Climate, 26(17): 6716-6732

Oates W E. 1957. Economic theory and under-developed regions. London: efficiency enhancing or distortion inducing. Journal of public economicsc, 35(3): 333-354

Oates W E, Schwab R M. 1988. Economic competition among jurisdictions: efficiency enhancing or distortion inducing. Journal of Public Economics, 35(3): 333-354

OECD. 1991. Basic science and technology statistics. Organization for Economic Cooperation and Development. Paris

OECD . 1993. OECD core set of indicators for environmental performance reviews. OECD Environment Monographs. Paris

Ohara T, Akimoto H, Kurokawa J, et al. 2007. An Asian emission inventory of anthropogenic emission sources for the period 1980-2020. Atmospheric Chemistry and Physics, 7(16): 4419-4444

Oi J C. 1995. The role of the local state in China's transitional economy. The China Quarterly, 144: 1132-1149

Oketch M O. 2004. The corporate stake in social cohesion. Corporate Governance: The international journal of business in society, 4(3): 5-19

Ometto J P, Aguiar A P D, Martinelli L A. 2011. Amazon deforestation in Brazil: effects, drivers and challenges. Carbon Management, 2(5): 575-585

Organization for Economic Cooperation and Development. 1968. Organization for economic cooperation and development. International Organization, 22(4): 1007-1013

Osleeb J P, McLafferty S. 1992. A weighted covering model to aid in dracunculiasis eradication. Papers in Regional Science, 71(3): 243-257

Pagiola S. 2002. Paying for water services in Central America: learning from Costa Rica. Selling forest environmental services: Market-based mechanisms for conservation and development, 37-62

Pan Z, Zhang F. 2002. Urban productivity in china. Urban Studies, 39(12): 2267-2281

Panayotou T. 1993. Empirical tests and policy analysis of environmental degradation at different stages of economic development(No. 292778). International Labour Organization

Panayotou T. 1997. Demystifying the environmental Kuznets curve: Turning a black box into a policy tool. Environment and Development Economics, 2(4): 465-484

Pargal S, Wheeler D. 1996. Informal regulation of industrial pollution in developing countries: Evidence from Indonesia. Journal of Polictcal Economy, 104(6): 1314-1327

Pashigian B P. 1985. Environmental regulation: Whose self-interests are being protected. Economic Inquiry, 23(4): 551-584

Pasqualetti M J. 1983. Nuclear power impacts: A convergence/divergence schema. The Professional Geographer, 35(4): 427-436

Peck J, Theodore N. 2000. Commentary. 'Work first': Workfare and the regulation of contingent labour markets. Cambridge Journal of Economics, 24(1): 119-138

Perrings C, Hannon B. 2001. An Introduction to spatial discounting. Journal of Regional Science , 41(1): 23-38

Peters G P, Hertwich E G. 2006. Structural analysis of international trade: Environmental impacts of Norway. Economic Systems Research, 18(2): 155-181

Peters G P, Marland G, Quere C L. 2012. Rapid growth in emissions after the 2008-2009 global financial crisis. Nature ClimateChange, 2: 2-4

Peters G P, Minx J C, Weber C L. 2011. Growth in emission transfers via international trade from 1990 to 2008. Proceedings of thc National Academy of Sciences of the United States of America, 108(21): 8903-8908

Pigou A C. 1920. The Economics of Welfare, 4th. London: Macnillam

Pigou A C. 1932. The Economics of Welfare. London: Macmillan

Pijawka K D. 1984. The pattern of public response to nuclear facilities: An analysis of the Diablo Canyon nuclear generating station. In: Pasqualetti M J, Pijawka K D. Nuclear power, assessing and managing hazardous technology, 213-237. Boulder, co: Westview

Pollard B. 2011. Emerging themes in economic geography: outcomes of the economic geography 2010 workshop. Economic Geography, 87(2): 111-126

Poncet S. 2005. A fragmented China: Measure and determinants of Chinese domestic market disintegration. Review of international Economicsc, 13(3): 409-430

Poon J P H, Casas I, He C. 2006. The impact of energy, transport, and trade on air pollution in china. Eurasian Geography and Economics, 47(5): 568-584

Porter M E, Vander Linde C. 1995. Toward a new conception of the environment-competitiveness relationship. Journal of economic perspectives, 9: 97-118

Porter M E. 1991. America's green strategy. Scientific American, 264 (4): 168

Porter M E. 1994. The role of location in competition. Journal of the Economics of Business, 1(1): 35-40

Porter M E. 2011. Competitive Advantage of Nations: Creating and Sustaining Superior Performance. New

York: Simon and Schuster

Qian Y, Weingast B R. 1997. Federalism as a commitment to perserving market incentives. The Journal of Economic Perspectives, 83-92

Quaas M, Lange A. 2004. Economic geography and urban environmental pollution. Discussion paper, Mimeo University of Heidelberg, 409

Raspe O, Van Oort. 2008. Firm growth and localized knowledge externalities. Journal of Regional Analysis & Policy, 38(2).

Rauscher M. 1994. On ecological dumping. Oxford economic papers, 822-840

Rauscher M. 2009. Concentration, separation, and dispersion: Economic geography and the environment. Thünen-series of applied economic theory. Working paper

Raustiala K. 1997. States, NGOs, and international environmental institutions. International Studies Quarterly, 41: 719-740

Rehfeld K M, Rennings K, Ziegler A. 2007. Integrated product policy and environmental product innovations: an empirical analysis. Ecological Economics, 61(1): 91-100

Ren W, Zhong Y, Meligrana J, et al. 2003. Urbanization, land use, and water quality in Shanghai: 1947-1996. Environment International, 29(5): 649-659

Restrepo-Coupe N, da Rocha H R, Hutyra L R. 2013. What drives the seasonality of photosynthesis across the Amazon basin. A cross-site analysis of eddy flux tower measurements from the Brasil flux network. Agricultural and forest meteorology, 182: 128-144

Richter W F. 1994. On ecological dumping. Oxford economic papersrket incentives. The Journal of Economic Perspectivesand development economicsEconomics, 60(1): 73-93

Richter W F, Wellisch D. 1996. The provision of local public goods and factors in the presence of firm and household mobility. Journal of Public Economics, 60(1): 73-93

Rignot E I, Velicogna M R, Van den Broeke A. 2011. Acceleration of the contribution of the Greenland and Antarctic ice sheets to sea level rise. Geophysical Research Letters, 38: L05503

Robbink R, Hornung M, Roelofs J G M . 1998. The effects of air-borne nitrogen pollutants on species diversity in natural and semi-natural European vegetation. Journal of Ecology, 86: 717-738

Rodhe H, Langner J, Gallardo L. 1995. Global scale transport of acidifying pollutants. Water, Air, and Soil Pollution, 85(1): 37-50

Rodrik D. 1999. Where did all the growth go? external shocks, social conflict, and growth collapses. Journal of Economic Growth, 4(4): 385-412

Roger H. 2008. Environmental economic geography. Geography compass, 2(3): 831-850

Rohrschneider R, Dalton R J. 2002. A global network—transnational cooperation among environmental groups. The Journal of Politics, 64(2): 510-533

Romer P M. 1994. The origins of endogenous growth. The journal of economic perspectives, 3-22

Rosenfeld D, Lohmann U, Raga G B. 2008. Flood or drought: How do aerosols affect precipitation. science, 321(5894): 1309-1313

Rudel T K, Schneider L, Uriarte M. 2009. Agricultural intensification and changes in cultivated areas, 1970-2005. Proceedings of the National Academy of Sciences of the United States of America, 106: 20675-20680

Ryan S P. 2012. The Costs of environmental regulation in a concentrated industry. Econometrica, 80(3): 1019-1061

Schneider A, Friedl M A, Potere D. 2009. A new map of global urban extent from MODIS data. Environmental Research Letters, 4(4): 044003

Schulz J. 2005. Is Better Law Enforcement Better: Comment. Journal of Institutional and Theoretical Economics(JITE)/ Zeitschrift für die gesamte Staatswissenschaft, 161(2): 324-328

Schwartz J. 2003. The impact of state capacity on enforcement of environmental policies: The case of China. The Journal of Environment & Development, 12(1): 50-Y 81

Selden T M, Song D. 1994. Environment quality and development: Is there a Kuznets curve for air pollution emissions. Journal of Environmental Economics and Management, 27(2): 147-162

Selden T M, Song D. 1995. Neoclassical growth, the J curve for abatement, and the inverted U curve for pollution. Journal of Environmental Economics and management, 29(2): 162-168

Shadbegian R J, Gray W B. 2003. What determines environmental performance at paper mills? The roles of abatement spending, regulation, and efficiency. Topics in economic analysis & policy, 3(1): 1144

Shafik N, Bandyopadhyay S. 1992. Economic growth and environmental quality: Time-series and cross-country evidence. World Derelopment Report, working paper, WPS904

Shaw D, Pang A, Lin C C. 2010. Economic growth and air quality in China. Environmental economics and policy studies, 12(3): 79-96

Shen J Y. 2006. A simultaneous estimation of environmental Kuznets curve: evidence from China. China Economic Review, 17(4): 383-394

Shen J, Hashimoto Y. 2004. Environmental Kuznets curve on country level: Evidence from China. Discussion Papers in Economics and Business, 04-09

Sheng Yao. 2012. Political connection buffer and environmental regulation effect. Collected Essays on Finance and Economics, 1: 84-90

Shi M. 2013. Regional Economics. Beijing: Science Press

Shin S. 2004. Economic globalization and the environment in China: A comparative case study of Shenyang and Dalian. Journal of Environment and Development, 13: 263-294

Sidgwick H. 1887. The Principles of Political Economy. New York: McMillan

Siebert W S. 1987. Inequality of opportunity: an analysis based on the microeconomics of the family. Department of Industrial Economics & Business Studies, University of Birmingham

Sigman H. 2005. Transboundary spillovers and decentralization of environmental policies. Journal of Environmental Economics and Management, 50(1): 82-101

Simon H A. 1984. Models of bounded rationality: behavioral economics and business organization. Cambridge, MA: MIT Press

Simpson R D, Bradford III R L. 1996. Taxing variable cost: environmental regulation as industrial policy. Journal of Environmental Economics and Management, 30(3): 282-300

Sinkule B, Ortolano L. 1995. Implementing Environmental Policy in China. Westport, CT: Praeger

Smithies A. 1941. Optimum location in spatial competition. The Journal of Political Economy, 49(3): 423-439

Song L. 2008. Foreign direct investment and pollution in China. Policy Briefs, 4

Soyez D. 1995. Industrial resource use and transnational conflict: Geographical implications of the James Bay hydropower schemes. Environmental Change: Industry, Power and Policy. Aldershot, UK: Avebury: 107-128

Soyez D. 2002a. Environmental knowledge, the power of framing and industrial change. In: Hayter R, Le Heron R. Knowledge Industry and Environment: Institutions and Innovation in Territorial Perspective.

London: Ashgate, 187-208

Soyez D. 2002b. Die Umwelten der Wirtschaftsgeographie. Ko lner Geographische Arbeiten, 76: 1-13

Soyez D, Schulz C. 2008. Facets of an emerging environmental economic geography(EEG). Geoforum, 39(1): 17-19

Spaargaren G. 2006. The ecological modernization of social practices at the consumption junction. Unpublished manuscript, 31-65

Stafford H A. 1985. Environmental protection and industrial location. Annals of the Association of American Geographers, 75(2): 227-240

Stern N. 2007. The Economics of Climate Change: The Stern Review. Cambridge: Cambridge University Press

Stough R R. 1998. Endogenous growth in a regional context. The annals of regional science, 32(1): 1-5

Sutton J. 1997. One smart agent. The Rand Journal of Economics, 28(4): 605-628

Swanson K E. 2001. Regional economics. Beijing: Science press c papersrket incentives. The Journal of Economic Perspectivesand development economics, E27(4): 481-491

Swanson K E, Kugn R G. 2001. Environmental policy implementation in rural China: A case study of Yuhang, Zhejiang. Environmental Management, 27(4): 481-491

Taguchi H, Murofushi H. 2010. Evidence on the interjurisdictional competition for polluted industries within China. Environment and Development Economics, 15(3): 363-378

Talukdar D, Meisner C M. 2001. Does the private sector help or hurt the environment. Evidence from carbon dioxide pollution in developing countries. World Development, 29(5): 827-840

Tan J, Duan J, Chai F. 2014. Source apportionment of size segregated fine/ultrafine particle by PMF in Beijing. Atmospheric Research, 139: 90-100

Tang S Y, Zhan X. 2008. Civic environmental NGOs, civil society, and democratisation in China. The Journal of Development Studies, 44(3): 425-448

Tang S Y, Lo C W H, Cheung K C. 1997. Institutional constraints on environmental management in urban China: Environmental impact assessment in Guangzhou and Shanghai. The China Quarterly, 1997, 152: 863-874

Tang S Y, Lo C W H, Fryxell G E. 2003. Enforcement styles, organizational commitment, and enforcement effectiveness: An empirical study of local environmental protection officials in urban China. Environment and Planning A, 35(1): 75-94

Tanguay G A, Marceau N. 2001. Centralized versus decentralized taxation of mobile polluting firms. Resource and energy economics, 23(4): 327-341

Tao S, Zheng T, Lianjun T. 2008. An empirical test of the environmental Kuznets curve in China: A panel cointegration approach. China Economic Review, 19(3): 381-392

Taylor M S, Copeland B R. 2004. Trade, growth, and the environment. NBER Working Paper No. 98232: 7-71

Terry B, Davidson O, Davidson W, et al. 2007. Climate change 2007: Synthesis report. Valencia. IPPC

Thisse J F, PapageorgiouY Y. 1981. Reconciliation of transportation costs and amenities as location factors in the theory of the firm. Geographical Analysis, 13(3): 189-195

Thomas V, Theis T, Lifset R. 2003. Industrial ecology: Policy potential and research needs. Environmental Engineering Science, 20(1): 1-9

Thomas V, Craig W. 2007. Bureaucratic Landscapes: Interagency Cooperation and the Preservation of

Biodiversity. Cambridge MA: MIT Press

Tilt B. 2007. The political ecology of pollution enforcement in China: A case from Sichuan's rural industrial sector. The China Quarterly, 92: 915-932

Tobey J A. 1990. The effects of domestic environmental policies on patterns of world trade: An empirical test. Kyklos, 43(2): 191-209

Tobin J. 1958. Estimation of relationships for limited dependent variables. Econometrica: Journal of the Econometric Society, 24-36

Tobler W R, Mielke H W, Detwyler T R. 1970. Geobotanical distance between New Zealand and neighboring islands. BioScience, 20(9): 537-542

Tollefson J. 2011. Brazil revisits forest code. Nature, 476: 259-260

Torras M, Boyce J K. 1998. Income, inequality, and pollution: A reassessment of the environmental Kuznets curve. Ecological economics, 25(2): 147-160

Toulmin C, Borras S, Bindraban P. 2011. Land Tenure and International Investments in Agriculture: A Report by the UN Committee on Food Security High Level Panel of Experts. Food and Agriculture Organization of the United Nations, Rome

Tylor M. 1995. Environmental change: industry, power, and policy. Aldershot: Avebury

Uko A Engelen E, Grote M. 2011. Emerging themes in economic geography: Outcomes of the economic geography 2010 workshop. Economic Geography , 2: 111-126

Ulph A. 1998. Political institutions and the design of environmental policy in a federal system with asymmetric information. European Economic Review, 42(3): 583-592

UNEP. 2007. Global Environment Outlook GEO-4: Environment for Development. United Nations Environment Programme, Nairobi

UNEP. 2007. United Nations Environment Programme Annual Report: 2006. UNEP, Nairobi .

UNEP. 2010. the Global Environment Observation

UNEP. 2011. Ear-term Climate Protection and Clean Air Benefits: Actions for Controlling Short-Lived Climate Forcers. United Nations Environment Programme(UNEP)Nairobi

UNEP . 2012. Reduction in Sulphur in Fuels. Partnership for Clean Fuels and Vehicles. United Nations Environment Programme, Nairobi. http: //www. unep. org/transport/pcfv/ corecampaigns/ campaigns. asp#sulphur . 2012-3-23

UNISDR . 2011. Revealing Risk, Rede ning Development. 2011 Global Assessment Report on Disaster Risk Reduction. United Nations International Strategy for Disaster Risk Reduction, Geneva, United Nations, Rome

Valeria C, Mazzanti M. 2011. Environmental performance, innovation and regional spillovers. In DIME Final Conference, 6

Van Beers C, Van Den Bergh J C J M. 1997. An empirical multi - country analysis of the impact of environmental regulations on foreign trade flows. Kyklos, 50(1): 29-46

Van Dijk J. 1999. The one-dimensional network society of manuel castells. New media & society, 1(1): 127-138

Van Dijk J, Pellenbarg P H. 2000. Firm relocation decisions in The Netherlands: An ordered logit approach. Papers in Regional Science, 9(2): 191-219

Van Donkelaar A, Martin R V, Brauer M. 2010 . Global estimates of ambient fine particulate matter concentrations from satellite-based aerosol optical depth: development and application. Environmental

Health Perspectives, 118(6): 847-855

Van Donkelaar A, Martin R V, Brauer M. 2015. Use of satellite observations for long-term exposure assessment of global concentrations of fine particulate matter. Environmental health perspectives, 123(2): 135-143

Van Long N, Siebert H. 1991. Institutional competition versus ex-ante harmonization: The case of environmental policy. Journal of Institutional and Theoretical Economics(JITE)/Zeitschrift für die gesamte Staatswissenschaft, 296-311

Van Marrewijk C, Institute T. 2005. Geographical economics and the role of pollution on location. Ssrn Electronic Journal, 05-18

Van Oort F G, Burger M J, Knoben J, et al. 2012. Multilevel approaches and the firm-agglomeration ambiguity in economic growth studies. Journal of Economic Surveys, 26(3): 468-491

Van Rooij B. 2002. Implementing Chinese Environmental Law through Enforcement: The Shiwu Xiao and Shuangge Dabiao Campaigns. The Implementation of Law in the People's Republic of China, 149-78

Van Rooij B. 2003. Organization and procedure in environmental law enforcement: Sichuan in comparative perspective. China Information, 17(2): 36-64

Van Rooij B. 2006. Implementation of Chinese environmental law: Regular enforcement and political campaigns. Development and Change, 37(1): 57-74

Van Rooij B. 2010. The People vs. Pollution: Understanding citizen action against pollution in China. Journal of Contemporary China, 19(63): 5-77

Van Rooij B, Lo C W H. 2010. Fragile convergence: Understanding variation in the enforcement of China's industrial pollution law. Law & Policy, 32(1): 14-37

Vandermotten C. 2002. Repères pour une dynamique territoriale en Wallonie. ATLAS. Conférence Permanente du Développement Territorial. MRW/DGATLP

Verhoef E T, Nijkamp P. 2002. Externalities in urban sustainability: Environmental versus localization-type agglomeration externalities in a general spatial equilibrium model of a single-sector monocentric industrial city. Ecological Economics, 40(2): 157-179

Versace A , Almeida J R, Hassel S, et al. 2008. Elevated left and reduced right orbitomedial prefrontal fractional anisotropy in adults with bipolar disorder revealed by tract-based spatial statistics. Archives of General Psychiatry, 65(9): 1041-1052

Virkanen J. 1998. Effect of urbanization on metal deposition in the bay of Töölönlahti, Southern Finland. Marine Pollution Bulletin, 36(9): 729-738

Wagner J. 1994. The post-entry performance of new small firms in german manufacturing industries. Journal of Industrial Economics, 2(6): 141-154

Wally N, Whitehead B. 1994. It's not easy being green. Harvard Business Review, 72(3): 46-52

Walter I , Ugelow J L. 1979. Environmental policies in developing countries. Ambio, 8(2/3): 102-109

Walter I. 1973. The pollution content of American trade. Economic Inquiry, 11(1): 61-70

Walter S D. 1979. Some generalizations of the committee problem. The Canadian Journal of Statistics/La Revue Canadienne de Statistique, 7(1): 1-10

Wang H. 2000. Pollution charges, community pressure, and abatement cost of industrial pollution in China. Policy Research Working Paper No. 2337, World Bank, Washington, DC

Wang H. 2002. Pollution regulation and abatement efforts: Evidence from China. Ecological Economics, 41: 85-94

Wang H, Chen M . 1999. How the Chinese System of Charges and Subsidies Affects Pollution Control Efforts by China's Top Industrial Polluters. Policy Research Working Paper No. 2198 Washington DC. World Bank

Wang H, Jin Y. 2007. Industrial ownership and environmental performance: Evidence from China. Environmental and Resource Economics, 36(3): 255-273

Wang H, Mamingi N, Laplante B. 2003. Incomplete enforcement of pollution regulation: Bargaining power of Chinese factories. Environmental and Resource Economics, 24(3): 245-262

Wang H, Wheeler D. 1996. Pricing Industrial Pollution in China: An Econometric Analysis of the Levy System. World Bank, Policy Research Department Working.

Wang H, Wheeler D. 2000. Endogenous enforcement and effectiveness of China's pollution levy system. Policy Research Working Paper No. 2336, World Bank, Washington, DC

Wang H, Wheeler D. 2003. Equilibrium pollution and economic development in China. Environ- ment and Development Economics, 8(3): 451-466

Wang H, Wheeler D. 2005. Financial incentives and endogenous enforcement in China's pollution levy system. Journal of Environmental Economics and Management, 49(1): 174-196

Wang J, Chen Q, Yue Z. 2015. Market scale, information service outsourcing and export trade. Journal of International Trade, 3: 006

Wang S, Hao J. 2012. Air quality management in China: Issues, challenges, and options. Journal of Environmental Sciences, 24(1): 2-13

Wang Y, Liu J, Hansson L. 2011. Implementing stricter environmental regulation to enhance eco-efficiency and sustainability: A case study of Shandong Province's pulp and paper industry, China. Journal of Cleaner Production, 19(4): 303-310

Wei Y D. 1999. Regional inequality in China. Progress in human geography, 23(1): 49-59

Wei Y D. 2001. Decentralization, marketization, and globalization: The triple processes underlying regional development in China. Asian Geographer, 20(1-2), 7-23

Wen M. 2004. Relocation and agglomeration of Chinese industry. Journal of Development Economics, 73(1): 329-347

Wheeler D. 2001. Racing to the bottom. Foreign investment and air pollution in developing countries. Journal of Environment Development, 10(3): 225-245

WHO. 1999. Air Quality Guidelines. World Health Organization, Geneva

WHO. 2006. WHO Air Quality Guidelines for Particulate Matter, Ozone, Nitrogen Dioxide and Sulfur Dioxide: Global Update 2005. World Health Organization, Geneva

WHO. 2012. Database: outdoor air pollution in cities. http: //www. who. int/phe/health_ topics/ outdoorair/ databases/en/index. html. 2015-12-1

WHO. 2011. Urban outdoor air pollution database. Geneva : World Health Organization

WHO. 2014. 7 million premature deaths annually linked to air pollution. World Health Organization, Geneva

Wiedmann T, Minx J, Barrett J. 2006. Allocating ecological footprints to final consumption categories with input-output analysis. Ecological economics, 56(1): 28-48

Wissen L. 2000. A micro - simulation model of firms: Applications of concepts of the demography of the firm. Papers in Regional Science, 79(2): 111-134

Wong C, Heady C, Woo W T. 1995. Fiscal management and economic reform in the People's Republic of China. Asian Development Bank

Wong C. 2009. Rebuilding government for the 21st century: Can China incrementally reform the public sector. The China Quarterly, 200: 929-952

World Bank . 1992. World Development Report 1992: Development and the Environment. Washington DC: World Bank

World Bank . 2011. World Development indicators 2011: Part 2. World Bank. Washington. DC

World Bank. 2012. Toward a green, clean, and resilient world for all(A World Bank Group Environment Strategy, 2012-2022). Washington DC

Wu F. 1999. Intrametropolitan FDI firm location in Guangzhou, China. Annals of Regional Science, 33(3): 535-555 .

Wu F. 2009. Modelling intrametropolitan locationof foreign investment firms in a Chinese City. Urban Studies, 37(13): 2441-2464

Wu J, Radbone I. 2005. Global integration and the intraurban determinants of foreign direct investment in Shanghai. Cities, 22(4): 275-286

Wu Z. 2009. Three essays on distance: Examining the role of institutional distance on foreign firm entry, local isomorphism strategy and subsidiary performance. US: University of Southern California

Xing Y, Kolstad C D. 2002. Do lax environmental regulations attract foreign investment. Environmental and Resource Economics, 21(1): 1-22

Xu J. 2010. IT pollution threatens Pearl River delta. Chinadaily. com. cn(online). http: //www. chinadaily. com. cn/china/2010-05/31/content_9913000. htm. 2011-9-5

Xu M, Allenby B, Chen W. 2009. Energy and air emissions embodied in China - US trade: eastbound assessment using adjusted bilateral trade data. Environmental Science and Technology, 43(9): 3378-3384

Yang C H, Tseng Y H, Chen C P. 2012. Environmental regulations, induced R&D, and productivity: Evidence from Taiwan's manufacturing industries. Resource and Energy Economics, 34(4): 514-532

Yang R, He C. 2014. The productivity puzzle of Chinese exporters: Perspectives of local protection and spillover effects. Papers in Regional Science, 93(2), 367-384

Yang W, Song J, Higano Y. 2015. An integrated simulation model for dynamically exploring the optimal solution to mitigating water scarcity and pollution. Sustainability, 7(2): 1774-1797

Yin H, Kunreuther H, White M W. 2007. Do environmental regulations cause firms to exit the market. evidence from underground storage tank(ust)regulations. Available at SSRN: http: //ssrn. com/abstract= 1265611 or http: //dx. doi. org/10. 2139/ssrn. 1265611. 2015-12-1

Yin W Q, Cai W. 2001. The genesis of regional barriers in China's local market and countermeasures. Economic Research Journal, 6(3-12): 6

Young A. 2000. The razor's edge: Distortions and incremental reform in the People's Republic of China(No. w7828). National Bureau of Economic Research

Yuan X L. 2000. The razor's edge: Distortions and incremental reform in the People's Republic of China(No. w7828). National Bureau of Economic Research, 3(3): 245

Zhan X, Lo C W H, Tang S Y. 2009. contextual changes and environmental policy implementation in China: A longitudinal study of street-level bureaucrats in Guangzhou. Journal of Public Administration Research and Theory, 24(4): 1005-1035

Zhang C, Liu H, Bressers H T A, et al. 2011. Productivity growth and environmental regulations-accounting for undesirable outputs: Analysis of China's thirty provincial regions using the Malmquist-Luenberger index. Ecological Economics, 70(12): 2369-2379

Zhang X, Tan K-Y. 2004. Blunt to sharpened razor: Incremental reform and distortions in the product and capital markets in China(Working Paper No. 13). Development Strategy and Governance Group Discussion Paper. International Food Policy Research Institute, Washington, DC

Zhao W, Zhou X. 2004. Chinese organizations in transition: Changing promotion

Zhao X B, Zhang L. 1999. Decentralization reforms and regionalism in China: A review. International Regional Science Review, 22(3): 251-258

Zhen F, Shen Q, Jian B, et al. 2010. Regional governance, local fragmentation and administrative division adjustment: Spatial integration in Changzhou. The China Review, 10(1): 95-128

Zhou L A. 2004. The incentive and cooperation of government officials in the political tournaments: An interpretation of the prolonged local protectionism and duplicative investments in China. Economic Research Journal, 6: 33-40